환경위해관리를 위한

노출평가

지경희 지음

도서출판 동화기술

머리말

산업의 발달과 함께 환경보건에 대한 관심이 날로 증가하고 있으며, 노출평가 및 위해성평가에 대한 사회적 요구도 지속적으로 증가하고 있습니다.

저자는 '노출평가 및 실습' 과목을 강의하며 노출평가 및 위해성평가에 대한 개념과 최신 동향을 쉽게 전달하고 실무에 능한 환경보건 전문가를 양성할 수 있는 지침서가 필요함을 느꼈습니다. 특히 환경, 제품, 식품 등으로부터 노출되는 유해요인의 노출량을 산정하는 방법에 대해 익히고, 국내·외에서 사용되고 있는 주요 노출평가 도구(tool)를 실습할 수 있는 국문형 표준교재가 필요하였습니다.

이 책은 환경보건에 관심이 있는 학생들이 실무에 대한 기초 입문서로 접할 수 있도록 작성하였습니다. 미국 환경보호청(US EPA)의 노출평가 설명서를 근거로 노출평가의 개념, 방법, 절차를 기술하였고, 인체, 제품, 환경 노출평가를 통한 노출량 산정법에 대해 제시하였습니다. 또한 국내·외에서 사용되고 있는 노출평가 도구인 ECETOC-TRA, ConsExpo, EUSES 시연 방법을 소개하였습니다. 마지막으로 인체 위해성평가의 개념을 설명하고 노출량 산정 결과가 위해성평가에서 어떻게 활용되는지를 기술하였습니다.

2014년 국가직무능력표준(National Competency Standards, NCS)을 통해 유해인자가 건강과 환경에 미치는 영향을 예측하기 위해 독성, 노출, 위해성을 평가하는 직무능력[대분류 23 (환경·에너지·안전) – 중분류 02 (환경보건) – 소분류 01 (환경보건관리) – 세분류 03 (위해성관리)]이 마련되었습니다. 2015년 한국직업능력개발원에서 위해성관리 국가직무능력표준(NCS)을 준비하기 위한 실무 교재를 만들었으며, 2019년 11월 '환경위해관리기사' 자격증의 첫 시험이 진행되었습니다. 이 책은 환경위해관리기사의 '노출평가', '위해성평가'의 교재로 활용할 수 있도록 주요 내용이 서술되었으며, 기사시험을 준비하는 분들에게도 길라잡이가 되기를 바랍니다.

끝으로 이 책을 출간하는 데 도움을 주신 여러 선생님들, 언제나 든든한 버팀목이 되어주는 가족들, 흔쾌하게 원고를 출판하도록 허락해 준 도서출판 동화기술 · 신광문화사 정우용 회장님과 편집부 선생님들께 감사의 인사를 전합니다.

용인대학교 연구실에서

지경희

목차

1

노출평가

2

인체 노출평가

3

제품 노출평가

4

환경 노출평가

5

위해성평가와의 연계성

Exposure assessment

노출평가 | 1장

노출(exposure)은 매체에 오염된 유해요인이 수용체(receptor)의 외부 경계면(입, 코, 피부 등)과 접촉하는 상황을 의미하며, 노출평가(exposure assessment)란 수용체가 유해요인에 노출된 양을 산출하는 과정을 말한다. 노출평가에서 산출된 노출량은 독성평가에서 얻어진 독성참고치(reference dose)와 비교하여 위해성(risk)을 평가하는 데 활용된다. 본 장에서는 노출평가의 개념, 방법, 절차를 기술하고, 인체, 제품, 환경 노출평가를 통한 노출량 산정법에 대해 소개하고자 한다.

1. 위해성평가의 일환으로 수행되는 노출평가의 중요성

노출평가(exposure assessment)는 위해성평가의 네 가지 단계 중 하나로(그림 1-1), 사람에게 노출되는 유해요인의 양을 정성/정량적으로 산출하는 과정을 말한다. 노출평가는 평가 대상에 따라 인체 노출평가, 제품 노출평가, 환경 노출평가로 구분할 수 있다.

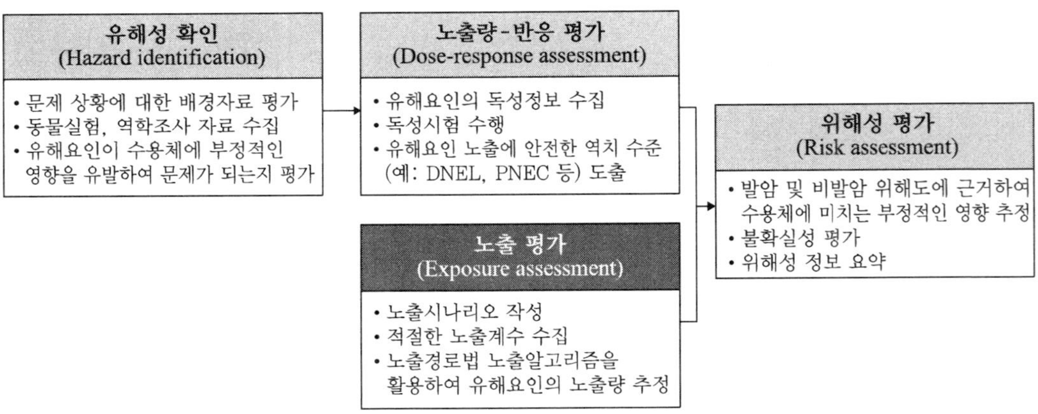

그림 1-1. 위해성평가의 절차 중 노출평가

위해성은 유해요인에 노출된 수용체에게 피해가 발생할 확률(probability) 또는 가능성(likelihood)을 의미하며, '위해성(risk) = 유해성(hazard) × 노출(exposure)'로 나타낸다. 즉, 화학물질의 유해성(=독성)이 높아도 대상자에게 노출될 확률이 없으면 위해성은 없다고 가정하며, 유해성과 노출확률이 높아지면 위해성은 증가한다(그림 1-2). 예를 들어, 위해가 우려되는 위험인구(population at risk)를 대상으로 노출평가를 진행한다고 하자. 정확한 노출량을 산출할수록 정교한 위해성평가가 가능해지고 중요한 노출원에 대한 노출 저감 및 관리도 가능해진다.

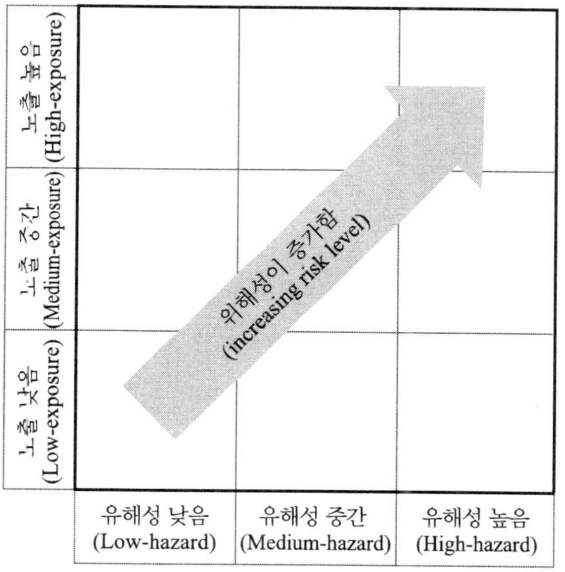

그림 1-2. 유해성과 노출에 따른 위해성의 변화

설명 유해성과 노출이 증가할수록 위해성이 증가한다.

2. 노출평가의 개념

20세기 초부터 다양한 형태의 노출평가가 역학(World Health Organization, 1983), 산업위생학(Cook, 1969 ; Paustenbach, 1985), 보건물리학(Upton, 1988) 분야에서 시작되었다. 역학은 질병 발생과 질병의 원인에 대해 연구하는 학문이며, 산업위생학은 산업장에서 직업적으로 노출되는 근로자의 질병과 작업 환경에 대해 연구하는 학문이고, 보건물리학은 작업자의 방사선 노출에 관련된 건강관리를 담당하는 학문이다. 노출평가는 위에서 언급한 세 분야의 요소를 결합하여 발전하기 시작하였으며, 1970년대 이후로 대중, 학계, 산업계, 정부에서 환경오염 문제에 대한 인식이 높아짐에 따라 노출평가가 중요해지고 있다.

노출평가가 본격적으로 시작된 즈음(1980년대)에는 노출이 발생하는 신체의 특정 지점에 대해 합의된 정의가 없어서 노출을 정량화하기 위한 용어와 단어를 사용하는 것에 약간의 모호함이 있었다. 즉, 인체 노출이 "화학물질과 접촉한다."는 의미에는 합의가 되었지만 (Allaby, 1983 ; Environ Corporation, 1988 ; Hodgson et al., 1988 ; US EPA, 1986), 이러한 노출이 1) 사람의 눈에 보이는 외부(피부, 콧구멍이나 입과 같은 신체의 개구부)에서 일어나는 것인지 2) 흡수가 이루어지는 교환 경계(피부, 폐, 위장관)에서 일어나는 것인지에 대해서는 합의된 결론을 내리지 못했다. 이러한 배경 하에 미국 환경보호청에서는 노출(exposure)과 용량(dose)이 어떻게 정의되었는지를 검토하였고(US EPA, 1992), 위에 제시한 1)과 같이 외부 경계(피부, 콧구멍이나 입과 같은 신체의 개구부)에서 화학물질과 접촉하는 것을 노출로 정의하는 것이 다른 과학 분야의 명명법과 일관성이 높다고 판단하였다.

1) 섭취, 노출, 용량에 대한 개념

화학물질이 체내에 들어가는 과정은 접촉(노출)과 실제 진입(경계를 넘음)의 두 단계로 설명할 수 있다(그림 1-3). 경계를 넘어서거나 그 후에 흡수(absorption)가 발생하면 체내의 생물학적으로 중요한 부위에 화학물질이 영향을 줄 수 있다. 외부 경계와의 접촉에 대한 설명은 개념적으로 간단하지만, 경계를 가로지르는 화학물질에 대한 설명은 다소 복잡하다.

화학물질이 신체의 외부에서 내부로 들어오는 과정은 크게 2가지(intake 및 uptake)로 구분한다. Intake와 uptake는 모두 한국어로 '섭취'로 번역되나, 그 의미는 큰 차이가 있다.

섭취(intake)는 호흡(inhalation), 식사(eating), 마시는 과정(drinking)을 통해 개구부(일반적으로 입 또는 코)로 화학물질이 들어오는 것을 의미한다(그림 1-3). 일반적으로 화학물질은 공기, 음식, 물과 같은 매체에 포함되고, 입과 코를 통한 섭취(intake) 과정에서 매체를 통해 화학물질이 대량 이동(bulk flow)한다. 그러므로 매체별 화학물질의 섭취율(intake rate)로 얼마나 많은 양의 화학물질이 체내에 들어오는지를 추정할 수 있다. 섭취율(intake rate)은 단위 시간 당 외부 경계(입과 코)를 통과하는 화학물질의 양을 의미하며, 흡기량은 'm^3 (air breathed) / hour', 식품 섭취량은 'kg (food ingested) / day', 음용수 섭취량은 'liters (water consumed) / day' 등으로 나타낸다.

섭취(uptake)는 ① 피부나 눈과 같은 조직을 통해 화학물질이 흡수(absorption)되는 것, ② 음식물 섭취(ingestion) 또는 호흡(inhalation)을 통해 섭취(intake)된 후 내부 경계(위장관, 폐)를 넘는 것을 의미한다(그림 1-3). 화학물질이 전달 매체(carrier medium)에 함유되어 있지만, 매체 그 자체는 화학물질과 같은 속도로 피부에 흡수되지 않는다. 따라서 피부를 통과하여 체내로 들어오는 화학물질의 양은 섭취(intake)와 같은 방식으로 이루어질 수 없다. 섭취(uptake)는 확산(diffusion)으로 물질의 이동이 발생하므로, 피부 안팎의 농도 차이(concentration gradient)나 피부의 투과성(permeability of the barrier) 등이 영향을 줄 수

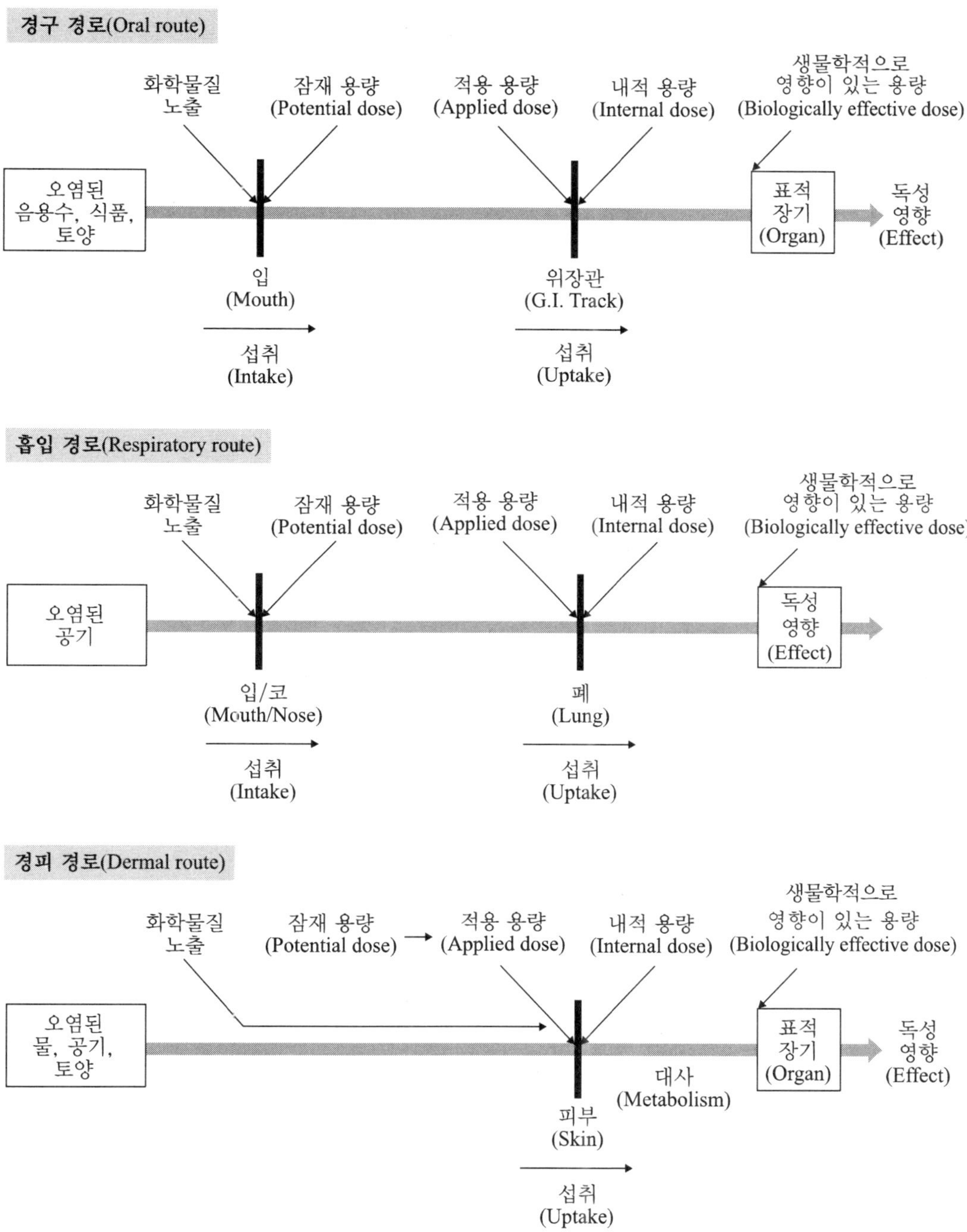

그림 1-3. 경구, 흡입, 경피 경로에 따른 노출, 섭취, 용량의 의미

설명 섭취(intake)는 개구부(입 또는 코)로 화학물질이 들어오는 것을 의미하며, 섭취(uptake)는 피부나 눈과 같은 조직을 통해 화학물질이 흡수(absorption)되거나 위장관, 폐를 통과하는 것을 의미한다.

※ 자료 : 'Guidelines for Exposure Assessment (US EPA, 1992)'를 참고하여 저자 재작성

있다. 섭취율(uptake rate)은 단위 시간당 피부, 위장관, 폐 등으로 흡수되는 화학물질의 양을 의미한다.

노출(exposure)은 특정 시간 동안 수용체의 외부 경계와 유해인자가 접촉하는 것을 의미한다. 대부분은 화학물질이 공기, 물, 토양, 제품 등에 포함되며, 접촉 지점에서의 화학물질의 농도를 노출 농도(exposure concentration)라 명명한다. 일정 기간의 노출은 노출 농도와 시간의 프로파일을 토대로 적분 모델(식 1-1)을 사용하여 노출량을 산출할 수 있다.

$$\text{노출(Exposure)} = \int_{t_1}^{t_2} C(t)\, dt \tag{1-1}$$

여기서, $C(t)$: 특정 시점의 노출 농도

$t_2 - t_1$: 노출 기간

잠재 용량(potential dose)은 음식물을 섭취하거나 공기를 흡입할 때 화학물질의 양을 의미한다. 잠재 용량은 노출량－반응 관계를 살펴보는 독성평가(dose-response assessment)에서 투여 용량(administered dose)이란 용어로 표현되기도 한다. 현재 대부분의 위해성평가는 노출평가에서의 잠재 용량과 용량－반응 평가에서의 투여 용량을 기반으로 수행된다. 이러한 의미에서 잠재 용량을 외적 노출량(external dose)으로 명명하기도 한다.

적용 용량(applied dose)은 흡수가 되는 경계(예 : 위장관, 폐, 피부)에서의 화학물질의 양을 의미한다. 일반적으로 사람의 흡수 장벽에서 적용 용량을 직접 측정하기는 어려우므로, 특정 화학물질에 대한 적용 용량과 내적 노출량(internal dose) 간의 상관관계 정보가 있다면 적용 용량을 추정하는 데 유용하게 활용될 수 있다. 보통 위장관, 폐, 피부에 도달하는 적용 용량은 잠재 용량보다 적으며, 생체이용률[bioavailability ; 투여 물질의 용량 중 모화합물(parent compound)의 형태로 체내 순환계에 들어간 물질의 양 또는 비율(%)]에 대한 정보가 있으면 적용 용량과 잠재 용량 간의 환산이 가능하다(US EPA, 1992).

내적 노출량(internal dose) 또는 흡수 용량(absorbed dose)은 물리적 또는 생물학적 과정을 통해 흡수 장벽(absorption barrier)이나 교환 경계(exchange boundary)를 가로질러 침투하는 화학물질의 양을 의미한다. 전달 용량(delivered dose)은 내적 노출량의 일부를 차지하는 용량으로 특정 기관이나 세포와 상호작용할 수 있는 화학물질의 양을 의미한다. 표적 장기 내로 화학물질이 침투하게 되면 대사(metabolism), 저장(storage), 배출(excretion) 등의 과정을 거치게 된다.

생물학적으로 영향이 있는 용량(biologically effective dose)은 전달 용량의 일부를 차지하는 용량으로, 세포나 표적 장기에 실제 도달하는 화학물질의 양을 의미한다(표 1-1).

표 1-1. 노출(exposure)과 용량(dose) 용어의 설명

용어	의미	일반단위	단위 예시
노출 (Exposure)	피부, 코, 입과 같은 사람의 외부 경계와 화학물질의 접촉	농도 × 시간	• 경구(물) : (mg chem/L water) × (min of contact) • 경구(식품) : (mg chem/kg food) × (min of contact) • 흡입 : (ppm chem in air) × (hrs of contact) • 흡입 : (μg/m^3 chem in air) × (days of contact) • 경피(물) : (mg chem/L water) × (hrs of contact) • 경피(토양) : (mg chem/kg soil) × (hrs of contact)
잠재 용량 (Potential dose)	음식물 섭취, 공기 흡입, 또는 피부에 접촉할 때 화학물질의 양	화학물질의 용량	• 경구(물) : (mg chem/L water) × (L water consumed /day) × days exposed = mg chem ingested in water • 흡입 : (μg chem/m^3 air) × (m^3 air breathed/min) × (min exposed) = μg chem in air breathed • 경피(토양) : (mg chem/kg soil) × (kg soil on skin) = mg chem in soil applied to skin
적용 용량 (Applied dose)	1차로 흡수되는 경계(예 : 위장관, 폐, 피부)에서의 화학물질의 양	화학물질의 용량	• 경구(식품) : (mg chem/kg food) × (kg food consumed/day) × (% of chem touching G.I. tract) = mg chem actually touching G.I. tract absorption • 흡입 : (μg chem/m^3 air) × (m^3 air directly touching lung) × (% of chem actually touching lung) = mg chem actually touching lung absorption barrier • 경피(토양) : (mg chem/kg soil) × (kg soil directly touching skin) × (% of chem in soil actually touching skin) = mg chem actually touching skin
흡수 용량 (Absorbed dose) =내적 노출량 (Internal dose)	물리적 또는 생물학적 과정을 통해 흡수 장벽(absorption barrier)이나 교환 경계(exchange boundary)를 가로질러 침투하는 화학물질의 양	화학물질의 용량	• 경구 : mg chem absorbed via G.I. tract • 흡입 : mg chem absorbed via lung • 경피 : mg chem absorbed through skin
전달 용량 (Delivered dose)	특정 기관 또는 세포와 상호작용할 수 있는 화학물질의 양	화학물질의 용량	• mg chem available to organ or cell
생물학적으로 영향이 있는 용량 (Biologically effective dose)	세포나 표적 장기에 실제 도달하는 화학물질의 양	화학물질의 용량	• mg chem reached to target organ or cell

※ 자료 : 'Guidelines for Exposure Assessment (US EPA, 1992)'를 참고하여 저자 재작성

3. 계층 및 유형에 따른 노출평가

노출평가는 계층별(tier), 유형별(type)로 스크리닝 평가 및 정교한 노출평가(screening-level and refined), 결정론적 및 확률론적 노출평가(deterministic and probabilistic), 종합 및 누적 노출평가(aggregate and cumulative)를 사용하여 진행할 수 있으며(그림 1-4), 일반적으로는 더 정교하게 노출을 평가하기 위해 차례로 계층을 높이며 진행한다.

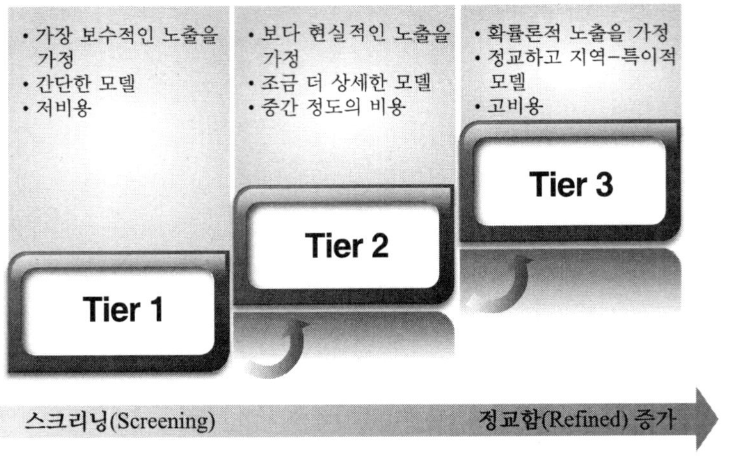

그림 1-4. 계층(tier) 및 유형(type)에 따른 노출평가

설명 계층이 높아질수록 상세한 노출 상황에 맞추어 정교하게 노출량을 평가할 수 있으나, 고비용의 제한점이 있다.

1) 스크리닝 평가 및 정교한 노출평가

스크리닝 평가(screening-level assessment)는 가장 간단하고 쉽게 이용할 수 있는 자료(예 : 모델에 기본적으로 내장된 기본값(default values), 보수적인 가정(conservative assumptions), 단순한 노출 계산식(simple exposure calculations))를 이용하여 자료 선별의 목적으로 첫 번째 단계에 수행된다(표 1-2). 이 방법은 상세한 노출평가를 진행하기 전에 우선순위를 지정하거나, 관심 있는 여러 지역을 비교하거나, 잠재적 노출경로를 선택하는 데 사용하는 것이 적합하다. 스크리닝 평가에서는 단일 유해요인에 대한 점 추정치(point estimates ; 모집단의 모수를 가장 잘 나타내는 하나의 값)를 입력하여 결정론적(deterministic)

접근 방식을 사용한다. 스크리닝 평가는 비교적 저렴하고 신속하게 수행할 수 있으나, 결과의 불확실성(uncertainty)이 높으며 일반적으로 변이(variability)를 구체화하기 어렵다.

이와 대조적으로 정교한 노출평가(refined exposure assessment)는 지역 또는 시나리오별 맞춤형 자료와 현실적인 가정을 활용하고, 점 추정치 대신 자료의 분포(distribution of data)를 이용해 세밀하게 노출량을 추정할 수 있다(표 1-2). 이 방법은 스크리닝 평가를 진행한 후 수행하는 상위 단계의 평가 방법이며, 대상 지역과 인구에 대한 자세한 자료를 복잡한 모델에 입력하게 된다. 평가의 목적과 범위에 따라 결정론적(deterministic) 및 확률론적(probabilistic) 접근 방식을 사용할 수 있으며, 더 현실적인 노출량을 추정할 수 있다. 비용적인 제한점이 있으나, 결과의 변이(variability)와 불확실성(uncertainty)의 특성을 구체화하기가 비교적 수월하다.

표 1-2. 스크리닝 평가(screening)와 정교한 노출평가(refined)의 비교

분류	스크리닝 평가(Screening)	정교한 노출평가(Refined)
입력 (Inputs)	• 쉽게 이용이 가능한 자료 • 보수적/기본적인 가정 • 점 추정(point estimates)	• 지역 또는 시나리오별 자료 • 현실적인 가정 • 자료 분포(distribution of data)
도구 (Tools)	• 간단한 모델과 방정식 • 결정론적(deterministic) 접근	• 복잡한 모델과 방정식 • 결정론적(deterministic) 및 확률론적(probabilistic) 접근
결과 (Results)	• 보수적인 노출량 추정 • 우선순위 설정에 유용함 • 변이(variability)의 특징을 파악하기 어려우며, 불확실성(uncertainty)이 큼	• 더 현실적인 노출량 추정 • 변이(variability)와 불확실성(uncertainty)의 특징을 파악하기 용이함

※ 자료 : 'ExpoBox (US EPA, 2019)'를 참고하여 저자 재작성

2) 결정론적 및 확률론적 노출평가

결정론적(deterministic) 노출평가는 단일값(point value)의 매개변수(parameter ; 독립변수 X)를 간단한 노출 방정식에 입력하여 단일 노출량 추정치(point estimates ; 종속변수 Y)를 산출하는 것이다(그림 1-5, 표 1-3). 주로 우선순위를 지정하거나 잠재적 노출경로를 선택하는 스크리닝 평가에 활용되며, 상위 계층(higher tier)의 노출평가에도 사용된다. 이 방법은 경제적이고, 신속/간단하게 수행할 수 있으며, 결과를 해석하기 쉽다는 장점이 있다. 그러나 결정론적 노출평가는 결과의 변이(variability)와 불확실성(uncertainty)의 특징을 구체화하기

어렵다. 결정론적 평가에 활용되는 점 추정치로는 중앙 추정치(central tendency values) 또는 최대 추정치(high-end point estimates) 등이 있다(표 1-4, 그림 1-6).

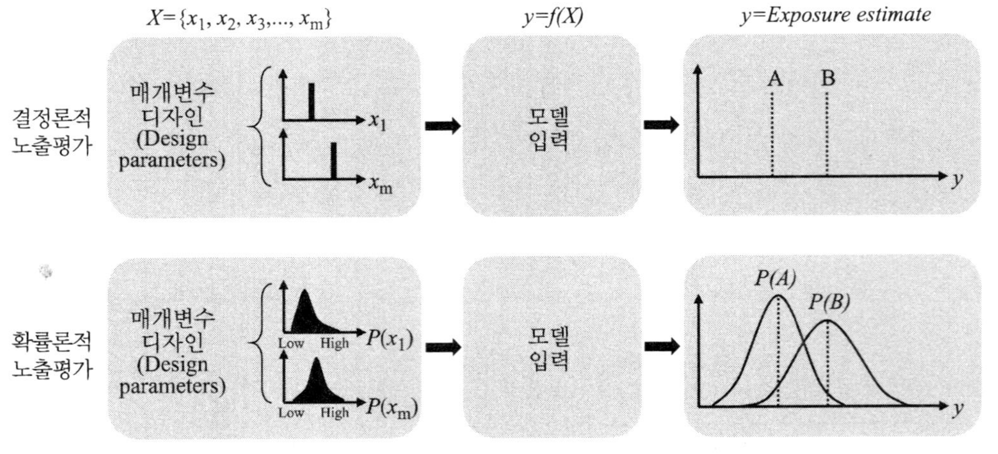

그림 1-5. 결정론적(deterministic) 및 확률론적(probabilistic) 노출평가

설명 결정론적 노출평가는 점 추정치(point estimation)를 산출하나, 확률론적 노출평가는 노출 추정치의 분포(distribution)를 산출한다.

표 1-3. 결정론적(deterministic) 및 확률론적(probabilistic) 노출평가의 비교

분류	결정론적(Deterministic)	확률론적(Probabilistic)
입력 (Inputs)	• 점 추정(point estimates)	• 매체의 농도 또는 노출계수에 대한 확률 또는 빈도 자료 분포(distribution of data)
도구 (Tools)	• 간단한 모델과 방정식 • 점 추정치에 따른 민감도 분석 • 표준화된 방법	• 복잡한 모델과 방정식 • 확률 분포에 따른 민감도 분석 • 몬테카를로 시뮬레이션
결과 (Results)	• 노출의 점 추정치 • 우선순위 지정, 잠재적 노출경로 선택, 스크리닝 평가에 유용 • 결과 해석이 쉬움 • 변이(variability)와 불확실성(uncertainty)의 특징을 파악하기 어려움	• 가능한 노출 추정치의 분포 • 정교한 노출평가에 사용 • 더 현실적인 노출량 추정 • 변이(variability)와 불확실성(uncertainty)의 특징을 파악하기 용이함

※ 자료 : 'ExpoBox (US EPA, 2019)'를 참고하여 저자 재작성

확률론적(probabilistic) 노출평가는 주요 변수에 대한 하나의 값(point value)을 사용하는 대신에 자료의 분포를 사용하며, 복잡한 모델[예 : 몬테카를로 시뮬레이션(Monte Carlo simulation)]로 정교하게 노출량을 추정할 수 있다(그림 1-5, 표 1-3). 이 방법은 일반적으로 상위 계층(higher tier) 평가에만 사용되며, 결정론적 접근법보다 입력 매개변수를 선택하는 데 더 많은 자료와 전문 지식이 필요하다. 노출경로와 매개변수가 노출 추정의 전반적인 변이(variability) 및 불확실성(uncertainty)에 크게 기여하는지를 알아보기 위해 민감도 분석을 수행하기도 한다.

표 1-4. 결정론적 노출평가에 활용하는 점 추정치(point estimates)의 종류

점 추정치	설 명
중앙 추정치 (Central tendency estimates)	• 일반적으로 모집단 분포의 중앙값 또는 50%에 해당하는 노출
최대 추정치 (High-end estimates)	• 인구 분포의 90% 이상에 해당하는 노출 - 합리적인 최대 노출(reasonable maximum exposure ; 90～99.9%) - 합리적인 최악의 노출(reasonable worst-case exposure ; 90～98%) - 최대 노출(maximum exposure ; 98% 이상)
경계 추정치 (Bounding estimates)	• 가능한 가장 높은(99.9% 이상) 노출

※ 자료 : ‘ExpoBox (US EPA, 2019)’를 참고하여 저자 재작성

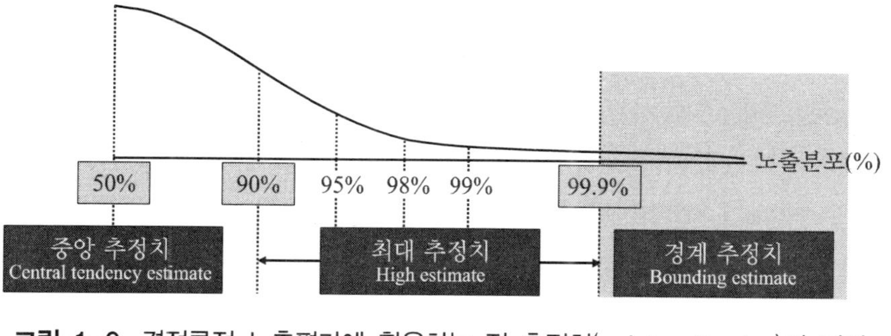

그림 1-6. 결정론적 노출평가에 활용하는 점 추정치(point estimates)의 의미

설명 점 추정치로 중앙 추정치(50%), 최대 추정치(90～99.9%), 경계 추정치(99.9%～)가 사용된다.
※ 자료 : ‘ExpoBox (US EPA, 2019)’를 참고하여 저자 재작성

몬테카를로(Monte Carlo) 방법은 통계적인 문제를 수학적 난수를 이용한 표본 추출을 통해 해결하는 방법으로, 도박으로 유명한 모나코의 도시 몬테카를로의 이름을 본떠 명명하였다(Jang et al., 2015). 시뮬레이션은 수학적으로 복잡하거나 재현하는 것이 어려운 경우에 현실 세계와 유사하게 만들어 모의실험하는 것을 의미한다. 몬테카를로 시뮬레이션(Monte Carlo simulation)은 확률 분포로 현실성 높게 노출을 추정할 수 있도록 반복적으로 무작위 샘플링을 돕는 모의실험 컴퓨터 알고리즘을 의미하며, 확률론적 노출평가의 도구(tool)로 활용된다(그림 1-7). 즉, 몬테카를로 시뮬레이션을 사용하면 하나 이상의 변수에 대한 확률 분포가 반복적으로 샘플링되며, 이 분포를 이용하면 노출 추정치가 어느 정도의 범위에서 나타날 수 있는지 포괄적으로 평가할 수 있다.

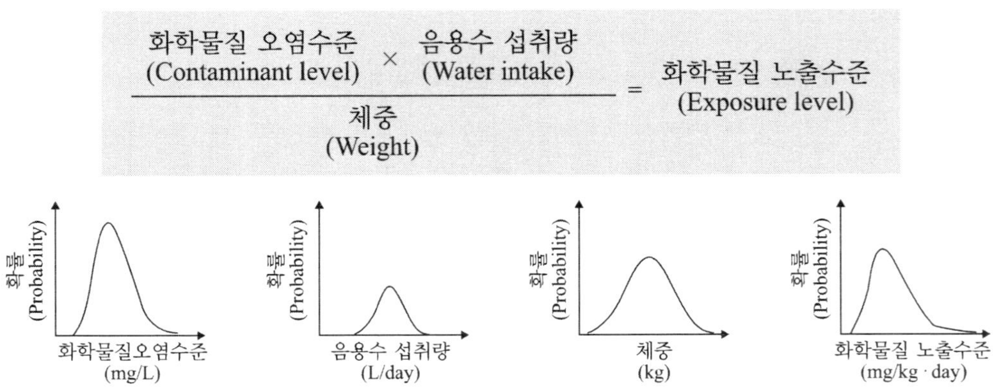

그림 1-7. 몬테카를로 시뮬레이션(Monte Carlo Simulation)의 예

설명 몬테카를로 시뮬레이션은 확률론적 노출평가의 도구로 사용되며, 노출량의 범위를 추정할 수 있다.

3) 종합 및 누적 노출평가

사람과 생태계 수용체는 여러 경로를 통해 다양한 유해요인에 노출된다. 둘 이상의 노출원 및 노출경로에 대한 노출을 조사하는 것은 '통합 노출평가(combined exposure assessment)'로 간주하며, '종합 노출평가(aggregate exposure assessment)'와 '누적 노출평가(cumulative exposure assessment)'는 현재 사용 중인 통합 노출평가의 두 가지 범주이다.

종합 노출평가(aggregate exposure assessment)는 수용체가 단일 유해요인(stressor)에 대해 여러 이동 경로(multiple pathways)와 여러 노출경로(exposure route)를 통해 노출된 경우 노출량의 총합을 평가하는 것이다(그림 1-8, 표 1-5). 예를 들어, 대상인구에게 A 화학물질이 식품을 통해 경구로, 공기를 통해 호흡기로, 제품 접촉을 통해 피부로 노출될 수 있으며, 이러한 노출량의 총합을 평가하는 것이 종합 노출평가이다. 이 방법은 단일 화학물질 노출만을 고려하며, 생물학적 유해요인(예 : 곰팡이, 미생물 등)이나 물리적 유해요인(예 : 소음, 온도 등)은 평가에 포함하지 않는다. 종합 노출평가는 농업 및 주거용 살충제(예 : Calendex™, CARES®, LifeLine)나 환경 중 화학물질 노출(예 : SHEDS, TRIM)에 사용할 수 있는 도구로 평가를 진행할 수 있다(US EPA, 2019).

누적 노출평가(cumulative exposure assessment)는 수용체에 같은 독성작용 기전(mode of action)으로 영향을 미치는 여러 화학물질이 다양한 노출경로로 노출된 경우 노출량의 총합을 평가하는 것이다(그림 1-8, 표 1-5). 예를 들어, 대상인구의 심장에 영향을 미치는 A, B, C, D 화학물질이 식품을 통해 경구로, 공기를 통해 호흡기로, 제품 접촉을 통해 피부로 노출될 수 있으며, 이러한 노출량의 총합을 평가하는 것이 누적 노출평가이다. 이 방법은 화학물질뿐만 아니라 생물학적, 물리적 유해요인도 모두 고려하며, 평가를 진행하기 전에 대상 화학물질들의 상호작용(예 : 상승작용(synergistic), 길항작용(antagonistic), 상가작용(additive))을 미리 살펴볼 필요가 있다. 누적 노출평가는 APEX, Calendex™ 등의 도구로 평가를 진행할 수 있으나, 화학적 유해요인 외의 생물학적, 물리적 유해요인을 함께 평가할 수 있는 도구는 많지 않다.

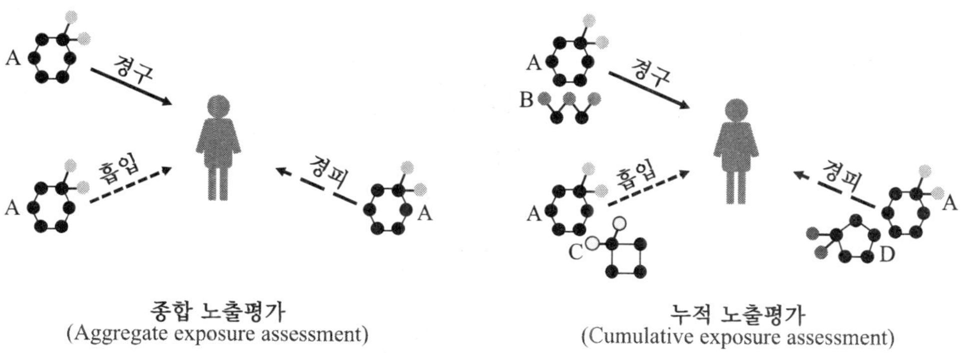

그림 1-8. 종합(aggregate) 및 누적(cumulative) 노출평가

설명 종합 노출평가는 수용체가 하나의 화학물질에, 누적노출평가는 여러 화학물질에 다양한 노출원과 노출경로를 통해 노출된 경우 노출량의 총합을 평가하는 것이다.

※ 자료 : 'ExpoBox (US EPA, 2019)'를 참고하여 저자 재작성

표 1-5. 종합(aggregate) 및 누적(cumulative) 노출평가의 비교

분류	종합(Aggregate)	누적(Cumulative)
입력 (Inputs)	• 단일 유해요인(화학물질만) • 유해요인의 상호작용(interaction)은 고려하지 않음 • 다른 독성 작용기전(mode of action)을 포함	• 다중 유해요인(화학물질 + 비화학물질) • 유해요인의 상호작용(interaction)도 고려 • 동일한 독성 작용기전(mode of action)만 포함
도구 (Tools)	• 다중경로 모델(multipathway models) • 모델은 한 가지 화학물질만 고려함	• 다중매체 모델(multimedia models) • 모델은 다양한 화학물질의 혼합까지 고려함
결과 (Results)	• 단일 화학물질의 영향	• 다양한 화학물질의 혼합 영향

※ 자료 : 'ExpoBox (US EPA, 2019)'를 참고하여 저자 재작성

4. 노출원 중심과 수용체 중심의 노출평가 접근법

노출원 중심(source-oriented)의 노출평가는 특정 노출원과 주요 노출경로를 설정해 수용체에 미치는 영향을 평가하는 방법이다(그림 1-9). 수용체 중심(receptor-oriented)의 노출평

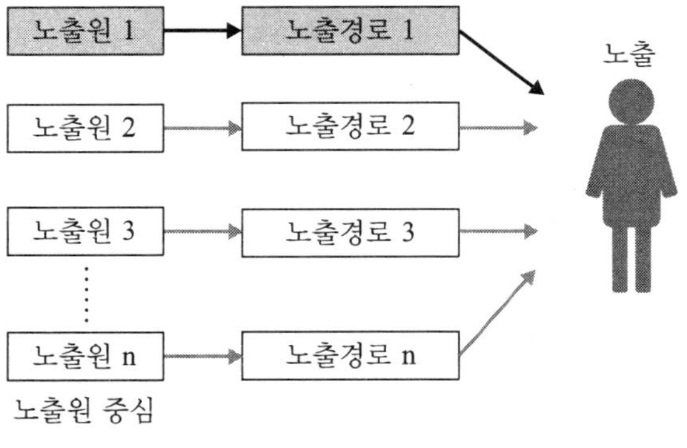

그림 1-9. 노출원 중심의 노출평가 접근법

설명 노출원 중심의 노출평가는 대부분 단일 노출원, 단일 노출경로에 따른 노출량을 평가한다.
※ 자료 : '인체 노출평가(한국직업능력개발원, 2015a)'를 참고하여 저자 재작성

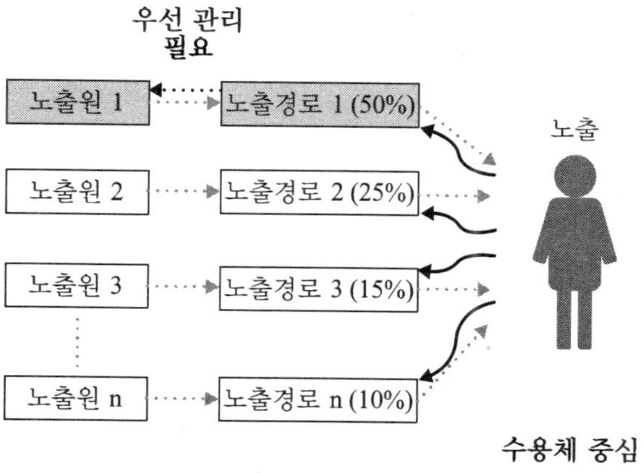

그림 1-10. 수용체 중심의 노출평가 접근법

설명 수용체 중심의 노출평가는 여러 노출원의 기여도를 평가할 수 있고, 중요한 노출원을 우선적으로 관리하는 데 도움이 된다.

※ 자료 : '인체 노출평가(한국직업능력개발원, 2015a)'를 참고하여 저자 재작성

가는 수용체인 개인이 어떠한 유해요인에 얼마나 노출되는지, 중요한 노출원은 무엇인지를 알아내는 방법이다(그림 1-10). 현재까지 진행된 노출평가는 대부분 노출원 중심으로 수행되었으나, 오염도를 측정할 수 있는 장비와 기술이 발전함에 따라 수용체 중심의 노출평가로 전환되고 있다. 수용체 중심의 노출평가는 노출원에 대한 정보를 토대로 노출 관리의 우선순위 대상을 선정할 때 활용이 가능하다.

5. 노출평가에서 사용되는 용어

'환경부 예규 제585호 환경유해인자의 위해성평가를 위한 절차와 방법 등에 관한 지침의 제2조 정의'에 제시된 내용을 토대로 노출평가 및 위해성평가에서 주로 사용되는 용어를 표 1-6에 정리하였다.

표 1-6. 노출평가 및 위해성평가에서 사용되는 용어와 그 의미

용어	의 미
결정론적 방법 (Deterministic approach)	• 개별 노출계수를 노출 알고리즘에 직접 적용하여 노출량을 산정하는 방법
기준용량 (Benchmark dose ; BMD)	• 독성영향이 대조집단에 비해 5% 또는 10%와 같은 특정 증가분이 발생했을 때 이에 해당되는 노출량을 추정한 값
기준용량 하한값(Benchmark dose lower bound ; BMDL)	• 노출량-반응 모형에서 추정된 기준용량 신뢰구간의 하한값
내용일일섭취량 (Tolerable daily intake ; TDI)	• 유해물질이 인체에 평생 노출되어도 유해한 영향을 나타내지 않는다고 판단되는 체중당 일일섭취량
노출(Exposure)	• 특정시간 동안의 환경유해인자와 수용체 간의 접촉
노출경로 (Exposure pathway)	• 환경유해인자가 특정매체로부터 시작하여 수용체에 노출될 때까지의 이동 매개체와 그 경로
노출계수 (Exposure factor)	• 결정론적 방법 및 확률론적 방법 등을 사용하여 노출평가를 할 때 환경유해인자의 노출량 결정과 관련된 계수
노출량-반응평가 (Dose-response assessment)	• 환경유해인자에 대한 수용체의 노출수준과 이에 따른 인체 및 생태에 미치는 영향과의 상관성을 규명하는 것
노출 시나리오 (Exposure scenario)	• 잠재적인 노출이 발생할 수 있는 구체적인 상황과 활동에 대한 사실, 가정, 추정의 조합
노출 알고리즘 (Exposure algorism)	• 노출 시나리오에 따른 노출량을 계산하기 위한 산정식
노출평가 (Exposure assessment)	• 환경을 포함한 각종 매체에 존재하는 환경유해인자의 정성 및 정량적 분석 자료를 근거로 환경유해인자의 인체, 생태 등 대상 수용체 내부로 들어오는 노출수준을 추정하는 것
노출안전역=노출한계 (Margin of exposure ; MOE)	• 무영향관찰용량(NOAEL), 무영향예측농도(PNEC) 또는 기준용량 하한값(BMDL)을 노출수준으로 나눈 비율
독성작용방식(Mode of action)	• 독성물질이 수용체에 작용해서 독성영향을 야기하는 방식
독성종말점(Endpoint)	• 화학물질의 유해성과 관련된 특정한 독성을 정성 및 정량적으로 표현한 것
독성참고치 (Reference dose ; RfD)	• 어린이용품 및 환경 매체 등에 대한 노출(식품 및 환경 매체 등)을 통해 환경유해인자가 인체에 유입되었을 경우 유해한 영향이 나타나지 않는다고 판단되는 노출량 • 특정 환경유해인자에 대한 내용일일섭취량(tolerable daily intake ; TDI), 일일섭취허용량(acceptable daily intake ; ADI), 잠정주간섭취허용량(provisional tolerable weekly intake ; PTWI), 흡입노출참고치(reference concentration ; RfC) 값도 충분한 검토를 거쳐 독성참고치(RfD)와 동일한 개념으로 사용할 수 있음

매체통합 위해성평가	• 초기 위해성평가를 통해서 선별된 우선평가대상물질을 대상으로 다매체/다경로 노출평가와 수용체 특성을 반영한 위해성평가를 수행하여 위험인구 산정, 민감집단 및 취약집단 확인, 매체별 노출기여도 평가를 수행하는 일련의 과정
무영향관찰용량 (No observed adverse effect level ; NOAEL)	• 만성독성 등 노출량－반응평가에서 노출집단과 적절한 무처리 집단간 악영향의 빈도나 심각성이 통계적으로 또는 생물학적으로 유의한 차이가 없는 노출농도
무영향예측농도(Predicted no effect concentration ; PNEC)	• 인체 이외의 생태계에 서식하는 생물에게 유해한 영향이 나타나지 않는다고 예측되는 환경 중 농도
발암농도	• 환경유해인자의 노출로 인해 암 발생 빈도가 5%, 10%, 25% 등과 같이 유의한 증가를 보일 때 이에 해당되는 평생일일평균노출량
발암잠재력 (Carcinogenic slope factor ; CSF)	• 평균 체중의 건강한 성인이 어떤 환경유해인자의 단위 노출량으로 오염된 환경 매체(물, 공기, 식품 등)를 기대수명 동안 접촉하였을 경우, 그로 인해 발생할 수 있는 초과발암확률의 95% 상한값 • 저농도 노출 시 암 발생과의 직선 상관식의 기울기
불확실성계수 (Uncertainty factor ; UF)	• 환경유해인자의 독성에 대한 동물실험 결과를 인체에 외삽하거나 민감한 대상까지 적용하기 위한 임의적 보정값
상대노출기여도	• 총 노출량에 대한 노출경로별 또는 노출매체별 노출량의 비율
상대독성계수	• 환경유해인자 중 독성이 유사한 동종체 화합물을 대상으로 이성체 중 가장 독성이 강한 물질의 독성을 기준으로 하여 각 이성체의 상대적인 독성값을 나타낸 계수
상대위해기여도(Relative risk contribution ; RRC)	• 총 위해도에 대한 노출경로별 또는 노출매체별 위해도의 비율
생물이용도	• 환경유해인자가 생물체에 흡수되어서 이용되는 정도
생물축적성 (Bioaccumulation)	• 생물의 조직 중 환경유해인자의 농도가 먹이를 포함하여 여러 환경 매체의 농도에 비해 상대적으로 증가하는 것 cf. 생물축적계수(bioaccumulation factor ; BAF) : 생물축적성의 농도비 cf. 생물확장계수(biomagnification factor ; BCF) : 먹이생물 중 농도와 포식생물 중 농도의 비
생체지표(Biomarker)	• 화학물질 노출과 관련하여 생체 내에서 측정된 화학물질이나 화학물질의 대사체 혹은 그 화학물질이 특정 분자나 세포와 작용하여 생성된 물질
생태 위해성평가 (Ecological risk assessment)	• 환경유해인자의 환경 중 수서, 저서 및 토양 생물에 대한 안전수준을 규명하고, 노출수준의 예측 및 평가를 통해서 생태에 미치는 영향의 크기 및 발생 확률을 추정하는 일련의 과정
수생태독성	• 담수나 해수에 서식하는 어류, 물벼룩 및 조류 등 수서 동·식물이 환경유해인자에 일시적 또는 장기적으로 노출되어 나타나는 독성

수용체(Receptor)	• 화학물질로 인해 영향을 받을 수 있는 생태계 내의 개체군 혹은 해당 종
역치(Threshold)	• 그 수준 이하에서 유해한 영향이 발생하지 않을 것으로 기대되는 용량
외삽(Extrapolation)	• 관찰할 수 없는 저농도 환경유해인자의 위해수준을 관찰할 수 있는 범위로부터 추정하는 것
유해성확인 (Hazard identification)	• 환경유해인자의 독성 및 작용기작에 대한 연구 자료를 바탕으로 유해물질이 인체나 생태에 미치는 유해한 영향을 규명하고, 그 증거의 확실성을 검증하는 것
위해도 관리 (Risk management)	• 위해도에 대한 정치적, 사회적인 의사결정과정
위해도 결정 (Risk characterizaton)	• 노출평가와 노출량－반응평가 결과를 바탕으로 환경유해인자의 노출에 따른 정량적인 위해수준을 추정하고 그 불확실성을 제시하는 것
위해성(Risk)＝위해도	• 환경유해인자에 노출됨으로써 사람의 건강이나 환경이 악영향을 받게 될 개연성
위험인구 (Population at risk)	• 인체 위해가 나타날 가능성이 있는 것으로 추정되는 인구수 cf. 위험인구집단 평가 : 위험인구집단을 확인하고 위험인구를 산정하는 과정
유해성(Hazard)	• 환경유해인자의 독성 등 사람의 건강이나 환경에 악영향을 미치는 환경유해인자 고유의 성질
유해지수(Hazard quotient ; HQ)	• 노출수준을 독성참고치(RfD)로 나눈 비율
유해화학물질	• 「화학물질관리법」 제2조 제7호에 따른 유독물질, 허가물질, 제한물질 또는 금지물질, 사고대비물질, 그 밖에 유해성 또는 위해성이 있건 그러할 우려가 있는 화학물질
이차독성	• 오염된 먹이생물의 섭취를 통해서 포식자에게 나타나는 독성영향
인체 위해성평가	• 환경유해인자가 환경에 배출되거나 생활환경에서 사용될 때 인체에 노출되는 크기와 해당 환경유해인자의 안전수준을 비교 · 평가하여 인체에 미치는 건강영향의 크기와 발생확률을 추정하는 일련의 과정
일반생태독성	• 환경유해인자에 노출된 생물의 성장 감소, 생식 감소, 사망 증가 등의 독성영향
일일평균노출량(Average daily dose) = 일일섭취량(Average daily intake)	• 환경유해인자가 다양한 노출경로를 통해 하루 평균 노출되는 노출량을 말하며, 노출 알고리즘을 통해 계산 가능
정량적 구조활성모형 (Quantitative structure-activity relationship ; QSAR)	• 화학물질의 물리 · 화학적 구조 특성과 생태독성 간 정량적 관계를 표현하는 수치 모형
종민감도분포(Species sensi-	• 특정 환경유해인자에 대한 생물종 간 민감도의 변이

tivity distribution ; SSD)	
초기위해성평가	• 환경유해인자 등 평가대상물질의 환경배출 및 노출수준과 독성에 대한 기존자료를 이용해서 최악의 노출 시나리오를 가정했을 때 사람의 건강 또는 환경에 미치는 위해의 정도를 평가하는 일련의 과정
총유기탄소량 (Total organic carbon ; TOC)	• 용존성 유기 탄소량과 입자성 유기 탄소의 합이며, 총탄소량에서 무기탄소량을 뺀 값
평가계수 (Assessment factor ; AF)	• 환경유해인자의 독성에 대한 실험 결과를 외삽하거나 민감한 대상까지 적용하기 위해 임의적으로 부여한 보정값
평균노출량(Lifetime average daily dose ; LADD)	• 환경유해인자가 다양한 노출경로를 통해 평생동안 평균적으로 노출되는 노출량 • 연령 구간별 일일평균노출량에 대한 가중 평균값으로 계산가능
확률론적 방법 (Probabilistic approach)	• 개별 노출계수의 분포를 이용하여 노출량의 확률 분포를 추정하는 방법
환경유해인자	• 「환경정책기본법」 제3조 제4호에 따른 환경오염과 「화학물질관리법」 제2조 제7호에 따른 유해화학물질 등
흡입노출참고치(Reference concentration ; RfC)	• 만성노출에 대한 흡입독성참고치

※ 자료 : '환경부 예규 제585호(환경유해인자의 위해성평가를 위한 절차와 방법 등에 관한 지침)의 제2조 정의'를 참고하여 저자 재정리

예상문제

1. 호흡(inhalation), 식사(eating), 마시는 과정(drinking)을 통해 개구부(입, 코)로 화학물질이 들어오는 것을 의미하는 단어로 옳은 것은?

① 섭취(intake) ② 섭취(uptake)
③ 노출(exposure) ④ 용량(dose)

해설 ① 섭취(intake)는 호흡, 식사, 마시는 과정을 통해 개구부로 화학물질이 들어오는 것을 의미한다.
② 섭취(uptake)는 내부 경계(예 : 위장관, 폐)를 넘는 것을 의미한다.

2. 섭취율(intake rate)을 나타내는 단위로 옳지 않은 것은?

① m^3(air)/hour
② kg(food)/day
③ L(water)/day
④ mg(chemical)/kg(body weight)・day

해설 ④ mg(chemical)/kg(body weight)・day는 노출량의 단위이다.

3. 음식물 섭취, 공기 흡입, 또는 피부에 접촉할 때의 화학물질의 양을 의미하는 용어로, 현재 위해성평가 시 주로 사용되는 용량으로 옳은 것은?

① 잠재 용량(potential dose) ② 적용 용량(applied dose)
③ 흡수 용량(absorbed dose) ④ 전달 용량(delivered dose)

해설 ② 적용 용량은 1차로 흡수되는 경계(위장, 폐, 피부)에서의 화학물질의 양을 의미한다.
③ 흡수 용량은 흡수 장벽이나 교환 경계를 가로질러 침투하는 화학물질의 양을 의미한다.
④ 전달 용량은 특정 기관 또는 세포와 상호작용할 수 있는 화학물질의 양을 의미한다.

4. 스크리닝 단계(screening-level)의 노출평가에 대한 설명으로 옳지 않은 것은?

① 간단한 모델과 방정식을 활용한다.
② 저렴하고 불확실성의 특징을 파악하기 쉽다.
③ 기본적인 가정을 사용하여 보수적인 노출량을 추정한다.
④ 우선순위를 지정하거나 잠재적 노출경로를 선택하는 데 사용하는 것이 적합하다.

해설 ② 저렴한 방법이지만, 불확실성이 크고 그 특징을 파악하기 어렵다.

5. 결정론적(deterministic) 노출평가에 대한 설명으로 옳은 것은?

① 복잡한 모델과 방정식을 이용한다.
② 노출에 대한 점 추정치를 산출한다.
③ 몬테카를로 시뮬레이션을 사용할 수 있다.
④ 매체의 농도나 노출계수에 대한 확률 분포 자료를 활용한다.

해설 ①, ③, ④는 확률론적(probability) 노출평가에 대한 설명이다.

6. 종합(aggregate) 노출평가에 대한 다음의 설명 중 옳지 않은 것은?

① 단일 유해요인(stressor)의 노출을 고려한다.
② 다경로(multiple exposure route)의 노출을 고려한다.
③ 동일한 독성 작용기전(MOE)만 포함한다.
④ 다중경로 모델(multipathway model)을 사용한다.

해설 ③은 누적(cumulative) 노출평가에 대한 설명이다.

7. 수용체 중심(receptor-oriented)의 노출평가에 대한 설명으로 옳지 않은 것은?

① 특정 노출원과 주요 노출경로를 설정해 수용체에 미치는 영향을 평가하는 방법이다.
② 개인별 노출량을 측정할 수 있는 장비와 기술이 발전하면서 수용체 중심의 노출평가로 개념 전환이 가능해졌다.
③ 수용체인 개인이 어떤 유해물질에 노출되는지 알아내는 방법이다.
④ 다양한 노출원에 대한 정보를 토대로 노출 관리의 우선순위 대상을 선정할 때 활용이 가능하다.

해설 ①는 노출원 중심(source-oriented)의 노출평가에 대한 설명이다.

8. 독성값(예 : NOAEL, PNEC, BMDL)을 노출수준으로 나눈 비율을 의미하는 단어로 옳은 것은?

① 유해지수(hazard quotient)
② 노출한계(margin of exposure)
③ 역치(threshold)
④ 발암잠재력(carcinogenic slope factor)

해설 ① 유해지수(HQ)는 노출수준을 독성참고치(RfD)로 나눈 비율을 의미한다.
② 노출한계(MOE)는 독성값을 노출수준으로 나눈 비율을 의미한다.

9. 노출평가에 사용되는 용어에 대한 정의로 옳지 않은 것은?

① 노출 알고리즘(exposure algorithm) : 잠재적인 노출이 발생할 수 있는 구체적인 상황과 활동에 대한 사실, 가정, 추정의 조합
② 노출계수(exposure factor) : 결정론적 방법 및 확률론적 방법 등을 사용하여 노출평가를 할 때 환경유해인자의 노출량 결정과 관련된 계수
③ 노출경로(exposure pathway) : 환경유해인자가 특정매체로부터 시작하여 수용체에 노출될 때까지의 이동 매개체와 그 경로
④ 노출(exposure) : 특정시간 동안의 환경유해인자와 수용체 간의 접촉

해설 ① 노출 시나리오(exposure scenario)에 대한 설명이다.

10. 환경 매체, 식품, 제품 등을 통한 노출로 환경유해인자가 인체에 유입되었을 경우 유해한 영향이 나타나지 않는다고 판단되는 노출량을 나타내는 단어로 옳지 않은 것은?

① 잠정주간섭취허용량(provisional tolerable weekly intake)
② 일일섭취허용량(acceptable daily intake)
③ 일일평균노출량(average daily dose)
④ 내용일일섭취량(tolerable daily intake)

해설 인체에 유해한 영향이 나타나지 않는다고 판단되는 노출량으로는 독성참고치(RfD), 내용일일섭취량(TDI), 일일섭취허용량(ADI), 잠정주간섭취허용량(PTWI), 흡입노출참고치(RfC) 등을 사용할 수 있다. ③ 일일평균노출량은 환경유해인자가 다양한 노출경로를 통해 하루에 평균적으로 노출되는 노출량을 의미한다.

정답 1. ① 2. ④ 3. ① 4. ② 5. ② 6. ③ 7. ① 8. ② 9. ① 10. ③

Exposure assessment

인체 노출평가 | 2 장

1. 인체 노출평가의 접근방법

인체 노출평가(human exposure assessment)는 대상 인구집단의 크기, 노출의 빈도 및 기간 등을 고려해서 노출경로별로 인체 노출량을 정량적으로 추정하는 것이다. 환경유해인자의 인체노출량을 추정하기 위해서는 다음의 세 가지 방법을 이용할 수 있다(US EPA, 2019 ; 그림 2-1).

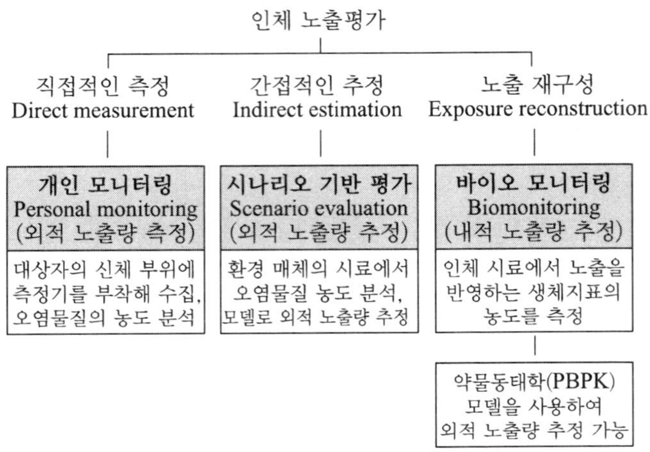

그림 2-1. 인체 노출평가의 접근 방법

※ 자료 : 'Expobox (US EPA, 2019)', '인체 노출평가(한국직업능력개발원, 2015a)'를 참고하여 저자 재작성

'환경부 예규 제585호(환경유해인자의 위해성평가를 위한 절차와 방법 등에 관한 지침)의 제9조 노출평가'에는 환경유해인자의 인체노출량을 추정하기 위해 다음의 세 가지 방법을 이용할 수 있다고 제시되어 있으며, 그림 2-1과 맥락이 같다.

- 노출매체 중 노출 농도 측정을 통한 노출량 산정
  [=직접적인 측정(direct measurement)]
- 노출매체 농도 예측과 노출 시나리오에 따른 노출량 추정
  [=간접적인 추정(indirect estimation)]
- 생체지표를 이용하여 총 노출량 산정
  [=노출 재구성(exposure reconstruction)]

직접적인 측정(direct measurement)은 대상자의 호흡기 근처 등에 측정기를 부착해 유해 인자의 농도를 직접 측정하는 개인 모니터링(personal monitoring)을 의미한다. 이러한 직접적인 노출평가 방법은 수용체 개인에 대한 노출량을 정확하게 측정할 수 있다는 장점이 있지만, 시간과 비용적인 측면에서 많은 인구집단을 대상으로 수행하기가 쉽지 않다.

이러한 단점을 극복하고자 간접적인 추정(indirect estimation) 방법이 개발되었으며, 다매체·다경로를 고려한 노출 시나리오를 구축한 후(scenario evaluation) 환경 매체의 오염도 자료, 노출 빈도, 노출 기간, 체중 등을 입력해 노출량을 추정한다. 이 방법은 비교적 적은 비용으로 외적 노출량을 제공할 수 있으나, 내적 노출량(internal dose)을 산출하기는 어렵다. 인체 노출평가 시 노출 시나리오(indirect)와 개인 모니터링(direct)을 상호보완적으로 사용할 수 있으며, 여러 방법을 함께 사용하면 보다 정확한 노출량 산출이 가능하다(Maroni et al., 1999).

노출 재구성(exposure reconstruction)은 대상자의 생체시료(혈액, 소변, 머리카락 등)를 수집하여 생체지표(biomarker)를 측정하는 생체모니터링(biomonitoring)을 진행하고, 이 결과와 생리학 기반 약물동태 모형(physiologically based pharmacokinetic model ; PBPK model)을 이용해 외적 노출량을 역추정하는 것을 의미한다(Caldwell et al., 2012).

1) 직접적인 노출량 측정

미국 환경보호청의 노출평가 지침(US EPA, 1992)에서는 직접적인 노출량 측정 방법(direct measurement)을 "사람과 환경 사이의 계면에서 화학물질의 농도를 직접 측정하여 노출이 발생하는 시점의 노출을 정량화하는 방법"이라고 정의한다. 이러한 측정 방법을 개인 모니터링(personal monitoring) 또는 접촉지점 노출 측정(point-of-contact measurement)이라고도 명명한다.

개인 모니터링 방법은 연구기간에 연구 대상자가 먹는 음식이나 들이마시는 공기 등을 수집하여 오염물질의 양을 분석하게 된다. 이 방법은 다른 방법들과 비교했을 때 비교적 대상자의 노출 농도를 정확히 측정할 수 있다는 장점이 있다. 그러나 비용이 많이 들고, 단기 샘플링한 결과를 장기 노출까지 외삽할 경우 불확실성이 증가할 수 있으며, 연구 결과가 전체 인구를 대표하기는 어렵다. 이 방법은 시나리오 기반 평가와 같은 간접노출량 추정방법을 사용하여 수행된 평가 결과를 검증하는 데 사용될 수 있다(US EPA, 1992).

개인 모니터링은 대상자를 관찰해야 하는 연구이기에 윤리적인 지침을 엄격히 준수해야 한다. 문제를 공식화하는 시점부터 연구를 수행하기에 이르기까지 각 단계마다 대상자의 건강과 안전을 고려해야 한다.

(1) 흡입 경로에 대한 직접적인 노출량 측정

흡입(inhalation) 경로에 대한 직접적인 노출량 측정은 소형의 모니터(monitor)를 대상 인구의 호흡기 영역 근처에 부착하여 수행하게 된다. 연구 참가자가 참여 기간 내내 착용하고 있어야 하므로 편안하고 소음이 거의 없는 장비를 사용하는 것이 좋다. 주로 사업장에서 직업적으로 노출되는 근로자의 노출량을 측정할 때 사용되며, 장비 착용으로 인해 작업수행에 제약이 생기지 않도록 하는 것이 필요하다. 장비의 작동 형태에 따라 수동형(passive monitor ; 모터 작동하지 않음)과 능동형(active monitor ; 모터 작동함)으로 구분된다(그림 2-2).

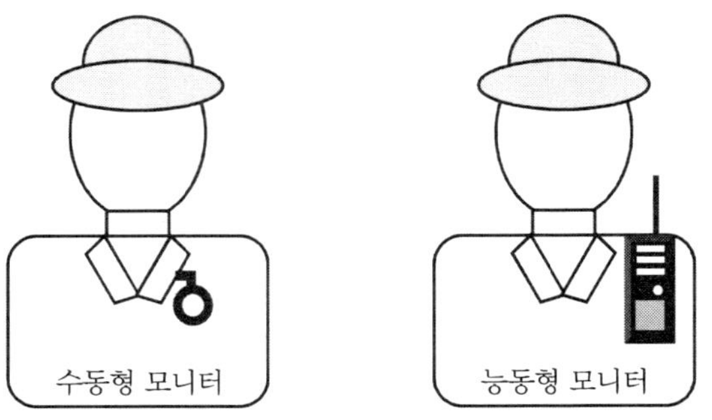

그림 2-2. 수동형 모니터(passive monitor)와 능동형 모니터(active monitor)의 예

① 수동형 샘플링

수동형 샘플링(passive sampling)은 확산 튜브(diffusion tube), 배지(badge), 검출기 튜브(detector tube)와 같은 장치에 흡착(adsorption)시키거나 포획(entrapment)하여 시료를 수집하는 방법이다. 수동형 샘플링 장치는 능동형 샘플링 장치보다 검출 수준이 높기 때문에 단기(short-term) 노출보다는 장기 노출(long-term) 측정에 더 적합하다(US EPA, 2019). 이산화질소(NO_2), 오존(O_3), 이산화황(SO_2), 일산화탄소(CO), 포름알데히드(HCHO) 등의 가스상 오염물질은 확산 배지(diffusion badge)를 이용해 수집할 수 있다(그림 2-3). 유기화합물의 증기는 활성탄(activated carbon) 배지의 충전층에 흡착시켜 수집할 수 있다. 개인보호구(마스크)에 일반 먼지 필터 대신 측정용 패드를 삽입하여 작업 환경에서 작업자에게 노출되는 오염물질의 농도를 측정하는 데 사용되기도 한다. 수집한 시료는 대상 화학물질에 따라 분광측정 장비(spectroscopy), 가스 크로마토그래피(gas chromatography ; GC), 고성능 액체 크로마토그래피(high performance liquid chromatography ; HPLC) 등을 사용하여 농도를 분석할 수 있다.

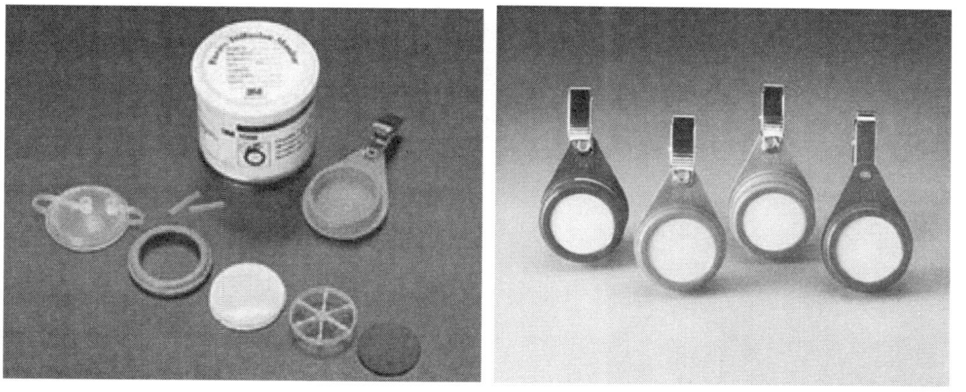

그림 2-3. 확산 배지(diffusion badge)의 예

※ 자료 : http://daihanscience.koreasme.com/viewproduct_1226_k.html,
https://www.nationalsafetyinc.com/3M-Personal-Air-Monitoring-System-P36744.aspx

② 능동형 샘플링

능동형 샘플링(active sampling)은 소형 공기 펌프를 사용하여 필터, 튜브 등을 통해 공기를 끌어와 시료를 수집하는 방법이다. 수동형 샘플링 장비와 달리 능동형 샘플링은 전기와 움직이는 부품이 필요하다. 능동형 모니터는 필터를 사용하여 10μm 및 2.5μm 크기의 입자상 물질(즉, PM_{10}과 $PM_{2.5}$)을 측정할 수 있다. 연구 참가자가 참여기간 내내 착용하고 있어야 하므로 소음이 적고 착용이 편리한 것을 제공하며, 펌프와 배터리 팩을 담을 수 있는 어깨에 메는 가방(shoulder back)을 함께 주기도 한다. 입자상 물질을 수집하기 위한 사이클론 샘플러(cyclone sampler)도 능동형 샘플러에 해당한다. 에어로졸과 가스상 물질을 측정하기 위해 임팩터(impactor) 및 디누더 필터 팩(denuder filter pack)을 결합해 사용하기도 한다.

(2) 경구 경로에 대한 직접적인 노출량 측정

중복식이 연구(duplicate diet study)는 식이를 통한 오염물질의 위험요인을 평가하기 위해 연구기간 동안 조사 대상자가 실제로 섭취한 식품에 대해 동일한 양을 수거하여 그 식품 내에 포함된 화학물질의 농도를 측정하는 것이다(그림 2-4). 경우에 따라서는 연구 참여자가 섭취량으로 보고한 것과 동일한 분량을 시료로 조합하여 분석하기도 한다(aliquot sampling). 이 방법은 연구 참여자의 식이 섭취에 따른 오염물질의 노출량을 정확하게 산출할 수 있고, 세척(washing)으로 인한 잔류오염물질(residue)의 감소 및 요리(cooking)로 인한 화학물질의 증가 등 음식 준비 단계에서 화학물질 오염도의 변화에 대해서도 정보를 제공할 수 있다. 그러나 준비 비용이 두 배로 들어 경제적인 부담이 발생한다. 또한 연구 참여자가 연구에 끝까지 참여할 수 있도록 지속적인 동기 부여가 필요하며, 개인의 평소 식습관과 다르게 음식을 섭취하는 경우(예 : 실제 먹는 양보다 적게 먹음)에는 노출량 추정 시에 편향(bias)을 유발할 수 있다(Stockley, 1985).

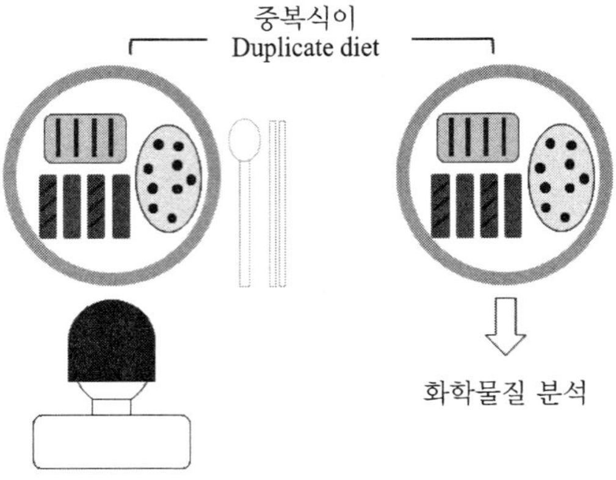

그림 2-4. 중복식이(duplicate diet) 연구의 예

(3) 경피 경로에 대한 직접적인 노출량 측정

패치(patches), 전신 용량계(whole-body dosimeters), 제거 방법(removal method) 및 광학 방법(optical method)을 사용하여 화학물질에 대한 피부 노출을 측정할 수 있다.

패치 방법(patches)은 반창고, 스티커 모양의 패치, 거즈 패드 등을 몸에 붙여 대상 화학물질을 수집하는 것을 의미한다. 패치는 약 30년 전에 유기인계 살충제에 대한 노출을 조사하기 위해 처음으로 사용되었으며(Durham and Wolfe, 1962), 그 이후로도 다환방향족탄화수소(polycyclic aromatic hydrocarbons ; PAHs), 산화구리, 먼지 등 다양한 화학물질의 노출량 분석에 사용되었다(Soutar et al., 2000). 패치는 토양/퇴적물에 대한 피부 노출의 개인 노출량을 비교적 쉽고 저렴한 방법으로 수집할 수 있다. 그러나 신체 위치에 따라 중요한 노출 영역을 놓칠 수 있으며, 비교적 작은 패치를 전신 표면까지 외삽할 경우 노출량 산출에 오류가 발생할 수 있다는 단점이 있다.

전신 용량계 방법(whole-body dosimeters)은 옷에 착용된 배지, 작업복(coverall suit), 전장 면 내복(full-length cotton underwear) 등을 이용하여 전신 노출을 측정하기 위한 것이다(Federal Insecticide, Fungicide, and Rodenticide Act Scientific Advisory Panel, 2007).

제거 방법(removal method)은 분석할 피부에서 관심 있는 오염물질을 수집하기 위해 헹굼(rinsing), 닦기(wiping), 테이프로 접착(tape stripping)시키는 방법을 의미한다.

광학 방법(optical method)은 해당 화학물질을 무독성 형광 추적기(nontoxic fluorescent tracer)로 검출하는 것을 의미한다. Fenske 외의 연구자들은 테트라클로로페놀(tetrachlorophenol ; Fenske et al., 1987) 또는 살충제(Fenske, 1990)에 대한 피부 노출을 연구하는 데 형광 추적기를 사용했던 적이 있다. Great Lakes 지역의 코호트로부터 소비자 제품에 의해 방출되는 폴리브롬화다이페닐에테르(PBDE) 화합물의 노출 농도를 측정하기 위해 휴대용 x-ray 형광 분석기가 사용된 적도 있다(Imm et al., 2009).

2) 간접적인 노출량 추정

미국 환경보호청의 노출평가 지침(US EPA, 1992)에서는 시나리오 기반의 노출평가를 '접촉된 물질의 양과 접촉 빈도, 지속 시간을 측정하거나 추정해서 노출을 정량화하는 방법'으로 정의한다. 시나리오 기반의 노출평가(scenario evaluation)는 노출 시나리오를 이용하여 노출을 추정하는 간접적인 추정(indirect estimation) 방법이다. 이는 노출을 직접 측정하는 '접촉지점 노출 측정(point-of contact approaches)'이나 생체지표 농도를 이용하여 노출을 추정하는 '노출 재구성(exposure reconstruction)'과는 대조적인 방법이다. 노출을 간접적으로 추정하려면 노출 방정식에 입력할 정량적인 값이 필요하며, 이러한 방정식은 노출 시나리오의 개발을 통해 얻어질 수 있다. 노출 시나리오에는 관심 있는 노출원, 이동 경로, 노출 시점의 오염물질 농도, 대상인구 집단, 노출계수 등에 대한 정보가 필요하다(그림 2-5). 적분 모델을 사용하여 관심이 있는 대상인구 집단의 노출을 정량화할 수 있으며, 직접적인 노출량 측정 방법을 사용하여 시나리오 기반의 노출평가 결과를 검증할 수 있다.

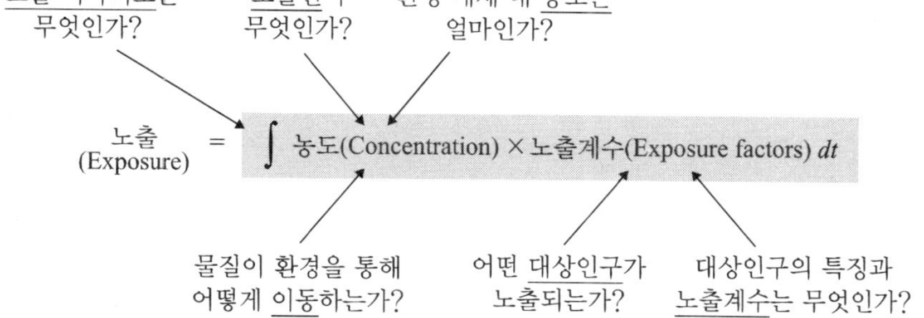

그림 2-5. 시나리오 기반의 노출평가에서 잠재적 노출량(potential dose)을 추정하는 방법

※ 자료 : 'ExpoBox (US EPA, 2019)'를 참고하여 저자 재작성

(1) 노출 시나리오(exposure scenario)

노출 시나리오(exposure scenario)란 노출이 발생하는 방식에 대한 일련의 사실, 가정, 추론을 의미한다. 즉, 노출에 대한 프로파일을 작성하여 환경 매체에서 유해요인의 농도를 해당 매체와 수용체의 접촉 빈도, 지속 시간과 연결하는 것이다. 노출원과 수용체 사이의 연결을 분석하기 위해 노출 시나리오 작성자는 다음의 구성요소를 고려해야 한다.

- 노출영역 설정(exposure setting) : 노출이 실제 발생하는 상황
- 유해요인의 특성(characterization of the stressor) : 유해요인이 어떠한 노출원을 통해 배출되고 환경 매체에 전달되는지에 대한 특성
- 노출경로(exposure pathway) : 환경 중 거동(fate)과 이동(transport), 유해요인이 수용체에 도달하는 경로
- 노출된 인구의 특성(characterization of the exposed population) : 노출된 개인 또는 집단의 생리적, 활동, 행동 특성
- 섭취 속도(intake and uptake rates) : 유해요인이 생물학적 경계를 통과하여 전달되는 속도

① 계획, 범위 지정, 문제 형성

계획(planning), 범위 지정(scoping), 문제 형성(problem formation) 과정은 평가자(assessor)가 위해관리자(risk manager), 다양한 이해 관계자들(stakeholders)과 함께 평가의 목적, 범위, 접근 방식 등을 결정하는 단계이다. 미국 환경보호청의 노출평가 지침(US EPA, 1992)에 따르면 모든 평가자는 평가를 시작할 때 시나리오의 기본 가정(설정, 범위 등)을 잘 확인해야 하며, 각 노출경로에 따라 노출을 평가하기 위한 방정식을 세운 후 이를 푸는 데 필요한 정보가 있는지 확인해야 한다. 이 단계에서 평가자는 다음과 같은 질문을 할 수 있다.

- 시나리오 평가 접근이 적절한가?
- 어떤 계층(tier) 또는 유형(type)의 시나리오를 개발할 것인가?
- 시나리오에 가장 적합한 설명변수(descriptor)는 무엇인가?
- 시나리오에 포함되어야 할 노출경로, 인구집단, 매체는 무엇인가?

계획, 범위 지정, 문제 형성 과정은 문제가 구체화되기 전까지 반복적인 절차로 진행되며, 새로운 정보가 수집되거나 예비 결과가 얻어졌을 때 그 결과에 따라 노출평가 과정 전체를 재검토할 수 있다. 노출평가의 명확한 목적과 범위를 설정하려면 이 단

계에서 구체적으로 계획하고 범위를 지정하며 문제를 형성하는 것이 좋다.

미국 환경보호청의 누적 위해성평가 지침(US EPA, 1997b)에서는 개념적 모형(conceptual model)을 개발하는 것이 노출평가의 계획 단계에서 핵심 부분임을 제시하였다. 개념적 모형이란 모집단의 예측된 반응과 해당 유해요인 사이의 예측된 주요 관계를 기술한 다이어그램 또는 서면 설명을 의미한다. 이 모형으로 환경경로(environmental pathways)와 노출경로(exposure route)를 제시할 수 있다. 그림 2-6은 한 가지 예로서 지하저장고 내부에서 오염물질이 새어 나와 사람에게 노출되는 경우를 그림으로 표현해 놓았으며, 이를 개념적 모형으로 간단하게(표 2-1) 또는 복잡하게(표 2-2) 나타낼 수 있다.

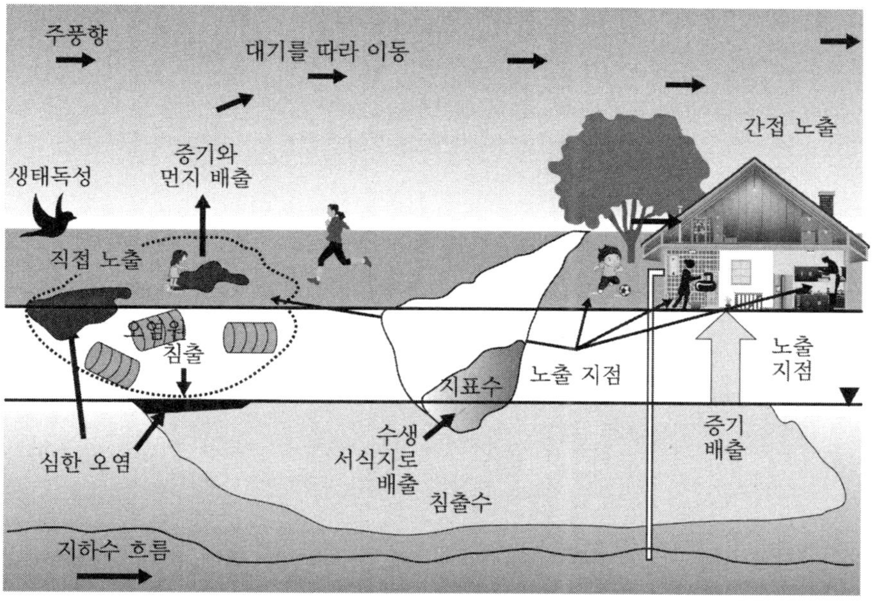

그림 2-6. 그림으로 나타낸 개념적 모형(conceptual model)의 예

설명 드럼통이 새서(오염원) 오염물질이 다양한 환경 매체로 이동한다. 예를 들어, 오염물질은 공기 중으로 휘발(volatilization), 토양으로 누출(leakage), 물로 침출(leaching)되며, 환경 매체를 통해 수용체로 전달된다.

※ 자료 : http://www.hawaiidoh.org/tgm-content/0303a.aspx?f=T를 참고하여 저자 재작성

표 2-1. 간단한 개념적 모형(conceptual model)의 예

1차 발생원	1차 배출 기전	2차 발생원	잠재적인 영향		현재/미래 영향[a]
지상 저장고, 지하 저장고, 배관, 폐기 장소 등	유출, 누출, 부적절한 폐기	토양	사람 건강에 위해	직접 노출	현재/미래
				건물로 증기 유입	현재/미래
			육상 생태계에 위해		현재/미래
			침출(leaching)		현재/미래
			심한 오염(gross contamination)		현재/미래
		지하수	사람 건강에 위해	직접 노출	현재/미래
				건물로 증기 유입	현재/미래
			수서 생태계에 위해		현재/미래
			심한 오염		현재/미래

a 현재 또는 미래에 영향을 미치는지 동그라미 표시
※ 자료 : http://www.hawaiidoh.org/tgm-content/0303a.aspx?f=T를 참고하여 저자 재작성

표 2-2. 복잡한 개념적 모형(conceptual model)의 예

1차 발생원	1차 배출 기전	2차 발생원	잠재적인 영향	현재/미래의 노출 여부					
				노출 유형	2차 배출 기전	노출 경로	수용체		
							현장 근로자	거주자	건설 노동자
지하 저장고	유출, 누출, 부적절한 폐기	토양	사람 건강에 위해	직접 노출	없음	경구	×	×	○
						경피	×	×	○
					먼지/증기	흡입	×	×	○
				건물로 증기 유입	증기	흡입	○	×	모름
			육상 생태계에 위해	현재 ×, 미래 ×					
			침출	현재 ○, 미래 ○					
			심한 오염	현재 ○, 미래 ○					
		지하수	사람 건강에 위해	직접 노출	없음	경구	×	×	○
						경피	×	×	○
						흡입	×	×	○
				건물로 증기 유입	증기	흡입	○	×	모름
			수서 생태계에 위해	현재 ×, 미래 ×					
			심한 오염	현재 ○, 미래 ○					

※ 자료 : http://www.hawaiidoh.org/tgm-content/0303a.aspx?f=T를 참고하여 저자 재작성

② 노출영역 설정

노출영역 설정(exposure setting)은 노출이 실제 발생하는 물리적인 영역을 설정하는 것을 의미하며(그림 2-7), 분석과 평가의 범위를 정하는 데 활용된다. 이 단계에서는 노출 시나리오 영역 내에서 오염물질의 이동(movement), 변형(transformation), 잔류성(persistence) 등에 영향을 미치는 물리화학적 성질에 대한 자료를 수집한다. 관련 정보에는 지하수 흐름, 토양 유형, 지표수 특성, 기상 조건, 토지 사용 등이 포함된다.

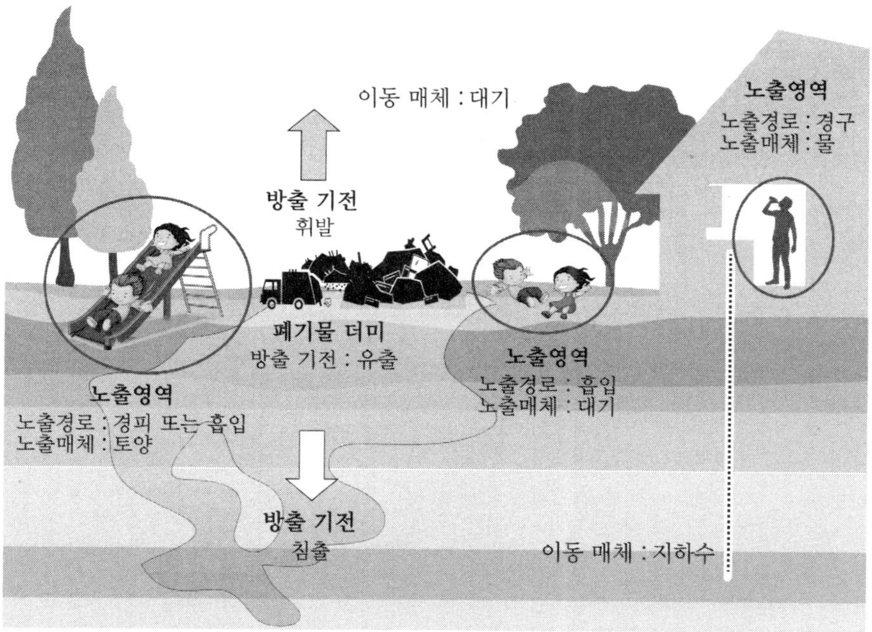

그림 2-7. 노출영역 설정(exposure setting)의 예

설명 노출이 실제 발생하는 물리적인 영역을 설정하였다.

※ 자료 : https://www.epa.gov/expobox/exposure-assessment-tools-approaches-indirect-estimation-scenario-evaluation을 참고하여 저자 재자성

③ 관심 있는 유해요인

유해요인(stressor)은 인간 또는 생태계 수용체에게 부정적인 영향을 미칠 수 있는 생물학적, 화학적, 물리적 요인을 의미한다. 전통적인 위해성평가에서는 단일 유해요인만을 다루었으나, 요즘에는 여러 유해요인을 평가할 수 있는 도구와 모델이 많이 개발되어 있다. 이 단계에서는 유해요인의 발생과 특성을 설명할 수 있는 자료를 수집하며, 평가자는 특정 시나리오와 관련된 유해요인(예 : 음용수 내 오염물질, 가정용 생활화학제품 내 성분)을 관심 있게 볼 것이다. 환경 매체에서 유해요인의 이동

(transport), 변형(transformation), 거동(fate)에 영향을 미치는 물리화학적 특성, 잠재적인 독성, 규제기관에서 도출한 노출수준 등이 이러한 자료에 해당한다.

④ 노출 시나리오 조정
기작성된 노출 시나리오는 특정한 계층(tier) 및 유형(type), 노출경로, 노출된 모집단, 노출매체, 또는 화학물질 등급에 중점을 두어 조정(tailoring the exposure scenario)하기도 한다.

- 계층(tier) 및 유형(type) : 스크리닝 평가 vs. 정교한 노출평가(screening-level and refined), 결정론적 vs. 확률론적 노출평가(deterministic and probabilistic), 종합 vs. 누적 노출평가(aggregate and cumulative)를 진행하는지에 따라 노출 시나리오를 조정할 수 있다.
- 노출경로(exposure route) : 노출 시나리오는 하나 이상의 노출경로에 중점을 두도록 개발·조정할 수 있으며, 일반적으로 흡입, 섭취, 피부 접촉 경로를 고려한다.
- 노출매체(exposure media) : 노출 시나리오는 특정 매체에 대한 유해요인의 방출, 매체 내에서의 움직임, 수용체와의 접촉 가능성을 평가할 수 있다. 일반적으로 매체는 공기, 물, 퇴적물, 토양, 먼지, 음식, 소비자 제품 등을 의미한다.
- 노출된 인구(exposed population) : 노출 시나리오는 한 모집단 또는 전체 모집단 내의 하나 이상의 개인을 위해 개발·조정할 수 있다. 일반적으로 일반인구 노출을 추정하기 위해 시나리오를 개발하며, ○○지역 거주민(resident), 소비자(consumer), 작업자(worker), 노출이 심한 인구집단(highly exposed population)과 같이 특정한 인구집단에 중점을 두어 노출 시나리오를 조정하기도 한다.

(2) 노출원과 배출

사람들은 호흡하는 공기, 식품, 음용수, 제품 등을 접촉하거나 사용하면서 여러 유해요인에 노출될 수 있다. 일반적으로 노출원(exposure source)은 '유해요인의 근원지'로 정의되며, 이러한 유해요인에는 장소, 물건, 활동, 화학물질의 배출 등이 포함된다.

오염물질은 노출원에서 배출된 후 환경 매체를 통해 이동하면서 변형될 수 있다. 거동(fate)과 이동(transport) 정보는 노출원(고농도)과 사람이 노출될 수 있는 환경 중 오염물질의 농도(저농도)를 연결해주는 교두보 역할을 한다. 환경 모니터링 자료는 오염물질의 배출량, 이동량 등에 관한 정보를 제공할 뿐만 아니라, 환경 중 거동과 이동을 예측하는 모델과 함께 사용하면 특정 환경에 대한 노출 농도도 계산할 수 있다. 그러나 이러한 모니터링 자료는 항상 이용할 수 있는 것은 아니며, 점오염원(point source)일 경우 정부 기관(환경부, 화학물질안전원)에서 관리하는 '화학물질 배출 · 이동량 정보(pollutant release and transfer registers ; PRTR) 공개시스템' 등을 통해 확보할 수 있다(그림 2-8). 소각장, 매립지, 산업시설 등의 배출원(source of emission)에서도 환경으로의 물질 배출량 및 속도를 확인하기 위해 자료가 수집되고 있다.

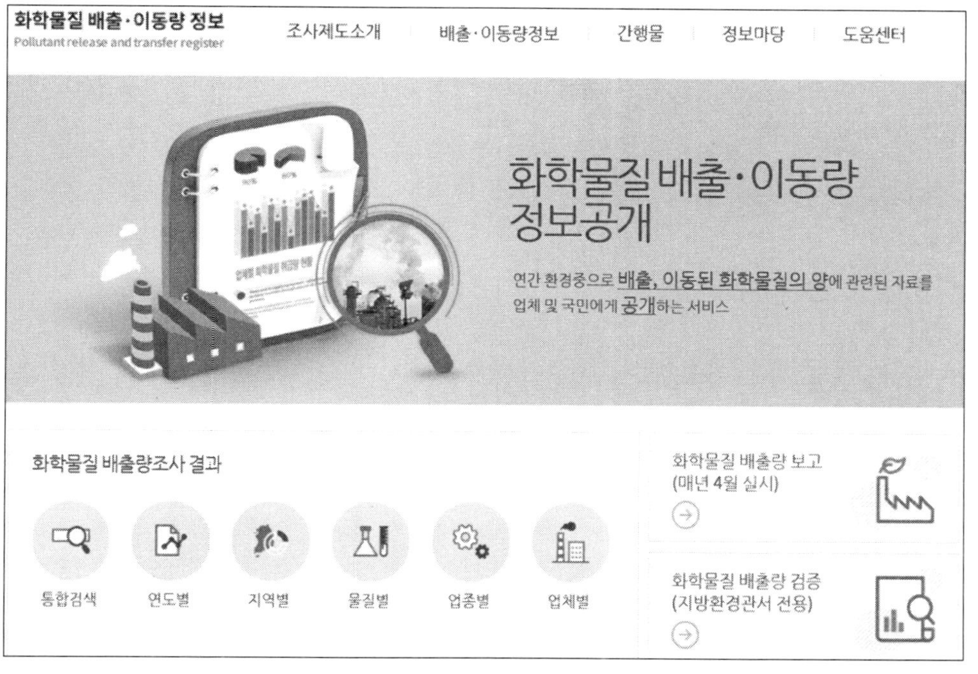

그림 2-8. 화학물질 배출 · 이동량 정보 공개시스템

설명 화학물질 배출 · 이동량 정보 공개시스템에서는 사업장의 제조 또는 사용 과정에서 환경(대기, 수계, 토양)으로 배출되고 이동하는 화학물질의 양을 수집하여 업체와 국민에게 공개하고 있다.

※ 자료 : https://icis.me.go.kr/prtr/main.do

노출원에서 환경 중 매체(예 : 공기, 물)에 오염물질을 배출하면 처음으로 오염물질을 전달받은 환경 매체(initial receiving media)는 다시 다른 매체에 오염물질을 전달함으로서 또 다른 오염원으로 작용할 수 있다. 즉, 환경 매체는 노출원과 수신 매체(receiving media)의 역할을 모두 수행할 수 있다. 예를 들어, 공장 굴뚝을 통해 배출된 오염물질이 대기 중에 전달되면, 대기는 노출원으로서 역할을 하여 다른 환경 매체(예 : 물, 토양)에 오염물질을 전달할 수 있다.

(3) 거동 및 이동

거동 및 이동(fate and transport)은 환경 중 물질의 이동과 물질의 성질에 영향을 미치는 생화학적인 반응을 의미한다.

① 이동

이동(transport)은 환경 매체 내(within) 또는 환경 매체 간(between) 이동을 의미한다. 예를 들어, 그림 2-9에서 공장 굴뚝으로부터 배출된 오염물질은 같은 환경 매체(대기) 내에서 대류, 확산, 분산 과정을 통해 멀리 이동한다. 지표수에서도 이와 동일한 과정이 발생할 수 있다.

이동은 두 환경 매체 사이의 경계면에서도 발생할 수 있다. 예를 들어, 증기 또는 입자의 형태로 공기 중에 존재하는 화학물질이 공기와 토양의 경계면에서 발생하는 다양한 이동과정을 통해 토양으로 전달될 수 있다. 또한 화학물질의 이동은 비생물(abiotic)과 생물(biotic) 매체 사이에서도 발생할 수 있다. 예를 들어, 사람과 야생동물(biotic)은 비생물인 환경 매체에서 방출된 화학물질에 노출되어 전달될 수 있다(Thibodeaux, 1996).

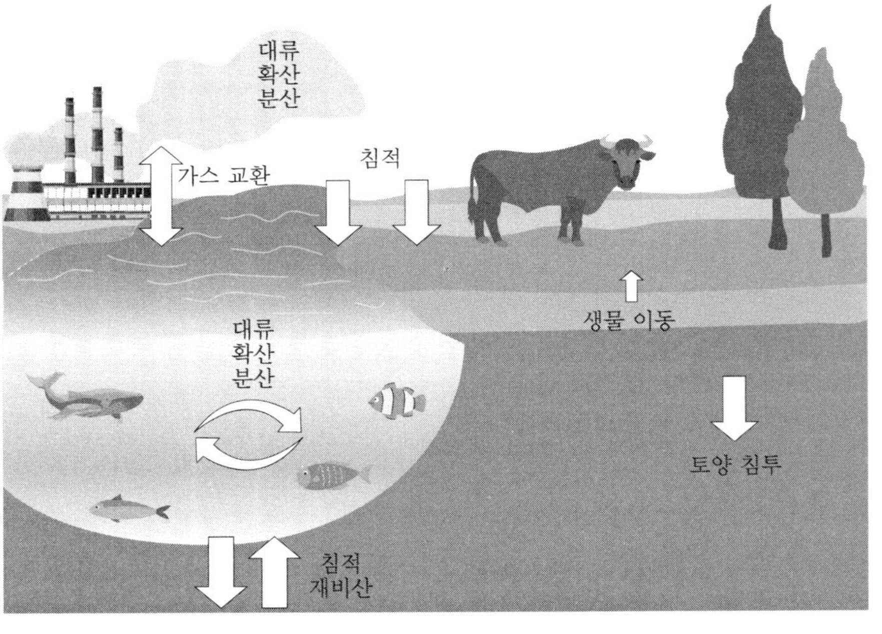

그림 2-9. 환경 매체 내(within) 또는 환경 매체 간(between) 이동(transport)의 예

설명 배출된 오염물질은 환경 매체 내 또는 환경 매체 간에 이동하여 사람 및 생물에 전달된다.

※ 자료 : https://www.epa.gov/expobox/exposure-assessment-tools-approaches-indirect-estimation-scenario-evaluation을 참고하여 저자 재작성

② 변형

변형(transformation)은 환경 매체 내(within)에서 발생하는 화학물질의 변화를 의미한다. 일단 환경으로 배출되면 오염물질의 물리화학적 특성(예 : 수용해도, 증기압, 분배계수 등)이 변화할 수 있다. 오염물질의 거동 및 이동에 영향을 줄 수 있는 몇 가지 특성은 다음과 같다.

- 입자 크기 및 다공성과 같은 토양 및 퇴적물 특성
- 풍속, 증발 속도 및 강우량과 같은 속성을 포함하는 기후 및 기상
- 유량, 온도 및 pH를 포함한 지표수 및 지하수 특성
- 미생물 군집, 지형 및 토착종을 포함한 생태계의 다른 특성

환경 특성이 유해요인의 거동과 이동 패턴에 미치는 영향은 매우 다양하다. 노출평가에서 유해요인의 거동과 이동은 일반적으로 모델링으로 평가한다.

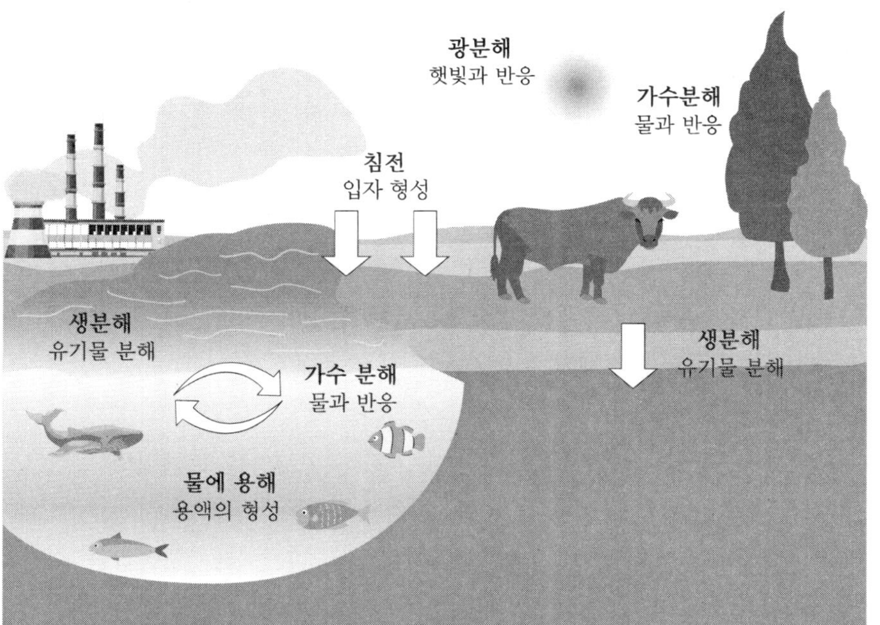

그림 2-10. 환경 매체 내(within)에서의 화학물질의 변형(transformation)의 예

설명 환경으로 배출된 오염물질은 광분해, 생분해, 가수분해 등을 통해 본래의 성질이 변형될 수 있다.

※ 자료 : https://www.epa.gov/expobox/exposure-assessment-tools-approaches-indirect-estimation-scenario-evaluation을 참고하여 저자 재작성

(4) 농도

미국 환경보호청의 노출평가 지침(US EPA, 1992)에 따르면 노출은 환경 매체의 농도, 노출 빈도 및 지속 시간에 따라 달라진다. 환경 매체 내 오염물질의 농도(concentration)는 공기, 물, 토양, 식품 등의 시료를 수집한 후 분석을 통해 직접 측정하거나 모델을 사용하여 간접적으로 추정할 수 있다. 오염물질의 농도는 노출이 발생하는 환경 매체의 단위 질량 또는 부피당 오염물질의 농도 단위(예 : μg/g, μg/L, mg/m^3, ppm)로 표시된다. 위해성평가를 위해 노출량을 산출할 때에는 일반적으로 환경 모니터링 자료와 모델 출력값을 함께 사용한다.

평가에 따라 모델링 접근법은 여러 가지 방법으로 사용될 수 있다.

- 기전적(mechanistic : 이론에 근거) vs. 경험적(empirical : 관찰된 실험 자료에 근거)
- 결정론적(deterministic : 단일값 사용) vs. 확률론적(probabilistic : 무작위로 선택된 단일값의 분포 사용)
- 정적(steady-state : 변수가 시간이 지나도 동일하게 유지) vs. 동적(dynamic : 변수가 시간이 지남에 따라 변경)

(5) 인구집단

인구집단(population)의 연령, 성별, 식이 선호도, 직업, 문화적인 관행, 지리적 위치 및 환경의 차이가 노출에 영향을 줄 수 있으며, 특정 행동(behavior)이나 활동(activity)으로 환경 매체와의 접촉 빈도에 차이가 발생할 수도 있다. 예를 들어, 유아는 손을 입으로 가져가는 행동 빈도가 높아 성인보다 토양이나 먼지를 통한 오염물질에 더 많이 노출될 수 있다. 노인은 나이와 연관된 생리학적 차이로 인해 환경오염물질에 노출되면 더 많은 영향을 받을 수 있다. 파손된 건물(예 : 페인트가 벗겨짐)에 거주하는 사람은 다른 환경에 있는 사람보다 특정 유형의 오염물질(예 : 납, 입자상 물질, 차량 배기가스 등)에 더 많이 노출될 수 있다. 미국 환경보호청의 노출평가 지침(US EPA, 1992)에서는 위해성평가자가 노출수준이 높거나(highly exposed population), 민감성(sensitive group), 취약성(susceptible group)이 높은 인구집단을 선정하여 노출평가 및 위해성평가를 우선적으로 진행하는 것이 필요하다고 제안하였다.

(6) 노출계수 자료수집과 선정

오염물질(유해인자)이 수용체 내로 유입되는 농도를 파악하기 위해서는 오염된 매체(공기, 물, 식품, 토양 등)에 함유된 오염물질의 농도뿐만 아니라 사람의 입, 코, 피부 등에 얼마나 잦은 빈도로 오래 접촉하는지 아는 것이 필요하다. 노출계수(exposure factor)란 식품 및 음용수 섭취량, 공기 호흡량, 피부 접촉률, 노출기간, 노출 빈도, 체중 등 오염된 환경으로부터 수용체에 노출되는 유해물질의 양을 결정할 수 있는 생리학적, 문화적, 행위적인 인자를 의미한다(표 2-3). 노출계수가 정확할수록 더 정확한 인체 노출량 추정이 가능하다.

표 2-3. 노출계수의 종류 및 의미

종류	의 미
일반계수 (General factors)	음용수 섭취량, 토양 섭취량, 호흡률, 체표면적, 체중, 기대 수명 등
섭취계수 (Ingestion factors)	곡류 섭취량, 육류 섭취량, 어패류 섭취량, 해조류 섭취량, 낙농류 섭취량, 채소류 섭취량, 과일류 섭취량, 모유 섭취량 등
활동계수 (Activity factors)	활동별 소요시간(일과 관련된 수입활동, 가정관리, 어린이 돌보기, 물품구매, 개인유지활동, 교육 및 전문수련활동, 여가활동 등), 장소별 소요시간(실내, 실외, 교통수단 등), 교통수단 이용시간, 손 씻기/세수/샤워/목욕/수영시간, 인구유동성, 직업유동성 등

※ 자료 : '한국 노출계수 핸드북(환경부, 2007)'을 참고하여 저자 재작성

우리나라는 성인 노출계수가 2007년도에 처음 개발되었으며(환경부, 2007), 상세한 노출환경에 대한 노출계수 확보 및 주기적인 개선 작업을 진행하고 있다(국립환경과학원, 2016~2018 ; 그림 2-11). '국립환경과학원 고시 제2014-48호(화학물질 위해성평가의 구체적 방법 등에 관한 규정) 별표 5'에서는 체중, 기대수명, 인구유동성, 접촉률(호흡률, 음용수 섭취량, 토양 섭취량)의 인체 노출계수를 제시하고 있다(표 2-4). 미국, 캐나다, 유럽연합, 호주 등 선진국에서도 환경유해인자의 노출평가를 위해 국가적인 차원에서 노출계수 핸드북(exposure factors handbook)을 출간하여 체계적으로 관리하고 있다(그림 2-12).

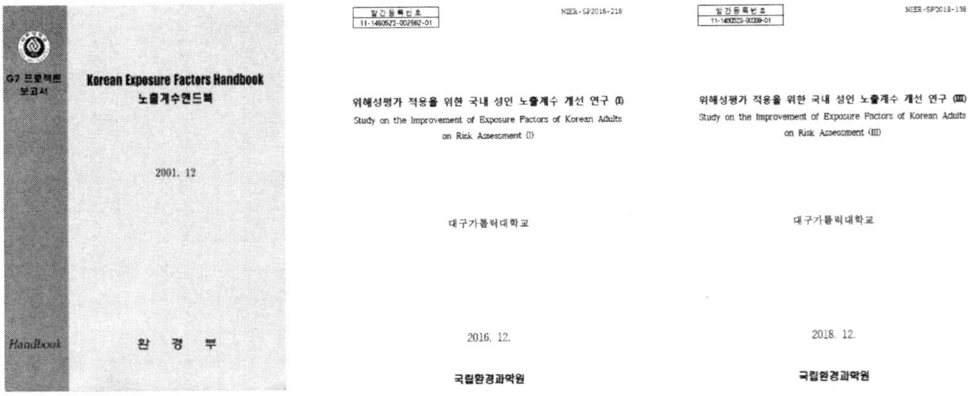

그림 2-11. 우리나라의 성인 노출계수 핸드북

※ 자료 : '초기 노출계수 핸드북(환경부, 2001), 노출계수 개선 연구 보고서(국립환경과학원, 2016~2018)'를 참고하여 저자 재작성

표 2-4. 위해성평가를 위한 인체 노출계수

구분		노출계수	표준편차
체중(kg)	성인남자	70.6	0.1
	성인여자	57.8	0.1
	성인 전체 평균	64.2	0.1
기대수명(년)	성인남자	75.1	-
	성인여자	81.9	-
	성인 전체 평균	78.6	-
인구유동성(년)	거주기간 평균	8.8	-
	거주기간 95%	25	-
호흡률(m^3/day)	성인남자	15.7	1.2
	성인여자	12.8	0.9
	성인 전체 평균	14.3	-
음용수 섭취량(L/day)	순수 물	1.2	-
	음료	0.3	-
	전체	1.5	-
토양 섭취량(mg/day)	어린이(7세 이하)	118	-
	성인	50	-

※ 자료 : '국립환경과학원 고시 제2014-48호(화학물질 위해성평가의 구체적 방법 등에 관한 규정)의 별표 5'를 참고하여 저자 재작성

미국인 성인 노출계수 핸드북

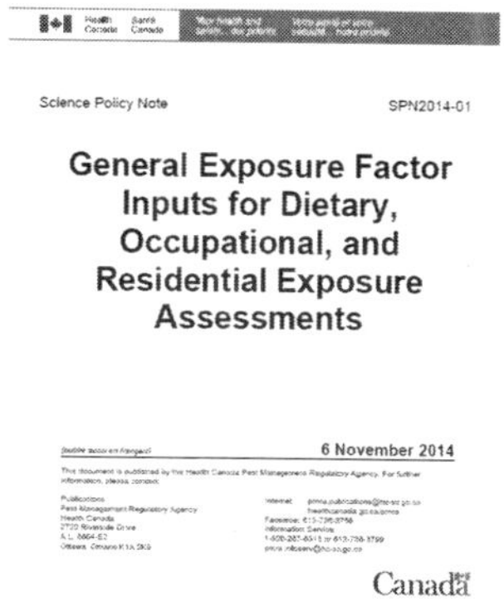

캐나다인 일반 노출계수

중국인 성인 노출계수 핸드북

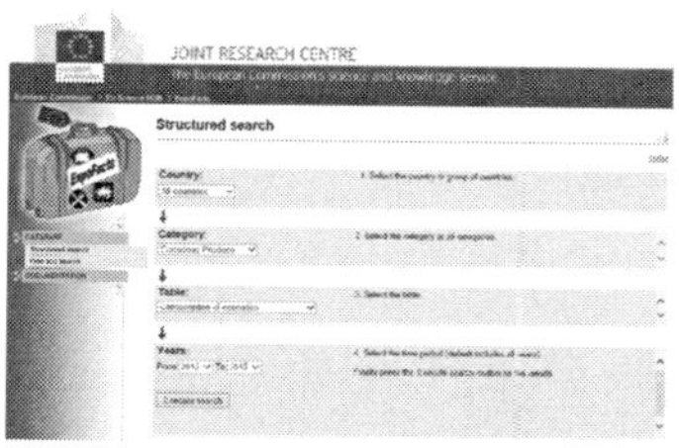

유럽인(31개국) 성인 노출계수 소스북

호주인 성인 노출계수 지침서

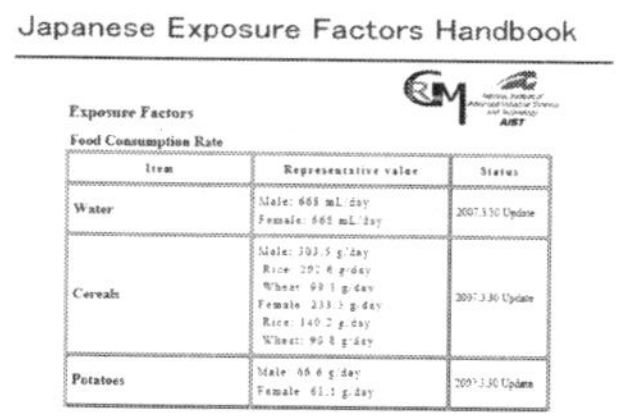

일본인 성인 노출계수 핸드북

그림 2-12. 주요 국가의 노출계수 핸드북 또는 지침서

※ 자료 : 미국(US EPA, 2011), 캐나다(Health Canada, 2014), 중국(Duan et al., 2015), 유럽(Expo Facts, 2019), 호주(Australian Exposure Factor Guide, 2012), 일본 노출계수 핸드북(Japanese Exposure Factors Handbook, 2019)을 참고하여 저자 재작성

어린이는 성인과 다른 노출 특성을 나타내기 때문에 차별화된 노출평가가 필요하다. 세계보건기구에서는 다음의 4가지 주요 범주에서 어린이와 어른의 노출 형태가 다르며, 노출평가 및 위해성평가를 다르게 진행해야 한다고 보고하였다(World Health Organization, 2008).

① 환경유해인자의 노출 양상이 독특함(different and unique exposures) : 배아~영유아는 태반이나 모유 수유를 통한 노출이 발생하며, 손이나 물체를 입으로 가져가는 독특한 행위(hand to mouth and object to mouth)가 있다. 또한 어린이는 신장이 작기 때문에 호흡기 영역의 위치가 낮으며, 위험에 대한 인식이 어른보다 낮다.

② 신체적 및 생리적으로 성장이 활발함(dynamic developmental physiology) : 어린이는 급격히 성장하는 시기로 생리적 대사가 활발하고, 공기, 음용수, 음식 등으로부터 더 많은 환경유해인자에 노출될 수 있다.

③ 기대수명이 높음(longer life expectancy) : 어린이는 성인에 비해 기대수명이 높으며, 환경유해인자 노출에 따른 건강 악영향이 오랜 기간 지속될 수 있다.

④ 정치적으로 무력하여 스스로의 방어 능력이 부족함(politically powerless) : 어린이는 성인에 비해 스스로의 방어 능력이 부족하며, 자신을 보호하는 성인의 역할에 따라 환경유해인자로부터의 노출이 달라질 수 있다.

미국 환경보호청에서는 2008년 영유아를 포함한 어린이의 생리학적 조건과 생활환경 특성을 반영한 어린이 노출계수 핸드북을 발간하였으며(그림 2-13), 우리나라에서도 한국형 어린이 노출계수의 개발이 이루어졌다(국립환경과학원, 2019).

미국인 어린이 노출계수 핸드북

우리나라 어린이 노출계수 핸드북

그림 2-13. 미국과 우리나라의 어린이 노출계수 핸드북

※ 자료 : '미국(US EPA, 2008) 및 우리나라(국립환경과학원, 2016b) 어린이 노출계수 핸드북'을 참고하여 저자 재작성

(7) 경구, 흡입, 경피 노출의 외적 노출량 추정

노출을 정량화하기 위한 방식은 단일값을 추정하는지(deterministic) 또는 가능한 값의 분포를 추정(probabilistic)하는지에 따라 다르게 적용된다.

• 결정론적(deterministic) 노출평가 : 단일값(point value)의 매개변수(parameter ; 독립변수 X)를 간단한 노출 방정식에 입력하여 단일 노출량 추정치(point estimates ; 종속변수 Y)를 산출하는 것이다. 일반적으로 중앙 추정치(central tendency values)를 사용하

며, 최악의(=보수적인) 시나리오를 위해 최대 추정치(high-end point estimates)를 사용하기도 한다.

- 확률론적(probabilistic) 노출평가 : 주요 변수에 대한 자료의 분포를 사용하며, 복잡한 모델(예 : 몬테카를로 시뮬레이션)로 정교하게 노출량을 추정하는 것이다.

또한 노출을 정량화하기 위한 방식은 수용체에 영향을 미치는 유해요인이 단일인지(aggregate) 또는 여러 가지인지(cumulative)에 따라 다르게 적용된다.

- 종합(aggregate) 노출평가 : 수용체가 단일 유해요인에 대해 여러 이동 경로(multiple pathways)와 여러 노출경로(exposure route)를 통해 노출된 경우 노출량의 총합을 평가하는 것이다. 이 접근법은 한 사람이 모든 가능한 노출경로를 통해 유해요인에 노출될 것이라고 가정하는 보수적인 접근법이다(US EPA, 2002).
- 누적(cumulative) 노출평가 : 수용체에 같은 독성기전(mode of action)으로 영향을 미치는 여러 화학물질이 다양한 노출경로로 노출된 경우 노출량의 총합을 평가하는 것이다. 이 접근법은 동일 독성기전으로 작용하는 여러 유해요인이 인간 건강에 미치는 전반적인 영향을 평가하는 것이다.

간접적 노출평가에서는 식 (2-1)과 같이 오염물질의 농도, 섭취율, 노출 빈도, 노출 기간을 곱한 값을 체중과 평균 노출시간으로 나누어 일일평균노출량(=외적 노출량)을 산출할 수 있다.

$$\text{Average Daily Dose (mg/kg} \cdot \text{day)} = \frac{C_{medium} \times IR \times EF \times ED}{BW \times AT} \qquad (2\text{-}1)$$

여기서, C_{medium} (concentration) : 특정 매체의 오염도(μg/m^3 [공기], μg/L [물], mg/kg [토양, 식품])

IR (intake rate) : 접촉률(m^3/day [공기], mg/day [토양, 식품], L/day [물])

EF (exposure frequency) : 노출 빈도(days/year)

ED (exposure duration) : 노출 기간(years)

BW (body weight) : 평균 체중(kg)

AT (averaging time) : 평균 노출시간(days)

즉, 환경 매체에서 수집된 시료의 오염도와 매체 접촉률, 노출 빈도, 노출 기간, 평균체중, 평균 노출시간을 알면 대략적인 인체 노출량을 추정할 수 있다. 노출경로(exposure route)에 따라 위의 식을 변형하여 인체 노출량을 산정할 수 있다.

섭취(ingestion)는 물, 토양, 식품 중 유해물질의 중요한 노출경로이다. 경구 노출의 외적 노출량은 식 (2-2)와 같이 산출할 수 있다.

$$\text{Oral ADD (mg/kg} \cdot \text{day)} = \frac{C_{medium} \times IR \times EF \times ED}{BW \times AT} \tag{2-2}$$

여기서, C_{medium} (concentration) : 특정 매체의 오염도(μg/L [물], mg/kg [토양, 식품])
IR(intake rate) : 섭취율(mg/day [식품], L/day [물])
EF(exposure frequency) : 노출 빈도(days/year)
ED(exposure duration) : 노출 기간(years)
BW(body weight) : 평균 체중(kg)
AT(averaging time) : 평균 노출시간(days)

흡입(inhalation)은 입자상, 가스상 오염물질의 중요한 노출경로이다. 흡입노출의 인체 노출량은 식 (2-3)과 같이 산출할 수 있다.

$$\text{Inhalation ADD (mg/kg} \cdot \text{day)} = \frac{C_{air} \times RR \times IR \times EF \times ED}{BW \times AT} \tag{2-3}$$

여기서, C_{air} (concentration) : 입자상 물질 또는 가스상 물질의 오염도($\mu g/m^3$)
RR (retention rate) : 폐에 남아있는 정도(보수적으로 1을 가정)
IR (inhalation rate) : 호흡률(m^3/day)
EF (exposure frequency) : 노출 빈도(days/year)
ED (exposure duration) : 노출 기간(years)
BW (body weight) : 평균 체중(kg)
AT (averaging time) : 평균 노출시간(days)

피부 접촉(dermal contact)은 비이온화, 친지질성 물질의 중요한 노출경로이다. 물을 통한 노출은 샤워, 수영 시에 발생하고, 토양을 통한 노출은 외부활동 중에 발생할 수 있다. 경피 노출의 인체 노출량은 식 (2-4)와 같이 산출할 수 있다.

$$\text{Dermal contact ADD (mg/kg} \cdot \text{day)} = \frac{DA_{event} \times EV \times SA \times EF \times ED}{BW \times AT} \tag{2-4}$$

여기서, DA_{event} (absorbed dose per event) : 1회 노출 시 흡수된 용량(mg/cm^3-event)
EV (event frequency) : 사건 빈도(events/day)
SA (skin surface area available for contact) : 피부 접촉 면적(cm^2)

EF (exposure frequency) : 노출 빈도(days/year)

ED (exposure duration) : 노출 기간(years)

BW (body weight) : 평균 체중(kg)

AT (averaging time) : 평균 노출시간(days)

(8) 외적 노출량 추정 예시

외적 노출량 산출에 대한 몇 가지 예시 문항과 풀이 방법을 제시하였다.

> 예시 문항 1) ○○군에서 재배되는 쌀을 일부 수집하여 카드뮴을 분석하였더니 0.03 mg/kg의 농도로 오염되어 있다. 이 쌀을 매일 15년간 먹은 우리나라 성인 여성에 대하여 카드뮴의 인체 노출량을 산정하시오.

위의 예시 문항에서 인체 노출량을 산정하기 위해서는 식 (2-2)를 구성하고 있는 변수들을 수집할 필요가 있다. 즉, 쌀의 카드뮴 오염도, 하루 평균 쌀 섭취량, 노출 빈도, 노출 기간, 평균 체중, 평균 노출시간에 대한 자료를 수집해야 한다. 이 중 쌀의 카드뮴 오염도(0.03 mg/kg), 노출 빈도(365일/년), 노출 기간(15년), 평균 노출시간(365일 × 15년)은 문제에 제시되어 있으므로, 다른 두 가지 변수들(하루 평균 쌀 섭취량, 평균 체중)을 수집하면 된다. 한국인의 하루 평균 쌀 섭취량은 '위해성평가 적용을 위한 국내 성인 노출계수 개선 연구(III) (국립환경과학원, 2018)'에서 자료(136.78 g/day)를 찾을 수 있으며, 성인 여성의 평균체중은 '국립환경과학원 고시 제2014-48호(화학물질 위해성평가의 구체적 방법 등에 관한 규정) 별표 5'를 참고하여 자료(57.8 kg)를 찾을 수 있다. 식 (2-2)에 수집한 변수들을 입력하고 계산하면 다음과 같다.

$$\text{Oral ADD (mg/kg·day)} = \frac{C_{medium} \times IR \times EF \times ED}{BW \times AT}$$

$$= \frac{0.03\,\text{mg/kg} \times 0.136\,\text{kg/d} \times 365\,\text{d/y} \times 15\,\text{y}}{57.8\,\text{kg} \times (365 \times 15)\,\text{d}}$$

$$= 0.000071\,\text{mg/kg·day}$$

여기서, C_{medium} (concentration) : 쌀의 카드뮴 오염도(mg/kg) = 0.03 mg/kg

IR (intake rate) : 하루 평균 쌀 섭취량(kg/day) = 136 g/day = 0.136 kg/day

EF (exposure frequency) : 노출 빈도(days/year) = 365 days/year

ED (exposure duration) : 노출 기간(years) = 오염지역 거주기간 15 years

BW (body weight) : 평균 체중(kg) = 57.8 kg

AT (averaging time) : 평균 노출시간(days) = 365 days × 15 years

> 예시 문항 2) ○○지역의 지하수를 수집하여 니켈을 분석하였더니 0.018 mg/L의 농도로 오염되어 있다. 이 지역에 5년간 거주한 5세 남자 어린이와 성인 남성이 지하수를 음용수로 섭취하였을 때, 니켈의 인체 노출량을 산정하고 비교하시오.

위의 예시 문항에서 인체 노출량을 산정하기 위해서는 식 (2-2)를 구성하고 있는 변수들을 수집할 필요가 있다. 즉, 지하수 내 니켈의 오염도, 음용수 섭취량, 노출 빈도, 노출 기간, 평균 체중, 평균 노출시간에 대한 자료를 수집해야 한다. 이 중 지하수 내 니켈의 오염도(0.018 mg/L), 노출 빈도(365일/년), 노출 기간(5년), 평균 노출시간(365일 × 5년)은 문제에 제시되어 있으므로, 다른 두 가지 변수들(하루 평균 음용수 섭취량, 평균 체중)을 수집하면 된다. 5세 어린이 및 성인 남성의 평균 음용수 섭취량은 '위해성평가 적용을 위한 국내 성인 노출계수 개선 연구(III) (국립환경과학원, 2018)'에서 자료(3～6세 어린이 599 mL/day = 0.599 L/day, 성인 남성 870 mL/day = 0.87 L/day)를 찾을 수 있다. 5세 남자 어린이의 체중은 '한국형 어린이 노출계수 개발연구(III)'를 참고하여 자료(19.9 kg)를 찾을 수 있고, 성인 남성의 평균체중은 '국립환경과학원 고시 제2014-48호(화학물질 위해성평가의 구체적 방법 등에 관한 규정) 별표 5'를 참고하여 자료(70.6 kg)를 찾을 수 있다. 식 (2-2)에 수집한 변수들을 입력하고 계산하면 다음과 같다.

- 5세 남자 어린이의 평균 노출량

$$\text{Oral ADD}\,(\text{mg/kg}\cdot\text{day}) = \frac{C_{\text{medium}} \times IR \times EF \times ED}{BW \times AT}$$

$$= \frac{0.018\,\text{mg/L} \times 0.599\,\text{L/d} \times 365\,\text{d/y} \times 5\,\text{y}}{19.9\,\text{kg} \times (365 \times 5)\,\text{d}}$$

$$= 0.00054\,\text{mg/kg}\cdot\text{day}$$

- 성인 남성의 평균 노출량

$$\text{Oral ADD}\,(\text{mg/kg}\cdot\text{day}) = \frac{C_{\text{medium}} \times IR \times EF \times ED}{BW \times AT}$$

$$= \frac{0.018\,\text{mg/L} \times 0.87\,\text{L/d} \times 365\,\text{d/y} \times 5\,\text{y}}{70.6\,\text{kg} \times (365 \times 5)\,\text{d}}$$

$$= 0.00022\,\text{mg/kg}\cdot\text{day}$$

여기서, C_{medium} (concentration) : 지하수 내 니켈의 오염도(mg/L) = 0.018 mg/L

IR (intake rate) : 하루 평균 음용수 섭취량(L/day) = 어린이 0.599 L/day, 성인 0.87 L/day

EF (exposure frequency) : 노출 빈도(days/year) = 365 days/year

ED (exposure duration) : 노출 기간(years) = 오염지역 거주기간 5 years

BW (body weight) : 평균 체중(kg) = 어린이 19.9 kg, 성인 70.6 kg

AT (averaging time) : 평균 노출시간(days) = 365 days × 5 years

우리나라 5세 남자 어린이의 니켈노출량은 0.00054 mg/kg · day로 성인 남성의 니켈노출량인 0.00022 mg/kg · day에 비해 약 2배 정도 크다. 이는 같은 상황에 노출되었다고 하더라도 어린이는 성인에 비해 더 많은 양의 니켈에 노출될 수 있음을 나타낸다.

예시 문항 3) 메틸렌 클로라이드(methylene chloride)에 오염된 강물을 음용수로 사용하고 강에서 잡은 물고기를 섭취하는 성인 남성에 대해 인체 노출량을 산정하시오. 단, 강물의 오염도는 0.005 mg/L, 물고기의 오염도는 0.004 mg/kg, 음용수 섭취량은 2 L/day, 물고기 섭취량은 6.5 g/day, 평균 체중은 70 kg로 가정한다.

위의 예시 문항에서 인체 노출량을 산정하기 위해서는 식 (2-2)를 사용해야 하며, 구성하고 있는 변수들은 문항에 제시되어 있다. 이 문항은 단일 오염물질에 두 가지 경로를 통해 노출되었을 때의 노출량을 산정하는 것이므로, 노출 알고리즘을 다음 식과 같이 수정한 후 계산한다.

$$\text{Oral ADD}\,(\text{mg/kg}\cdot\text{day}) = \frac{C_{water}\times IR_{water}}{BW} + \frac{C_{fish}\times IR_{fish}}{BW}$$

$$= \frac{0.005\,\text{mg/L}\times 2\,\text{L/d}}{70\,\text{kg}} + \frac{0.004\,\text{mg/kg}\times 0.0065\,\text{kg/d}}{70\,\text{kg}}$$

$$= 0.00014\,\text{mg/kg}\cdot\text{day}$$

예시 문항 4) ○○아파트의 새집에 포름알데히드가 200μg/m^{3}의 농도로 오염되어 있다. 이 집에 1년간 거주한 성인 남성에 대하여 포름알데히드의 인체 노출량을 산정하시오.

위의 예시 문항에서 인체 노출량을 산정하기 위해서는 식 (2-3)을 구성하고 있는 변수들을 수집할 필요가 있다. 즉, 포름알데히드의 오염도, 폐에 남아있는 정도, 흡기율, 노출 빈도, 노출 기간, 평균 체중, 평균 노출시간에 대한 자료를 수집해야 한다. 이 중 포름알데히드의 오염도(0.2 mg/m^3), 노출 빈도(365일/년), 노출 기간(1년), 평균 노출시간(365일 × 1년)은 문제에 제시되어 있으므로, 다른 세 가지 변수들을 수집하면 된다. 포름알데히드가 폐에 남아있는 정도는 1로 가정하며, 우리나라 성인 남성의 호흡율과 체중에 대한 정보는 '국립환경과학원 고시 제2014-48호(화학물질 위해성평가의 구체적 방법 등에 관한 규정) 별표 5'를 참고하여 자료(15.7 m^3/d 및 70.6 kg)를 찾을 수 있다. 식 (2-3)에 수집한 변수들을 입력하고 계산하면 다음과 같다.

$$\text{Inhalation ADD}\,(\text{mg/kg}\cdot\text{day}) = \frac{C_{air}\times RR\times IR\times EF\times ED}{BW\times AT}$$

$$= \frac{0.2\,\text{mg/m}^3\times 1\times 15.7\,\text{m}^3/\text{d}\times 365\,\text{d/y}\times 1\,\text{y}}{70.6\,\text{kg}\times(365\times 1)\,\text{d}}$$

$$= 0.044\,\text{mg/kg}\cdot\text{day}$$

여기서, C_{air} (concentration) : 포름알데히드의 오염도(mg/m^3) = 0.2 mg/m^3

RR (retention rate) : 폐에 남아있는 정도 = 1

IR (inhalation rate) : 호흡률(m^3/d) = 15.7 m^3/d

EF (exposure frequency) : 노출 빈도(days/year) = 365 days/year

ED (exposure duration) : 노출 기간(years) = 오염지역 거주기간 1 year

BW (body weight) : 평균 체중(kg) = 70.6 kg

AT (averaging time) : 평균 노출시간(days) = 365 days × 1 year

(9) 시나리오 기반 외적 노출량 추정 예시

다음에는 폐광지역주민의 중금속 인체 노출평가(Ji et al., 2013, 한국직업능력개발원, 2015a)를 위해 노출 시나리오 작성 → 환경시료 수집 및 분석 → 외적 노출량 산정까지 진행한 사례를 설명하고자 한다.

사례 2004년 6월, ○○폐광산 일대(그림 2-14)에 거주하는 주민들에게서 '카드뮴 중독으로 인한 이타이이타이병 발생이 의심된다'는 언론 보도가 있었다. 이후 폐광에서 흘러나온 중금속이 지역주민의 건강에 미치는 영향에 대한 체계적인 조사가 필요하다는 의견이 제기되었다. 이에 폐광산으로 인해 건강 피해를 받았을 지역주민을 대상인구집단으로 설정하였고, 조사 시점에서 환경을 통해 노출되는 중금속의 노출량을 평가하고자 하였다.

조사대상지역에는 1967년부터 1982년까지 15년간 운영된 총 3개의 폐광산이 위치해 있으며, 폐광산으로부터 거리와 위치에 따라 네 개의 구획(parcel)으로 구분하였다. A구획은 폐광산 1과 3을 서쪽으로 면하고 있는 지역으로 전답과 과수원 등이 길게 위치하여 간헐적으로 3~4가구씩 존재하고 있다. B구획은 폐광산 2에 인접한 지역으로 광산 유출수의 영향을 많이 받을 수 있는 지역이다. C구획은 지천이 합류하는 지점부터 마을 근처 주도로까지의 전답이 포함되며, D구획은 대부분의 주민들이 거주하는 지역이다. 대상인구집단의 노출량을 상대적으로 평가하기 위하여 폐광산의 영향을 배제할 수 있는 인근의 2개 대조지역을 선정하였다.

광물자원의 채산성 악화로 광산이 닫힌 지 20여 년이 지났지만, 산성광산폐수, 선광 과정의 부산물로 생긴 광미가 주변 환경을 오염시킬 수 있다. 지역주민들 중에는 지하수를 마시던 주민이 다수 있었으며, 농지에서 수확한 곡식과 농작물을 주로 섭취하고 있었다. 또 바다가 인접해 있어 굴을 양식하고 있으며, 수확한 해산물을 섭취하고 있었다.

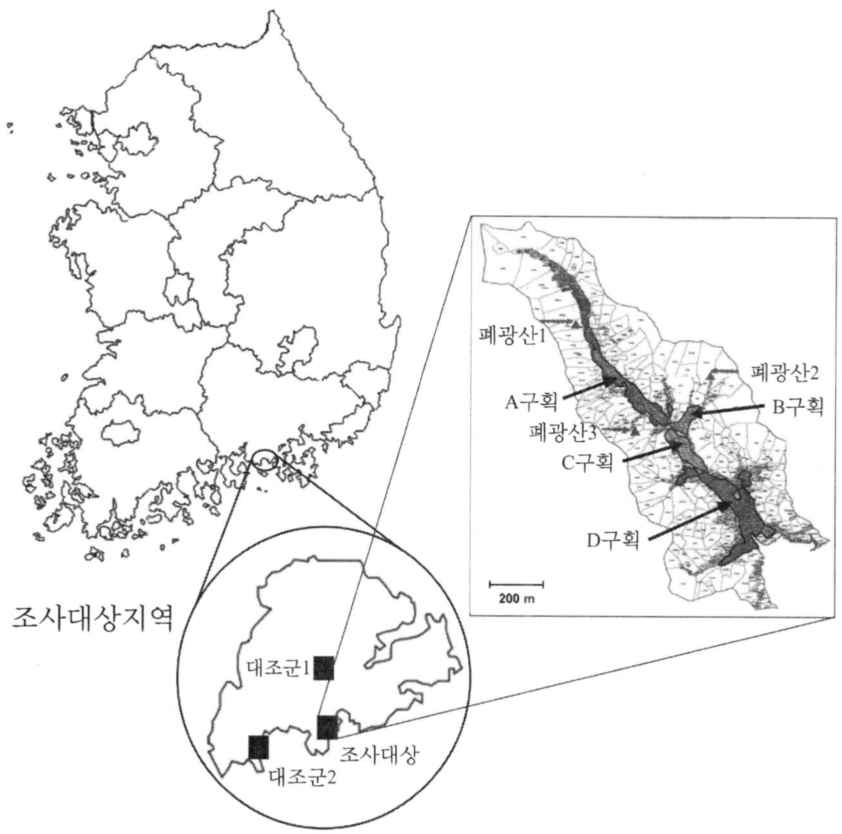

그림 2-14. 폐광산 주민의 중금속 노출평가 연구에서 연구대상지역과 대조지역

※ 자료 : '인체 노출평가(한국직업능력개발원, 2015a)'를 참고하여 저자 재작성

연구진은 지역주민이 중금속에 노출될 수 있는 다양한 경로들을 상세히 파악하였으며, 중금속의 잠재적인 이동 경로와 노출 방식을 고려하여 지역주민의 노출 시나리오를 작성하였다(그림 2-15). 발생원, 이동경로, 잠재적 수용체, 수용체의 노출경로에 따라 현실적으로 존재할 가능성이 있는지 표시하였으며, 중금속으로 오염된 토양에서 수확한 농작물이 이 지역주민들의 중금속 노출에 중요한 노출경로일 것이라고 판단하였다.

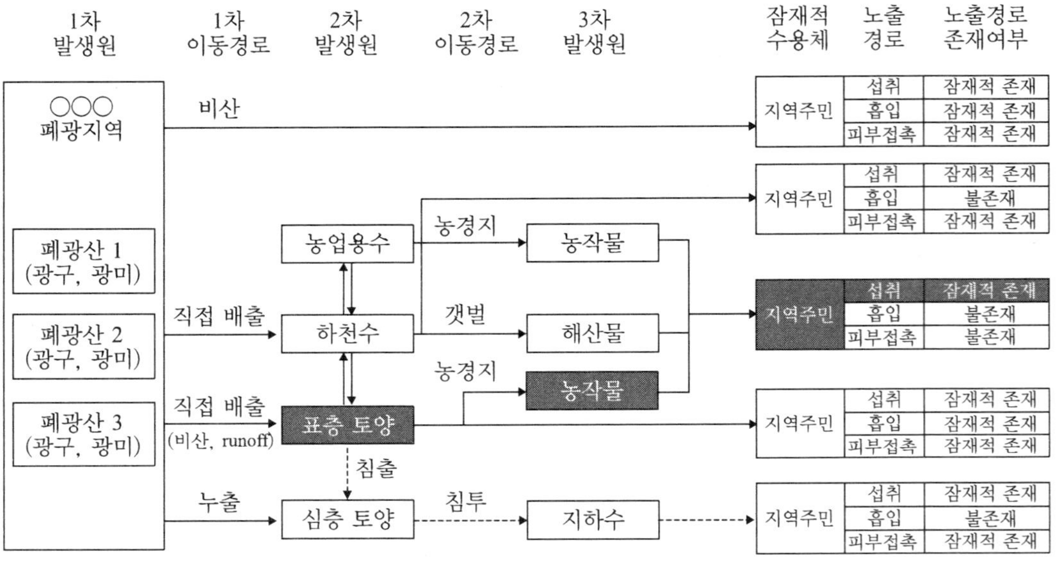

그림 2-15. 노출 시나리오에서 폐광산 지역주민에 중요한 중금속 노출경로 결정

※ 자료 : '인체 노출평가(한국직업능력개발원, 2015a)'를 참고하여 저자 재작성

연구진은 조사지역과 대조지역에서 표층(0~10 cm 깊이) 토양 시료와 쌀 시료를 수집하였다. 토양 및 농작물 시료 내 3종 중금속(카드뮴, 비소, 납)은 유도결합플라즈마질량분석기(inductively coupled plasma-mass spectrometry ; ICP-MS)로 분석하였으며, 2종 중금속(구리, 아연)은 원자흡수분광법(atomic absorption spectrophotometer ; AAS)로 분석하였다. 분석 결과는 표 2-5에 제시하였으며, 폐광 인근 지역의 토양 및 쌀 내 중금속 농도가 대조지역보다 높았다.

식 (2-2)를 이용하여 토양과 쌀 섭취를 통한 외적 노출량을 산출하였다.

$$\text{Oral ADD}\,(\text{mg/kg}\cdot\text{day}) = \frac{C_{medium} \times IR \times EF \times ED}{BW \times AT}$$

여기서, C_{medium} (concentration) : 토양 및 쌀의 중금속 오염도(mg/kg)

IR (intake rate) : 토양 및 쌀의 섭취율(mg/day)

표 2-5. 조사지역과 대조지역의 토양 및 농작물(쌀) 중 중금속 함량(mg/kg)

지역	시료	카드뮴	비소	납	구리	아연
조사지역	토양	0.355	22.527	62.707	268.194	249.169
	쌀	0.051	0.154	0.061	3.510	17.446
대조지역	토양	0.182	7.296	23.330	66.373	119.289
	쌀	0.013	0.138	0.036	2.285	15.193

※ 자료 : 'Ji et al., 2013'을 참고하여 저자 재작성

EF (exposure frequency) : 노출 빈도(days/year)
ED (exposure duration) : 노출 기간(years)
BW (body weight) : 평균 체중(kg)
AT (averaging time) : 평균 노출시간(days)

식을 구성하고 있는 변수 중 토양 및 쌀의 중금속 오염도는 분석기기로 측정한 값이 있고, 3가지 변수(노출 빈도, 노출 기간, 평균 노출시간)는 약분이 되어 없어지므로, 2가지 변수(토양 및 쌀의 섭취율, 평균 체중)에 대한 자료를 수집하면 된다. 한국인의 하루 평균 토양 섭취율(84.23 mg/day)과 쌀 섭취율(136.78 g/day)은 '위해성평가 적용을 위한 국내 성인 노출계수 개선 연구(III)(국립환경과학원, 2018)'에서 자료를 찾을 수 있다. 평균체중은 '국립환경과학원 고시 제 2014-48호(화학물질 위해성평가의 구체적 방법 등에 관한 규정) 별표 5'를 참고하여 자료(64.2 kg)를 찾을 수 있다. 토양을 통한 카드뮴 섭취량에 대한 계산의 예시를 다음에 나타내었다. 같은 방식을 적용하여 산출한 외적 노출량 결과를 표 2-6세 제시(소수점 아래 단위가 길어 단위를 mg/kg · d → μg/kg · d로 제시)하였다.

$$\text{Oral ADD}\,(\text{mg/kg}\cdot\text{day}) = \frac{C_{medium} \times IR}{BW}$$

$$= \frac{0.355\,\text{mg/kg} \times 0.000084\,\text{kg/d}}{64.2\,\text{kg}}$$

$$= 0.00000046\,\text{mg/kg}\cdot\text{day}$$

여기서, C_{medium} (concentration) : 토양의 카드뮴 오염도(mg/kg) = 0.355 mg/kg
IR (intake rate) : 토양 섭취량 = 84.23 mg/day = 0.000084 kg/day
BW (body weight) : 평균 체중(kg) = 64.2 kg

표 2-6. 조사지역과 대조지역의 토양 및 농작물(쌀) 중 실제 중금속 함량을 반영한 외적 노출량 (μg/kg · day)

지역	시료	카드뮴	비소	납	구리	아연
조사지역	토양	0.00046	0.02947	0.08205	0.35091	0.32602
	쌀	0.10804	0.32623	0.12922	7.43551	36.95726
대조지역	토양	0.00024	0.00955	0.03053	0.08684	0.15608
	쌀	0.02754	0.29234	0.07626	4.84050	32.18455

※ 자료 : 'Ji et al., 2013'을 참고하여 저자 재작성

3) 노출 재구성(exposure reconstruction)

미국 환경보호청의 노출평가 지침(US EPA, 1992)에서는 노출 재구성(exposure reconstruction)을 '생체지표(biomarker)를 사용하여 확인된 내적 노출량(internal dose)으로부터 외적 노출량을 역산하는 방법'으로 정의한다. 대상자의 생체시료로부터 화학물질의 노출을 확인할 수 있는 생체지표를 분석하여 내적 노출량(internal dose)을 파악하는 것을 생체모니터링(biomonitoring)이라고 하며, 노출 재구성은 역 용량추정(reverse dosimetry)이라고도 명명한다.

(1) 생체모니터링

생체모니터링(biomonitoring)은 대상자의 생체시료(예 : 피부, 모발, 혈액, 타액, 정액, 모유, 대소변 등)를 수집하여 생체지표의 수준을 측정하는 것이다(CDC, 2009 ; Hays et al., 2007). 생체모니터링 자료는 다양한 노출원과 노출경로를 통해 사람에게 얼마나 많이 노출되는지를 직접 확인할 수 있다. 생체모니터링의 장 · 단점을 표 2-7에 제시하였다.

표 2-7. 생체모니터링(biomonitoring)의 장 · 단점

생체모니터링의 장점	생체모니터링의 단점
• 모든 노출원, 이동 경로, 노출경로를 반영하여 종합 노출(aggregate) 및 누적 노출(cumulative)을 측정할 수 있음 • 섭취(uptake)와 축적을 반영함 • 내적 노출량(internal dose)과 건강 영향을 연결할 수 있음	• 특정 노출원 또는 특정 노출경로에 대한 노출량을 평가하기는 어려움 • 사람의 생체시료를 수집하는 권한이 필요함(예 : 동의서, 연구의 IRB심사 등) • 잠재적 건강 위해를 해석하기 어려움 • 비용이 많이 듦

※ 자료 : 'ExpoBox (US EPA, 2019)'를 참고하여 저자 재작성

① 생체지표

생체지표(biomarker)란 생체시료 중 어떤 사건(event)을 나타내는 지표를 의미한다. 이 지표는 용도에 따라 노출 생체지표, 생물학적 영향 생체지표, 감수성 생체지표의 세 가지로 구분한다(식품의약품안전청, 2010a). 또한 체내 체류기간에 따라서도 단기 노출 생체지표, 중기노출 생체지표, 장기노출 생체지표의 세 가지로 구분한다(식품의약품안전청, 2010a).

㉠ 용도에 따른 생체지표 구분

노출 생체지표(biomarkers of exposure)로는 노출 여부를 추적할 수 있는 모체 화학물질(parent compounds)이나 대사체(metabolites), 부산물(byproducts)이 사용된다. 예를 들어, 혈액 또는 소변 중 중금속과 휘발성 유기화합물(volatile organic compounds), 날숨(exhaled air)에서의 휘발성 유기화합물 등이 노출 생체지표에 해당한다.

생물학적 영향 생체지표(biomarkers of effect)는 임상적 질병과 관련이 있거나 (biomarkers of disease) 초기의 생물학적 영향과 관련이 있는 생체지표(early biologically effective biomarker)를 의미한다(식품의약품안전청, 2010a). 예를 들어, 유전독성과 관련이 있는 DNA 부가물(DNA-adduct) 형성이나 염색체 이상(chromosome aberration), 세포손상과 관련이 있는 아스파테이트 아미노전이효소(aspartate aminotransferase)와 알라닌아미노전이효소(alanine aminotransferase) 등이 생물학적 영향 생체지표에 해당한다.

감수성 생체지표(biomarkers of susceptibility)는 특정 화학물질에 대한 개인의 반응, 취약성의 차이를 반영하는 생체지표를 의미한다(식품의약품안전청, 2010a). 예를 들어, 음주의 취약성을 반영할 수 있는 아세트알데히드탈수소효소(aldehyde dehydrogenase-2), 활성산소종과의 반응 취약성을 반영할 수 있는 글루타치온 S-전이효소(glutathione-S-transferase)가 이에 해당된다.

㉡ 체내 체류기간에 따른 생체지표 구분

체내에 들어온 물질은 다양한 체류기간(resident time)을 가지며, 생체지표로 활용되는 물질들도 체내 흡수 → 분배 → 대사 → 배설 등의 과정을 거치며 다양한 반감기를 가진다.

단기노출 생체지표(short-term biomarker)는 체내 체류기간이 2일 이하인 생체지표를 의미하며(식품의약품안전청, 2010a), 소변 대사체(urinary metabolites), 혈액 내 반응성 화학물질(reactive chemicals in blood), 혈액, 소변, 날숨에서의 유기용매(solvents) 등이 이에 해당한다. 주로 모체 화학물질과 반응산물(reactive products)에 대한 약물동태 연구(toxicokinetic study)에서 활용된다.

중기노출 생체지표(intermediate biomarker)는 체내 체류기간이 2일~2달인 생체지표를 의미하며, 역학 연구 또는 건강 감시 프로그램에서 활용되고 있다(식품의약품안전청, 2010a). 혈액 내 중금속(Ni, Co, Hg, Pb), 펜타클로로페놀(PCP), 폴리염화바이페닐(PCBs), 알부민 부가물(albumin adducts) 등이 이에 해당한다.

장기노출 생체지표(long-term biomarker)는 체내 체류기간이 2달 이상인 생체지표를 의미하며, 역학 연구 또는 건강 감시 프로그램에서 활용되고 있다(식품의약품안전청, 2010a). 혈액 내 TCDD, 헤모글로빈 부가물(hemoglobin adducts), 염색체 이상, 림프구 자매염색분체 이상(lymphocytic SCE) 등이 이에 해당한다.

② 국가 주도형 생체모니터링 사업

다음에는 국내・외에서 진행하고 있는 국가 주도형 대단위 인체 생체모니터링 사업들을 소개하고, 각각의 특징과 한계점들을 고찰하였다.

㉠ 미국 국민건강영양조사

미국의 국민건강영양조사(National Health and Nutrition Examination Survey ; NHANES)는 질병관리본부(Centers for Disease Control ; CDC)에서 수행하는 생체모니터링 프로그램(그림 2-16)으로, 미국의 성인과 어린이의 건강 및 영양 상태를 평가하도록 설계된 조사이다. 미국 국민건강영양조사(NHANES)에서는 매년 약 5,000명의 인구집단을 대상으로 인터뷰와 신체검사를 수행한다(표 2-8). 인터

그림 2-16. 미국의 국민건강영양조사(NHANES)

※ 자료 : https://www.cdc.gov/nchs/nhanes/index.htm

표 2-8. 미국의 국민건강영양조사(NHANES)의 변천사

명 칭	연도	대상자	연령대
National Health Examination Survey, Cycle I (NHES I)	1959～1962	약 7,800명	18～79세
National Health Examination Survey, Cycle II (NHES II)	1963～1965	7,417명	6～11세
National Health Examination Survey, Cycle III (NHES III)	1966～1970	7,514명	12～17세
National Health and Nutrition Examination Survey (NHANES I)	1971～1974	약 32,000명	1～74세
National Health and Nutrition Examination Survey (NHANES II)	1976～1980	27,801명	6개월～74세
Hispanic Health and Nutrition Examination Survey (HHANES)	1982～1984	Hispanic 약 6,500명	6개월～74세
National Health and Nutrition Examination Survey (NHANES III)	1988～1994	39,695명	2개월～
NHANES 1999-2000	1999～2000	9,965명	모든 연령
NHANES 2001-2002	2001～2002	11,039명	모든 연령
NHANES 2003-2004	2003～2004	10,122명	모든 연령
NHANES 2005-2006	2005～2006	10,348명	모든 연령
NHANES 2007-2008	2007～2008	10,149명	모든 연령
NHANES 2009-2010	2009～2010	10,537명	모든 연령
NHANES 2011-2012	2011～2012	13,431명	모든 연령
NHANES 2013-2014	2013～2014	14,332명	모든 연령
NHANES 2015-2016	2015～2016	15,327명	모든 연령

※ 자료 : https://www.cdc.gov/nchs/nhanes/index.htm을 참고하여 저자 재작성

뷰를 통해서는 인구학적 특성, 식습관, 운동 습관, 주택의 특성 등의 정보를 수집하며, 신체검사에서는 숙련된 의료 전문가가 혈액 및 소변 시료를 수집하고, 심혈관 건강, 치아, 시력 등을 검사한다. 미국 국민건강영양조사(NHANES)는 신장, 체중, 혈압과 같은 측정 결과에 대해 국가적인 평균과 분포 자료를 제공한다(CDC, 2009).

미국 국민건강영양조사(NHANES)를 통해 수집된 화학물질별 생체모니터링 자료

는 NHANES 웹사이트에서 직접 다운로드 받을 수 있다. 결과의 요약본은 '환경 오염물질의 인체 노출에 대한 국가 보고서(National Report on Human Exposure to Environmental Chemicals)'로 통칭되어 출판된다. 이 보고서에는 현재 246개의 화학물질에 대한 정보가 포함되어 있으며, 이러한 자료는 연령, 인종, 성별에 따라 분류된다(CDC, 2009). 많은 인구집단을 구획(segment)으로 나누어 자료를 주기적으로 수집하기 때문에 특정 하위 인구집단(subpopulation)에 대한 화학물질의 바디버든(body burden) 경향을 분석할 수 있다.

화학물질 노출과 질병 사이의 관계를 조사하기 위해 생체모니터링 자료는 건강 상태에 대한 정보와 함께 사용되기도 한다. 또한 가족력, 행동에 대한 설문조사 자료를 혈액 및 소변 시료의 자료와 함께 결합하여 바디버든을 초래하는 노출 요인을 탐색할 수 있다.

ⓛ 그 외 국외 생체모니터링 프로그램

미국 국민건강영양조사(NHANES)는 미국의 가장 포괄적인 생체모니터링 프로그램이다. 이외에도 국립 아동 연구(National Children's Study ; NCS), 자매 연구(sister study), 독일환경조사(German Environmental Survey ; GerES), 독일환경표본은행(German Environmental Specimen Bank ; ESB), 캐나다 건강 측정 조사(Canadian Health Measures Survey ; CHMS)가 있다(표 2-9).

표 2-9. 선진국의 생체모니터링 프로그램과 내용

생체모니터링 프로그램	설 명
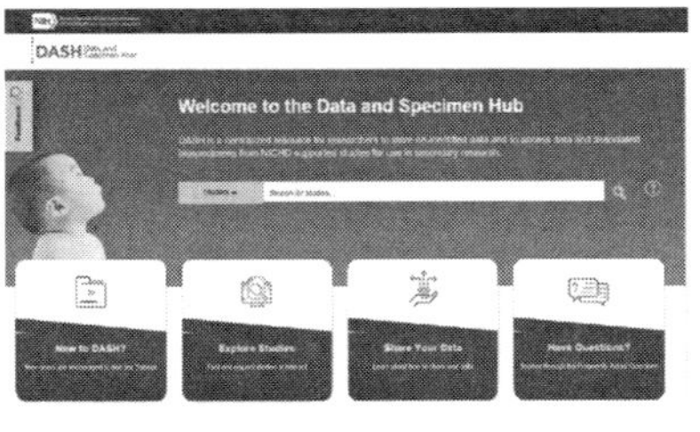 국립 아동 연구 (National Children's Study ; NCS)	미국 국립보건원(National Institute of Health's ; NIH)에서 진행하고 있는 국립 아동 연구(NCS)는 약 10만 명의 미국인 어린이를 대상으로 출생 전~21세까지의 건강과 발달 상태를 장기적으로 관찰하는 프로그램이다. 어린이와 어머니로부터 혈액, 소변, 모유, 손톱, 모발 시료를 수집하고 있으며, 농약, 중금속, 휘발성 유기화합물, 기타 화학물질에의 노출을 살펴볼 수 있는 생체지표 수준을 측정한다. 2000년부터 진행된 연구에서 생체시료(혈액, 소변, 타액, 손톱, 모발, 질 면봉, 제대혈, 태반, 모유)와 환경시료(물, 공기, 먼지)가 꾸준히 수집되어 현재 160,000개가 넘는 생체시료와 3,000개 가량의 환경시료가 있다. 2020년부터는 이 자료가 National Institute of Child Health and Human Development (NICHD)의 Data and Specimen Hub (DASH)로 이관되어 공개될 예정이다.

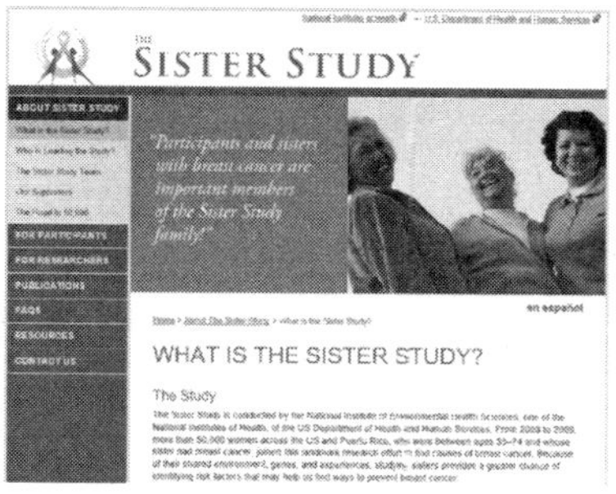 자매 연구 (Sister Study)	미국 국립보건원(NIH)에서 진행하고 있는 자매 연구(sister study)는 유방암으로 진단받은 여성 자매를 대상으로 화학물질에의 노출과 위해성을 확인하는 프로그램이다. 2003～2009년까지 수행된 연구에서는 35～74세의 유방암에 걸렸던 50,000여명의 자매들이 연구에 참여하였다. 자매끼리는 유전적 요소, 생활환경, 경험 등을 공유하기 때문에 이러한 생체모니터링은 유방암을 예방하는 방법을 확인하는 데 도움이 될 수 있다.
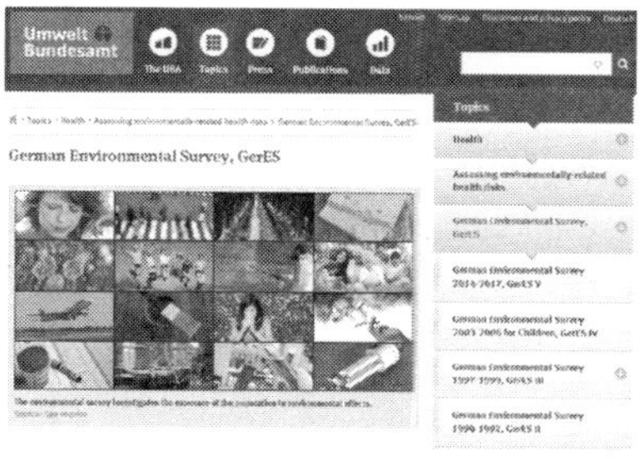 독일환경조사 (German Environmental Survey ; GerES)	독일 연방 환경청(German Federal Environment Agency)에서 진행하고 있는 독일환경조사(GerES)는 독일의 일반인구가 환경오염물질에 노출되는 것을 조사하며, 1985년 이후 4차례의 독일환경조사(GerES)가 시행되었다. • GerES I (1985～1986) : 25～69세 2,731명 성인 대상 • GerES IIa (1990～1991) : West Germany 25～69세 2,524명 성인과 6～14세 453명 어린이 대상 • GerES IIb (1991～1992) : East Germany 18～79세 1,763명 성인과 6～17세 359명 어린이/청소년 대상 • GerES III (1997～1999) : 18～69세 4,822명 성인 대상 • GerES IV (2003～2006) : 3～14세 약 1,800명 어린이 대상 • GerES V (2014～2017) : 3～17세 약 2,500명 어린이/청소년 대상
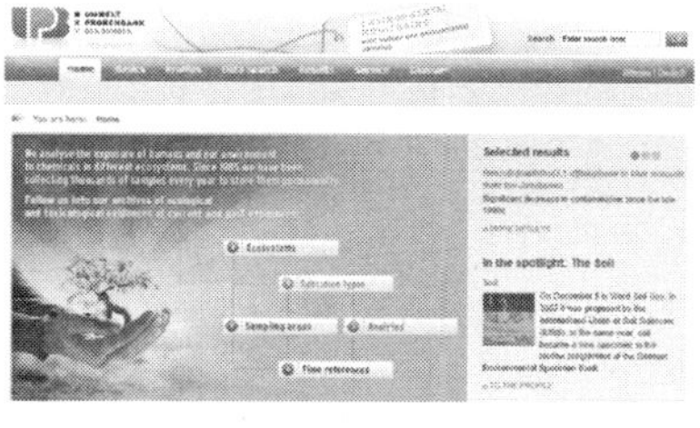 독일환경표본은행 (German Environmental Specimen Bank ; ESB)	독일 연방 환경청(German Federal Environment Agency)에서 독일환경조사(GerES)와 함께 진행하고 있는 독일환경표본은행(ESB)은 1985년 이후로 담수, 해수, 육상 생태계의 환경시료/생체시료뿐만 아니라 사람의 생체시료를 수집하여 보관하고 있다. 독일환경표본은행(ESB)은 건강과 관련된 모니터링을 진행하면서 사람의 혈액, 혈장, 소변, 타액, 모발 시료를 이용해 화학물질의 분포, 이동, 축적 등을 추적하고 있다.

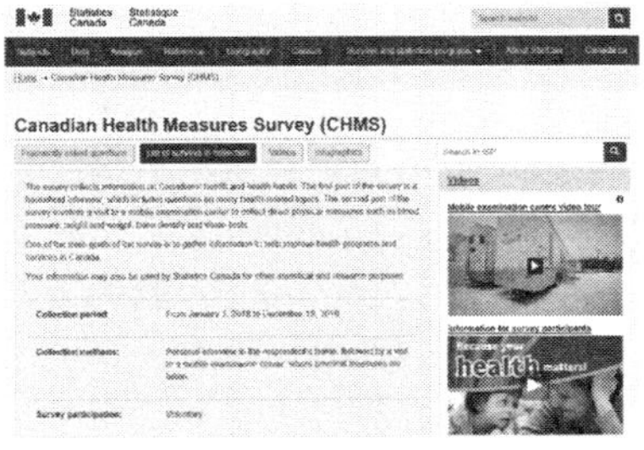 캐나다 건강 측정 조사 (Canadian Health Measures Survey ; CHMS)	캐나다 통계청(Statistics Canada)에서 진행하고 있는 캐나다 건강 측정 조사(CHMS)는 2007년 캐나다인의 건강과 생활 양식에 대한 정보를 수집하기 위해 시작되었다. 조사 방법은 미국 국민건강영양조사(NHANES)와 유사하며, 인터뷰와 신체검사를 통해 혈액 및 소변 시료 수집, 영양, 건강 상태, 생활양식, 인구학적 정보, 사회경제학적 정보 등을 수집한다. 또한 캐나다 건강 측정 조사(CHMS)는 일부 연구 참여자를 위해 실내 공기 오염물질을 측정하고 활동 패턴을 모니터링하고 있다.

※ 자료 : 'National Children's Study, Sister Study, German Environmental Survey, German Environmental Specimen Bank, Canadian Health Measures Survey'를 참고하여 저자 재작성

㉢ 국내 생체모니터링 프로그램

우리나라에서도 국가 단위의 생체모니터링을 식품의약품안전처(2005년～), 질병관리본부(2003년～), 환경부/국립환경과학원(2005년～)에서 진행하고 있다. 식품의약품안전처는 2005년 「식품위생법」에 따라 내분비계 장애물질을 중심으로 유해물질 생체모니터링 연구를 진행하고 있다(식품의약품안전청, 2010b ; 2010c). 질병관리본부에서는 「국민건강증진법」에 의거하여 제3기(2003년) 조사부터 국민건강영양조사에서 전국 규모로 20세 이상 성인 2,000명을 대상으로 혈액 내 중금속(수은, 납, 카드뮴, 망간 등) 농도 조사가 진행되고 있으며 주로 건강 영향과의 관련성에 초점을 두고 있다(질병관리본부, 2010 ; 표 2-10). 환경부 및 국립환경과학원에서는 2005년부터 환경유해물질을 중심으로 생체 내 유해물질 조사를 시작하였으며, 2009년부터는 「환경보건법」 하에 국민환경보건기초조사(Korean National Environmental Health Survey ; KoNEHS)를 실시하고 있다(국립환경과학원, 2011 ; 표 2-10). 국민환경보건기초조사 1～2기는 3년 주기로 전국 19세 이상 남녀 6,000명(매년 2,000명)을 대상으로 진행되었으며, 3기부터는 조사대상 범위를 3세 이상으로 확대하였다. 연구 참여자를 대상으로 혈액과 요 중 환경유해물질을 조사하고 있으며, 분석대상 물질의 종류(표 2-11) 및 설문조사(표 2-12)를 확대하고 있다.

표 2-10. 우리나라의 생체모니터링 종류 및 특징

사업명	유해물질 인체모니터링	국민건강영양조사	국민환경보건기초조사
조사수행 주체	식품의약품안전처 (식품의약품안전평가원)	보건복지부 (질병관리본부)	환경부 (국립환경과학원)
근거	식품위생법	국민건강증진법	환경보건법
조사목적	인체노출수준 파악	국민의 건강수준 파악	전국 오염노출 현황 파악
조사대상	성인 2,000명 어린이 1,000명	20세 이상 2,000명	1～2기 : 19세 이상 6,000명 3기 : 3세 이상 6,000명
조사대상 물질	유해물질 측정(65종) • 아크릴아마이드 4종 : AA, GA, AAMA, GAMA • 헤테로싸이클릭아민 8종 : IQ, MeIQ, MeIQX, Glu-P-1, Glu-P-2, PhIP, AaC, MeAaC • 유기염소계 18종 : Hexachlorobenzene, aldrin, dield-rin, endrin, mirex, heptachlor, heptachlor-epoxide, oxychlordane, cis/trans-chlordane, cis/trans-non-achlor, o,p'/p,p'-DDT, o,p'/p,p'-DDD, o,p'/p,p'-DDE • 프탈레이트 10종 : MnBP, MiBP, MBP, MCHP, MnOP, MEHP, MEOHP, MEHHP, MiNP, MiDP • 과불화합물 10종 : PFPA, PFHxA, PFHpA, PFOA, PFNA, PFDA, PFHxS, PFHpS, PFOS, PFNS • 페놀류 15종 : 4-t-BP, 4-n-BP, 4-n-PP, 4-n-HX, 4-t-OP, 4-n-HP, NP, 4-n-OP, BPA, BP-3, 2,4-DCP, 2,5-DCP, 2,4,5-TCP, 2,4,6-TCP, trichlosan	유해물질 측정(3종) • 중금속 3종: 수은, 납, 카드뮴	유해물질 측정(32종) • 중금속총5종 : 납, 수은, 망간, 카드뮴, 비소 • PAHs 대사물 4종 : 2-naphthol, 1-OHP, 2-hydroxyflourene, 1-hydroxyphenathrene • 환경담배연기 1종: cotinine • 내분비계장애물질 15종: 프탈레이트 대사물 8종, 비스페놀류 3종, 트리클로산, 파라벤 3종 • 살충제 1종: 3-PBA • VOCs 대사물 총 6종: t,t-muconic acid, hippuric acid, mandelic acid, mandelic acid + phenylglyoxylic acid, methylhippuric acid, S-benzylmercapturic acid
주기	-	매년	3년 주기

※ 자료 : '유해물질 인체모니터링을 위한 인체시료수집 및 자료분석(식품의약품안전청, 2010c), 국가 환경보건 도니터링 항목 확대를 위한 시범조사(국립환경과학원, 2019)'를 참고하여 저자 재작성

표 2-11. 우리나라 국민환경보건기초조사 사업의 발전과정

사업명	제1차 실태조사	제2차 실태조사	제3차 실태조사	제1기 기초조사	제2기 기초조사	제3기 기초조사
수행기관	질병관리본부	공주대학교	공주대학교	환경부/국립환경과학원	환경부/국립환경과학원	환경부/국립환경과학원
조사대상	20세 이상 2,000명	18세 이상 2,000명	20세 이상 5,000명	전국 만 19세 이상 남녀 6,311여명 (2,000명/년)	전국 만 19세 이상 남녀 6,479여명 (2,000명/년)	전국 남녀 6,167명 (3~6세 571명, 초등생 887명, 중고생 922명, 성인 3,787명)
조사시기	2005	2007	2008	2009~2011 (3년)	2012~2014 (3년)	2015~2017 (3년)
조사내용	유해물질 측정(3종) • 중금속 3종 : 납, 수은, 망간	유해물질 측정(6종) • 중금속 4종 : 납, 수은, 망간, 카드뮴 • PAHs 대사물 1종 : 2-naphthol • 환경담배연기 1종 : cotinine	유해물질 측정 (15종) • 중금속 5종 : 납, 수은, 망간, 카드뮴, 비소 • PAHs 대사물 2종 : 2-naphthol, 1-OHP • 환경담배연기 1종 : cotinine • 내분비계장애물질 4종 : 프탈레이트 대사물 3종, 비스페놀 A • 살충제 1종 : 3-PBA • VOCs 대사물 2종 : t,t-muconic acid, hippuric acid	유해물질 측정 (18종) • 중금속 5종 : 납, 수은, 망간, 카드뮴, 비소 • PAHs 대사물 2종 : 2-naphthol, 1-OHP • 환경담배연기 1종 : cotinine • 내분비계장애물질 4종 : 프탈레이트 대사물 3종, 비스페놀 A • 살충제 1종 : 3-PBA • VOCs 대사물 5종 : t,t-muconic acid, hippuric acid, mandelic acid, phenylglyoxylic acid, methylhippuric acid	유해물질 측정 (21종) • 중금속 3종 : 납, 수은, 카드뮴 • PAHs 대사물 4종 : 2-naphthol, 1-OHP, 2-hydroxyflourene, 1-hydroxyphena-threne • 환경담배연기 1종 : cotinine • 내분비계장애물질 7종 : 프탈레이트 대사물 5종, 비스페놀 A, 트리클로산 • 살충제 1종 : 3-PBA • VOCs 대사물 5종 : t,t-muconic acid, hippuric acid, mandelic acid, phenylglyoxylic acid, methylhippuric acid	유해물질 측정 (26종) • 중금속 3종 : 납, 수은, 카드뮴 • PAHs 대사물 4종 : 2-naphthol, 1-OHP, 2-hyd-roxyflourene, 1-hydroxyphe-nathrene • 환경담배연기 1종 : cotinine • 내분비계장애물질 15종 : 프탈레이트 대사물 8종, 비스페놀류 3종, 트리클로산, 파라벤 3종 • 살충제 1종 : 3-PBA • VOCs 대사물 2종 : t,t-muco-nic acid, S-benzylmerca-pturic acid

임상검사 (없음)	임상검사 (없음)	임상검사 (없음)	임상검사 (없음)	임상검사(19종) • 혈액학 검사 5종 • 일반화학검사 5종 • 혈장단백검사 1종 • 지질검사 4종 • 내분비검사 4종	임상검사(16종) • 혈액학 검사 5종 • 일반화학검사 6종 • 혈장단백검사 1종 • 지질검사 4종
설문조사 (8문항)	설문조사 (75문항)	설문조사 (75문항)	설문조사 (158문항)	설문조사 (144문항)	설문조사 (164~192문항)

※ 자료 : '유해물질 인체모니터링을 위한 인체시료수집 및 자료분석(식품의약품안전청, 2010c), 국가 환경보건 모니터링 항목 확대를 위한 시범조사(국립환경과학원, 2019)'를 참고하여 저자 재작성

표 2-12. 역대 국민환경보건기초조사의 조사도구 개요

분류	제1기 기초조사 (2009~2011)	제2기 기초조사 (2012~2014)	제3기 기초조사 (2015~2017)			
조사대상	만 19세 이상 성인	만 19세 이상 성인	19세 이상 성인	3~6세 유아	초등학생	중·고등 학생
설문조사	개인설문 158문항	가구공통 20문항, 개인설문 122문항	가구공통 22문항, 개인설문 157문항	가구공통 22문항, 개인설문 142문항	가구공통 22문항, 개인설문 164문항	가구공통 22문항, 개인설문 170문항
거주지 특성[1]	3개 문항	3개 문항	3개 문항	3개 문항	3개 문항	3개 문항
실내환경[2]	24개 문항	28개 문항	46개 문항	36개 문항	34개 문항	43개 문항
식생활[3]	34개 문항	29개 문항	42개 문항	41개 문항	41개 문항	41개 문항
사회·경제·인구학적 특성[4]	9개 문항	7개 문항	7개 문항	5개 문항	5개 문항	5개 문항
인적 사항[5]	12개 문항	11개 문항	-	-	-	-
교통 및 이동수단[6]	8개 문항	8개 문항	7개 문항	7개 문항	7개 문항	7개 문항
생활습관[7]	41개 문항	32개 문항	51개 문항	43개 문항	43개 문항	61개 문항
건강보조식품 등[8]	5개 문항	5개 문항	5개 문항	5개 문항	5개 문항	5개 문항
여성력[9]	3개 문항	3개 문항	5개 문항	-	-	-
최근 생활·식이습관[10]	19개 문항	16개 문항	13개 문항	12개 문항	12개 문항	12개 문항

알레르기 조사[11)]	-	-	-	12개 문항	12개 문항	12개 문항
신체발달[12)]	-	-	-	-	24개 문항	3개 문항

1) 도로와의 거리/도로 통행량 등 ; 2) 주택형태, 건축년도, 환기방법, 방제약 사용 등 ; 3) 식품보관 용기, 식품구입경로, 물의 종류 등 ; 4) 월 평균 가구소득, 학력, 결혼여부, 직업 등 ; 5) 성명, 성별, 생년월일, 가족수 등 ; 6) 대중교통 이용 여부, 대중교통 종류, 이용시간 등 ; 7) 흡연, 음주, 운동, 화장품 사용, 시간활동양상 등 ; 8) 양약/한약 복용여부 등 ; 9) 출산경험, 임신여부, 폐경여부 ; 10) 신장, 체중, 자양강장제, 소화음료 복용 여부 등 ; 11) 아토피피부염, 천식, 알레르기 비염 진단, 치료 여부 등 ; 12) 급격한 성장, 초경 시작 여부 등

※ 자료 : '국가 환경보건 모니터링 항목 확대를 위한 시범조사(국립환경과학원, 2019)'를 참고하여 저자 재작성

(2) 노출 재구성

노출 재구성(exposure reconstruction)은 생체모니터링을 통해 확인된 내적 노출량(internal dose)으로부터 외적 노출량을 역산하는 방법을 의미하며, 그림 2-17에 검은색 화살표로 표시하였다. NRC (2006)에서는 생체지표(biomarker) 자료로부터 생리학 기반 약물동태(physiologically based pharmacokinetic ; PBPK)를 이용해서 외적 노출량을 역산할 수 있으며, 이 과정을 '역 용량추정(reverse dosimetry)'이라고 명명하였다. 약물동태 모형(PK model)은 생리 및 대사 과정에 대한 자료를 생체지표 농도와 결합해서 노출 또는 용량(dose)을 수학적으로 추정할 수 있는 모형이다. 노출 재구성은 개인 모니터링(personal monitoring) 및 시나리오 기반 평가(scenario evaluation)와 함께 노출량 추정 결과를 검증하는 방법으로 활용될 수 있으나, 화학물질의 생체지표 농도를 높이는 정확한 노출원과 노출경로를 파악하는 데에는 활용되기 어렵다.

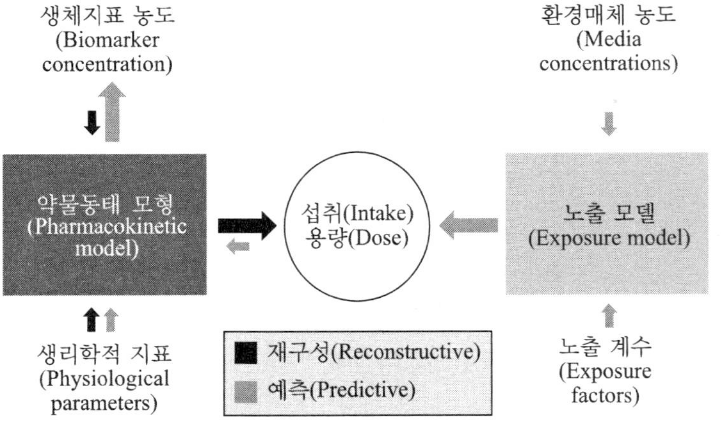

그림 2-17. 약물동태 모형(PK model)을 사용한 예측(predictive) 및 재구성(reconstructive) 평가

※ 자료 : 'ExpoBox (US EPA, 2019)'를 참고하여 저자 재작성

① 약물동태 모형

약물동태(pharmacokinetic)란 약물을 의미하는 pharmaco와 움직임을 의미하는 kinetic의 합성어로, 특정 화학물질이 투여된 이후 생체의 흡수(absorption) → 분포(distribution) → 대사(metabolism) → 배설(excretion) 과정은 어떠한지, 체내에서 물질의 화학적인 변화가 일어나는지 동역학적 관점에서 해석하고 예측하는 학문이다. 약물동태는 약물동력(pharmacodynamic)과 함께 연구되는 경우가 많으며, 약물동력학은 화학물질이 생체에 미치는 약리학적 영향에 대한 학문을 의미한다.

약물동태 모형은 시간에 따른 농도의 변화를 구획 모형(compartment model)을 이용하여 수학적으로 설명하는 유용한 방법이다(Fleishaker and Smith, 1987). 이러한 수학적 모형은 실제 실험하지 않은 상황에 대해 과학적인 시뮬레이션으로 약물의 동태를 예측할 수 있다. 약물동태 모형은 노출을 통한 내적 노출량을 산출하는 데 활용될 수 있으며(predictive analysis), 역으로 내적 노출량을 활용하여 노출량을 환산하는 데 활용될 수 있다(reconstructive analysis, US EPA, 2006).

약물동태 모형을 사용하는 데에는 장단점이 있다. 노출 재구성을 위해 약물동태 모형을 사용하는 것은 강력한 무기가 될 수 있으나, 모형을 신뢰할 수 있으려면 약물동태 모형의 자세한 입력 매개변수를 알아야 한다. 특히 생체 이용률, 노출과 용량의 관계에 대해 잘 이해해야 하는데, 이러한 정보가 부족하다.

약물동태 모형은 복잡성에 따라 다양한 형태가 있다. 가장 간단한 약물동태학 모형은 단일구획 1차 약물동태 모델(one-compartment, first order pharmacokinetic model)이다. 이것은 혈액, 체지방, 또는 전신과 같은 단일구획(single compartment) 내에 화학물질이 분포하며, 일차속도(first-order rate)로 제거된다고 가정한다. 크레아티닌 보정 모형(creatinine correction model)은 섭취(intake) 후 몇 시간 내에 소변으로 배출되는 오염물질에 적용할 수 있는 간단한 약물동태 모형의 예이다. 이와 반대로 생리학 기반 약물동태 모형(PBPK model)은 복잡한 다중 구획 모형으로, 유기체(organism)의 생리와 오염물질의 화학적 특성을 결부시켜 설명한다.

㉠ 단일구획 1차 약물동태 모형

단일구획 1차 약물동태 모형(one-compartment, first order pharmacokinetic model)은 혈중 농도에 의해서 신체를 하나의 구획(one compartment)으로 설정하며, 정맥주사 후에 약물이 전신으로 빠르게 분포하고 일차속도(first-order rate)로 제거된다고 가정한다. 즉, 정해진 노출량이 시간이 지남에 한 구획에서 농도가 어떻게 변화하는지를 추정하는 가장 간단한 모형이다(그림 2-18). 이 모형에서는 섭취량(intake dose)에 따라서 혈장 농도나 제거량이 비례하나 반감기(half-life) 등은 변

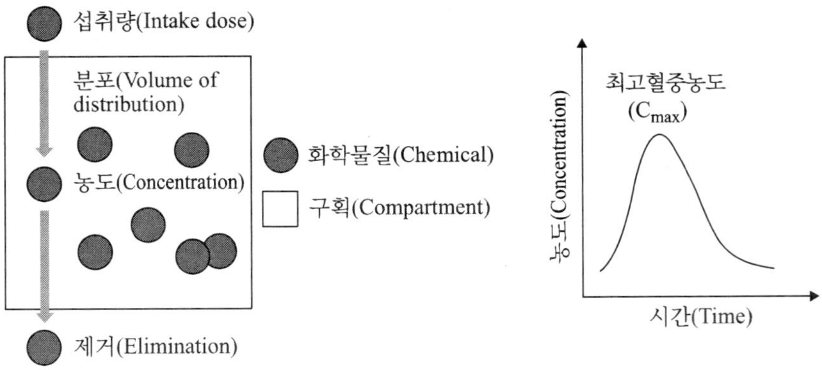

그림 2-18. 단일구획 1차 약물동태 모형(one-compartment, first order PK model)
※ 자료 : 'ExpoBox (US EPA, 2019)'를 참고하여 저자 재작성

하지 않는다고 가정한다(Mehvar, 2004). 단일구획 1차 약물동태 모형은 모형에 입력하는 변수가 적어 쉽게 구동이 가능하나, 신체의 화학물질 거동(fate)까지 모델링하지는 않아 독성학 연구에 필요한 표적 장기의 용량을 다루기는 어렵다. 단일구획 약물동태 모형은 반감기가 몇 십 년 정도로 길어 신체 조직에 생축적이 되는 오염물질(예 : 납, 다이옥신, DDT 등)에 자주 적용된다.

화학물질을 정맥주사하면 초기에는 물질이 혈액에 분포하지만, 시간이 지남에 따라 조직에도 분포한다. 이 모형에서 구획(compartment)은 '분포용적(volume of distribution)'으로 지칭하며(그림 2-18), 분포용적은 약물이 분포하는 체액의 용적을 말한다. 이 모형에서는 혈장의 약물분포는 조직과 평형상태이며, 약물분포는 혈장의 약물분포처럼 행동한다고 가정한다. 시간 t에서 혈장농도(Ct)는 식 2-5와 같다.

$$C(t) = \frac{D(t)}{V(t) \times k} \tag{2-5}$$

여기서, $D(t)$: 시간 t에서 체내 약용량
$V(t)$: 시간 t에서 분포용적
k : 제거율 상수(elimination rate constant)

따라서 분포용적 $V(t)$는 시간 t에 의존하는 종속변수이고 약용량과 혈장농도를 결정하는 중요한 지표이다. 제거율 상수(elimination rate constant)인 k는 화학물질의 제거 반감기와 관련이 있으며, $k = 0.693$/반감기로 계산할 수 있다.

㉡ 크레아티닌 보정 모형

많은 오염물질들은 섭취(intake) 후 몇 시간 내에 소변으로 배설되어 신체에서 제거된다. 크레아티닌 보정 모형(creatinine correction model)은 소변을 통해 제거되는 오염물질의 용량을 재구성하는 가장 간단한 약물동태 모형이다.

크레아티닌은 근육의 대사산물로 소변에 일정량이 배출되며, 여러 연구자가 성별, 연령, 체중, 신장, 인종 등에 따라 1일 크레아티닌 배설량을 예측하는 추정식을 제안하였다(Mage et al., 2004 ; 2008). 미국에서는 1일 크레아티닌 배출량으로 남성은 23 mg/kg · day, 여성은 18 mg/kg · day를 제안하였으며(David, 2000), 우리나라에서는 1일 크레아티닌 배출량으로 남자는 (23.4 − 0.09 × 연령) mg/kg · day, 여자는 (18 − 0.08 × 연령) mg/kg · day을 제안하였다(Kang et al., 1998).

크레아티닌 배출 정도는 남성, 근육이 많은 사람, 육류 섭취가 많은 사람의 경우에 높은 편이다. 크레아티닌 농도가 낮아 희석 정도가 높은 경우에는 소변 중 오염물질의 농도에 관한 결과를 신뢰할 수 없으므로 이 경우에는 시료 채취를 다시 하는 것이 좋다.

크레아티닌 보정 접근법은 오염물질의 일일 섭취량을 추정하는 데에도 활용되고 있으며, NHANES와 같은 생체모니터링 프로그램에서도 소변으로 배출되는 오염물질의 측정 시 함께 크레아티닌 농도를 정기적으로 측정한다. 오염물질의 농도는 질량 오염물질/질량 크레아티닌(예 : mg/g creatinine)으로 표시된다.

㉢ 생리학 기반 약물동태 모형

실제 노출 및 인체의 생리는 단일구획 1차 약물동태 모형에서 정의한 것보다 훨씬 더 복잡하다. 1차 모형은 신체의 한 구획에만 있는 화학물질에 대해 모델링이 가능하지만, 용량(dose), 속도 상수(rate constant), 분포용적(volume of distribution)까지도 시간이 지남에 따라 변할 수 있다.

생리학 기반 약물동태 모형(physiologically based pharmacokinetic model ; PBPK model)은 방정식에 유기체의 생리(organism's physiology)를 포함하여 보다 복잡한 현상을 모델을 통해 설명할 수 있다. 생리학 기반 약물동태 모형에는 조직과 장기기관 사이의 이동, 신진대사, 저장까지 고려하여 신체 내 화학물질의 움직임을 시뮬레이션하기 위한 매개변수(parameter)가 필요하다. 이러한 매개변수에는 생리학적 변수(예 : 조직을 통한 혈류량, 조직의 부피 등), 물리화학적 변수(예 : 확산 계수, 조직과 혈액 사이의 분배계수 등), 생화학적 변수(예 : 신진대사율 등)가 있다(그림 2-19). 생리학 기반 약물동태 모형은 다양한 매개변수를 반영할 수 있으나 대상자의 노출 시나리오와 관련이 있는 많은 매개변수의 정보가 부족하여 실제로 노출 재구성(생체지표 농도로 용량 추정)을 위해 생리학 기반 약물동태 모형을 사용하는 데에는 한계가 있다.

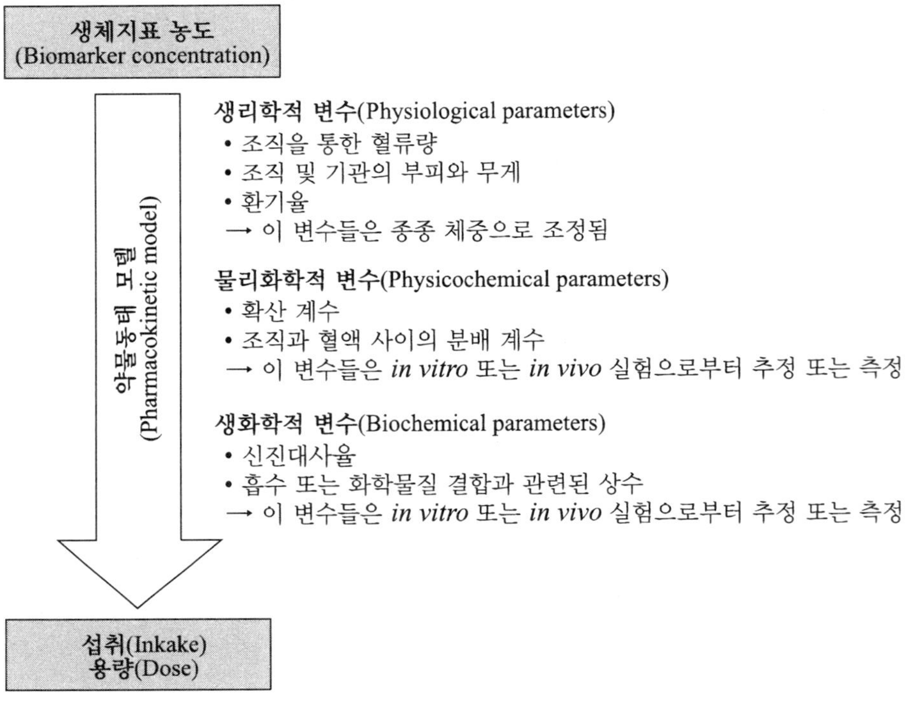

그림 2-19. 생리학 기반 약물동태 모형(PBPK model)에 사용되는 생리학적, 물리화학적, 생화학적 매개변수

※ 자료 : 'ExpoBox (US EPA, 2019)'를 참고하여 저자 재작성

㉣ 다중구획 약물동태 모형

다중구획 약물동태 모형(multiple-comparment pharmacokinetic model)은 단일구획 모형보다 더 복잡하여 특정 화학물질의 분포, 대사, 독성과 관련된 장기 및 조직을 포함한다(그림 2-20). 이 모형에는 정맥혈의 움직임(기관에서 심장, 폐로 이동)과 동맥혈의 움직임(심장, 폐에서 신체의 말단으로 이동)까지도 지정할 수 있다. 복잡한 모형을 사용하면 대사산물의 형성과 이동 등을 설명할 수 있으나, 이러한 수학적 모형을 만들려면 특정한 생리학적 자료가 필요하다. 많은 화학물질의 경우 이러한 자료가 부족하기 때문에 복잡한 모델을 구축할 수 있는 경우가 드물다.

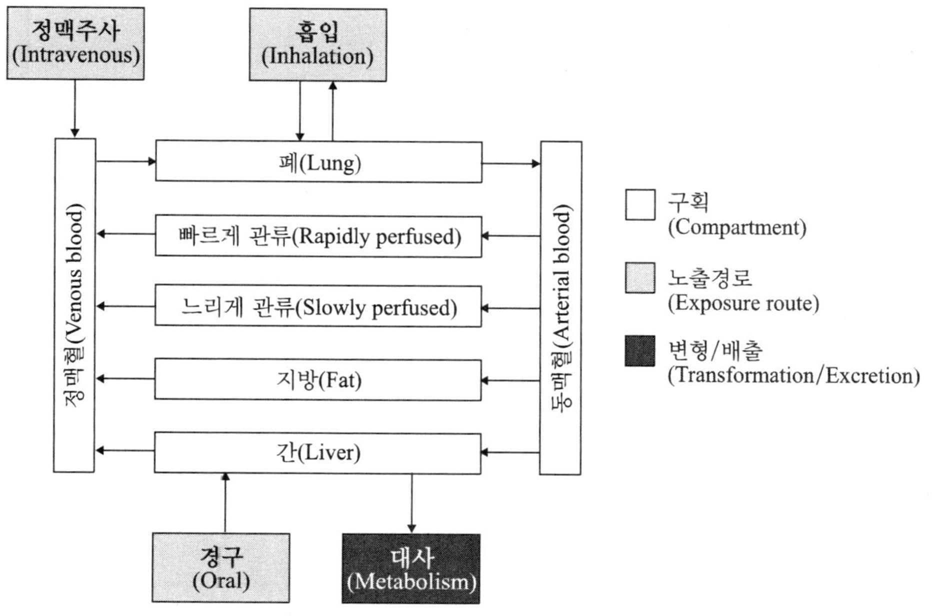

그림 2-20. 다중 구획의 생리학 기반 약물동태 모형(complex PBPK model)의 예
※ 자료 : 'ExpoBox (US EPA, 2019)'를 참고하여 저자 재작성

(3) 내적 노출량 추정과 예시

내적 노출량(internal dose)이란 섭취, 호흡, 피부 접촉을 통해 유해인자가 체내로 흡수된 후 작용 장기에 남아있는 물질의 양을 말한다. 내적 노출량은 인체 시료에 존재하는 유해물질 자체의 농도나 대사체의 농도를 측정하여 추정할 수 있다. 내적 노출량을 알고 체내 흡수율을 포함한 독성동태학(PBPK)에 대한 정보가 있다면 외적 노출량으로의 역계산도 가능하다. 이 방법은 실제로 발생한 유해물질에 대한 노출과 흡수량을 나타낼 수 있으므로 과거 노출에 대한 좋은 지표가 될 수 있다. 그러나 모든 유해물질에 적용할 수 없고, 측정방법이 확립된 예가 많지 않으며, 비용이 많이 든다는 단점이 있다.

인체 내적 노출량을 산정할 때에는 생체시료 중 유해물질의 농도 측정값과 생체시료로 배출되는 비율 등을 고려하여 추정식을 준비해야 한다. 예를 들어, 소변 시료 중 크레아티닌으로 보정한 오염물질의 농도값, 크레아티닌 농도 측정값, 1일 크레아티닌 배출량을 알면 오염물질의 내적 노출량을 식 (2-6)과 같이 계산할 수 있다.

$$DI = \frac{UE \times CE}{F_{UE}} \tag{2-6}$$

여기서, DI : 일일 섭취량(ng/kg · day)

UE : 크레아티닌으로 보정한 소변 중 오염물질의 농도(μg/g creatinine)

CE : 1일 크레아티닌 배출량(mg/kg · day)

F_{UE} : 오염물질이 소변으로 배출되는 몰분율

인체의 내적 노출량을 산정하는 식이 수립되었으면 그에 해당하는 변수를 수집해야 한다. 위에 제시한 식에 따르면 크레아티닌으로 보정한 소변 중 오염물질의 농도, 1일 크레아티닌 배출량, 오염물질이 소변으로 배출되는 몰분율에 대한 자료가 필요하다.

프탈레이트의 내적 노출량 산정 시 크레아티닌으로 보정한 프탈레이트의 소변 중 농도 산출의 예를 들어보자(Ji et al., 2010). 프탈레이트는 소변 시료 중 대사체의 농도를 토대로 내적 노출량을 산정하는 식이 제안되었다(David, 2000 ; Kohn et al., 2000). 소변 시료 중 프탈레이트 대사체 농도 측정값, 크레아티닌 농도 측정값, 1일 크레아티닌 배출량, 해당 프탈레이트 대사체가 소변으로 배출되는 몰분율, 프탈레이트 모분자와 대사체의 분자량을 알면 프탈레이트의 내적 노출량을 다음과 같이 계산할 수 있다(식 2-7).

$$DI = \frac{UE \times CE}{F_{UE}} \times \frac{MW_P}{MW_M} \tag{2-7}$$

여기서, DI : 일일 섭취량(ng/kg · day)

UE : 크레아티닌으로 보정한 소변 중 대사체의 농도(μg/g creatinine)

CE : 1일 크레아티닌 배출량(mg/kg · day)

F_{UE} : 해당 프탈레이트 대사산물이 소변으로 배출되는 몰분율

MW_P : 프탈레이트 모분자의 분자량(g/mol)

MW_M : 프탈레이트 대사체의 분자량(g/mol)

크레아티닌으로 보정한 소변 중 프탈레이트의 농도를 산출하려면 소변 시료 중 프탈레이트의 농도와 크레아티닌의 농도가 필요하다. 기기분석(예 : HPLC/MS-MS)을 통해 프탈레이트 모분자(parent compound) 또는 대사체(metabolites)의 농도를 측정할 수 있으며(표 2-13), 일반적으로 측정값이 ng/mL의 단위로 표현된다.

소변 중 물질의 농도를 정확하게 산출하기 위해 소변의 농축 정도를 고려하여 크레아티닌(creatinine) 또는 비중(specific gravity)으로 희석 정도를 보정하는 방법이 있다. 크레아티닌을 분석하면 측정값이 mg/dL 단위로 표현되며, 이 측정값을 100으로 나누어 주면 mg/mL 단위로 환산할 수 있다. 소변 시료 중 프탈레이트의 농도(ng/mL)를 크레아티닌 농도(mg/mL)로 나누어 주면 크레아티닌으로 보정한 소변 중 프탈레이트의 농도(ng/mg creatinine = μg/g creatinine)를 산출할 수 있다. 1일 크레아티닌 배출량(CE)은 Kang et al. (1998)

표 2-13. 프탈레이트 모분자, 1차 대사산물, 2차 대사산물의 종류와 분자량

모분자(Parent compound)	대사산물(Metabolites)	
	1차	2차
DEHP (di-(2-ethylhexyl) phthalate) 분자량 : 390.56 g/mol	MEHP (mono(2-ethylhexyl) phthalate) 분자량 : 278.34 g/mol	5-OH-MEHP (mono(2-ethyl-5-hydroxyhexyl) phthalate) 분자량 : 294.34 g/mol
		5-oxo-MEHP (mono(2-ethyl-5-oxohexyl) phthalate) 분자량 : 292.33 g/mol
DEP (diethyl phthalate) 분자량 : 222.24 g/mol	MEP (mono ethyl phthalate) 분자량 : 194.18 g/mol	
DiBP (di-(iso-butyl) phthalate) 분자량 : 278.35 g/mol	MiBP (mono(iso-butyl) phthalate) 분자량 : 222.26 g/mol	
DnBP (di-(n-butyl) phthalate) 분자량 : 278.35 g/mol	MnBP (mono(n-butyl) phthalate) 분자량 : 222.24 g/mol	

※ 자료 : '인체 노출평가(한국직업능력개발원, 2015a)'를 참고하여 저자 재작성

에서 제안한 것과 같이 남자는 (23.4 − 0.09 × 나이) mg/kg · day, 여자는 (18 − 0.08 × 나이) mg/kg · day로 계산할 수 있다.

프탈레이트 대사체가 소변으로 배출되는 몰분율(F_{UE})의 경우 문헌 조사로 자료를 얻을 수 있다. 예를 들어, DEP를 추정하기 위한 MEP는 0.69, DnBP를 추정하기 위한 MnBP는 0.69, DiBP를 추정하기 위한 MiBP는 0.69가 제안되었으며(Calafat and McKee, 2006 ; Koch et al., 2003), DEHP를 추정하기 위한 MEHP는 0.059, 5-OH-MEHP는 0.233, 5-oxo-MEHP는 0.150이 제안되었다(Fromme et al., 2007).

소변 중 대사체를 측정한 경우라면, 모분자의 내적 노출량으로 산정하기 위해 모분자(MW_P)와 대사체(MW_M)의 분자량 비를 보정해 줄 필요가 있다. 프탈레이트의 경우에도 소변 중 대사체의 농도를 측정하기 때문에, 이에 해당되는 비를 식 2-6에서 보정하고 있다.

인체의 내적 노출량을 산정하는 데 필요한 변수들이 모두 수집되었다면, 이 변수들을 식에 대입하여 내적 노출량을 추정할 수 있다.

> 예시 문항) 우리나라 50세 여성의 소변 시료 중 MEHP의 농도가 30 ng/mL로 검출되었으며, 크레아티닌의 농도는 100 mg/dL으로 측정되었다. DEHP의 내적 노출량을 계산하시오.

① 크레아티닌으로 보정한 소변 중 프탈레이트 대사체의 농도(UE)

크레아티닌의 농도가 100 mg/dL라면 100을 나누어 1 mg/mL로 환산이 가능하다. 따라서 MEHP의 측정값 30 ng/mL을 크레아티닌 농도 1 mg/mL로 나누면 크레아티닌으로 보정한 소변 중 MEHP의 농도(30 ng/mg)를 산출할 수 있다.

$\mathrm{UE} = 30\,\mathrm{ng/mL} \div 1\,\mathrm{mg/mL} = 30\,\mathrm{ng/mg}$ creatinine

② 1일 크레아티닌 배출량(CE)

1일 크레아티닌 배출량은 피검자의 성별과 나이를 알면 대략적으로 계산할 수 있다. Kang et al. (1998)은 우리나라 남자의 경우 (23.4 − 0.09 × 나이) mg/kg · day, 여자의 경우 (18 − 0.08 × 나이) mg/kg · day로 제안하였다. 이 식에 대입하여 계산하면 50세 여성의 1일 크레아티닌 배출량은 14 mg/kg · day이다.

$\mathrm{CE} = 18 - 0.08 \times 50 = 14\,\mathrm{mg/kg \cdot day}$ creatinine

③ 대사체가 소변으로 배출되는 몰분율(F_{UE})

DEHP를 추정하기 위한 MEHP는 0.059로 제안되어(Fromme et al., 2007), 이 문헌자료를 이용한다.

④ 프탈레이트의 모분자와 대사체의 분자량(MW_P, MW_M)

모분자인 DEHP의 분자량은 390.56 g/mol이며, 대사체인 MEHP의 분자량은 278.34 g/mol이다. 프탈레이트의 모분자와 대사체의 분자량의 비를 계산하면 1.40이다.

$$\frac{MW_P}{MW_M} = \frac{390.56\,\mathrm{g/mol}}{278.34\,\mathrm{g/mol}} = 1.40$$

⑤ DEHP의 인체 내적 노출량

위에서 계산한 변수들을 식에 대입하면 DEHP의 인체 내적 노출량은 9.988 μg/kg · day로 산출된다.

$$\mathrm{DI} = \frac{\mathrm{UE} \times \mathrm{CE}}{F_{UE}} \times \frac{MW_P}{MW_M}$$

$$= \frac{30\,\mathrm{ng/mg} \times 14\,\mathrm{mg/kg \cdot day}}{0.059} \times \frac{390.56\,\mathrm{g/mol}}{278.34\,\mathrm{g/mol}}$$

$$= 9988.71\,\mathrm{ng/kg \cdot day}\ (= 9.988\,\mu\mathrm{g/kg \cdot day})$$

2. 생체시료 수집 및 분석

인체 노출평가의 계획을 세울 때에는 연구의 목적을 고려하여 가설을 설정하고, 대상인 구집단, 유해요인, 물질의 측정 방법 등을 결정해야 한다(그림 2-21). 특히 생체시료를 수집하여 환경오염물질의 수준을 분석하고자 할 경우에는 표본수와 검정력을 고려하여 연구집단을 선정하고, 적절한 시료의 수집 방법, 통계분석 방법, 신뢰도 검증, 정도관리 등에 대한 계획을 세운다. 사전에 의학연구윤리심의위원회(Institutional Review Board ; IRB)로부터 승인을 받아야 한다.

때로는 본 연구(definitive test)를 수행하기 전에 사전시행 연구(pilot study)를 진행하는 것이 좋다(그림 2-21). 사전시행 연구는 가장 노출이 많이 된 인구집단에서 제한적으로 선정된 노출 대상과 대조군을 선정하여 수행한다. 이 연구는 현장에서의 수행과정을 평가하고, 관심대상 물질의 노출이 증가하였는지 여부를 확인하는 데 매우 유용하다.

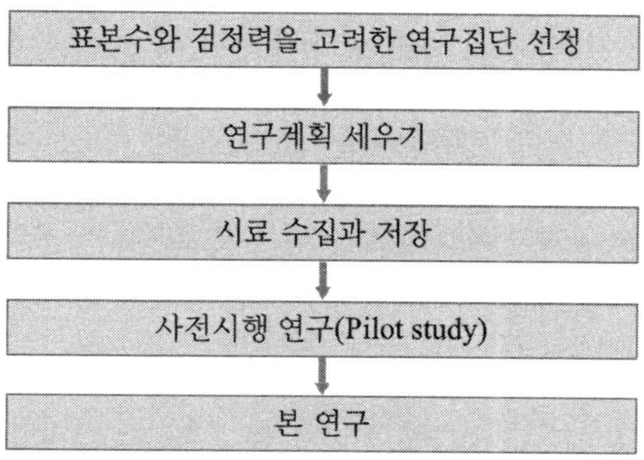

그림 2-21. 생체시료 수집과 설문조사를 위한 조사의 진행 과정

※ 자료 : '인체 노출평가(한국직업능력개발원, 2015a)'를 참고하여 저자 재작성

사전시행 연구를 수행할 때에는 특정 소수 그룹에서 수집된 노출 자료의 결과가 연구대상 집단에게 일반화될 수 있는지 고려해야 한다. 만약 표본이 무작위로 추출되지 않았다면 연구 결과는 연구대상 집단을 대표하지 못하는 때도 있기 때문이다. 만약 사전시행 연구에서 노출 대상의 고노출이 확인되었다면 노출을 감소시키기 위한 즉각적인 대책을 마련하여야 하고, 노출을 감소시키려는 관리방안의 효과에 대한 평가도 진행되어야 한다.

1) 표본수와 검정력을 고려한 연구집단 선정

연구대상 집단을 선택할 때에는 조사방법(전수조사 또는 확률표본조사)을 선정한 후 표본수(sample number)와 검정력(power)에 대해 고려해야 한다(한국직업능력개발원, 2015a). 전수조사(comprehensive study)란 연구대상집단의 모든 구성원을 대상으로 연구를 수행하는 것을 의미한다(그림 2-22). 전수조사의 결과는 정확성이 높은 장점이 있지만, 비용이 많이 들기 때문에 대상자의 수가 적은 경우에만 이루어진다. 확률표본조사(survey)는 연구대상 집단을 대표하는 표본을 선정하여 실행하는 방법을 의미한다(그림 2-22). 주로 연구대상 집단에서 무작위로 표본을 층화(stratified) 추출하여 조사한다.

표본수(sample number)는 노출집단과 대조집단 간에 통계적인 유의성이 나타나기 위한 최소한의 대상자 수를 말한다. 더 정확한 노출량을 추정하기 위해서는 표본수가 많은 것이 좋으나 예산과 절충하는 것이 필요하다. 검정력(power)은 정해진 신뢰수준(일반적으로 95%)에서 그룹 간의 노출 차이를 측정할 수 있는 능력을 말한다. 검정력 0.90은 유의수준(α)이 0.05일 때 95%의 신뢰수준에서 노출의 차이를 측정할 수 있는 가능성이 90%라는 뜻으로, 일반적으로 표본수가 크면 연구의 검정력은 커진다. 표본수와 검정력은 통계 프로그램을 사용하여 계산할 수 있으며, 특정 연구를 위해서는 통계 전문가의 도움을 받는 것이 좋다(한국직업능력개발원, 2015a).

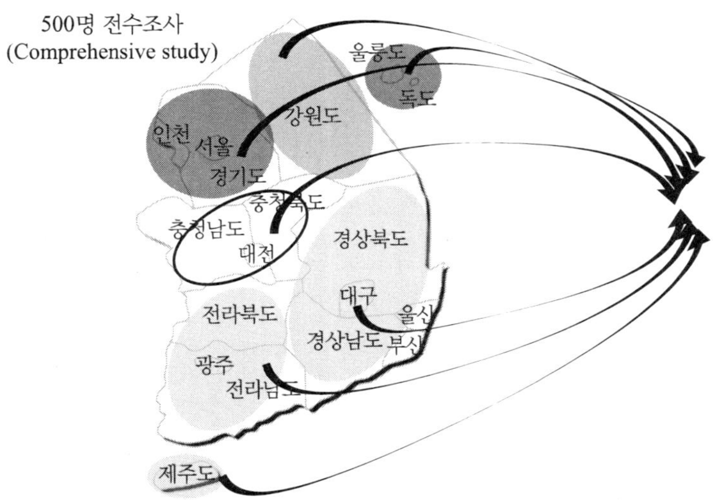

500명 표본조사
(Stratified study)

연령	남성	여성
20~29	45	44
30~39	51	50
40~49	61	59
50~59	55	53
60~	38	44
총	250명	250명

그림 2-22. 전수조사(comprehensive study)와 확률표본조사(survey)의 예

2) 연구계획 세우기

연구대상 집단이 선택되면, 측정할 유해요인, 측정 장소와 시기, 시료의 수집 방법 등에 관해 결정해야 한다. 측정할 유해요인은 기존의 자료를 검토하여 연구대상집단이 노출될 가능성이 큰 유해요인으로 선정하고, 유해요인의 특성을 잘 추적할 수 있는 시료가 무엇인지(예 : 혈액, 소변 등), 어떠한 노출경로(exposure route)를 고려해야 할지 등을 결정해야 한다. 특정 유해요인은 장소와 시기에 따라 노출 빈도나 농도가 차이나기 때문에 이를 고려하여 계획해야 한다. 예를 들어, 작업장인지 거주지역인지 구분하거나, 계절에 따라 나누어 시료를 수집해야 하는지 등을 결정해야 한다. 또한, 시료는 일정한 시간 간격을 두고 반복적으로 채취할 것인지 일회적으로 채취할 것인지도 고려해야 한다.

3) 인체 시료의 수집

연구계획을 구체화하면 생체시료를 수집할 경우 조사대상자, 조사장소, 조사의 흐름도 등을 고려하여 연구자가 필요한 사항을 미리 준비하는 것이 좋다. 일반적으로 연구가 진행되기 전에 의학연구윤리심의위원회(Institutional Review Board ; IRB)로부터 승인을 받아야 한다(그림 2-23). 또한 생체시료를 수집하기 전에 조사대상자에게 연구에 대해 충분히 설명한 후 동의서를 받아야 하며, 신체 계측, 채혈, 채뇨, 설문조사 등을 진행한다(표 2-14 ; 그림 2-24).

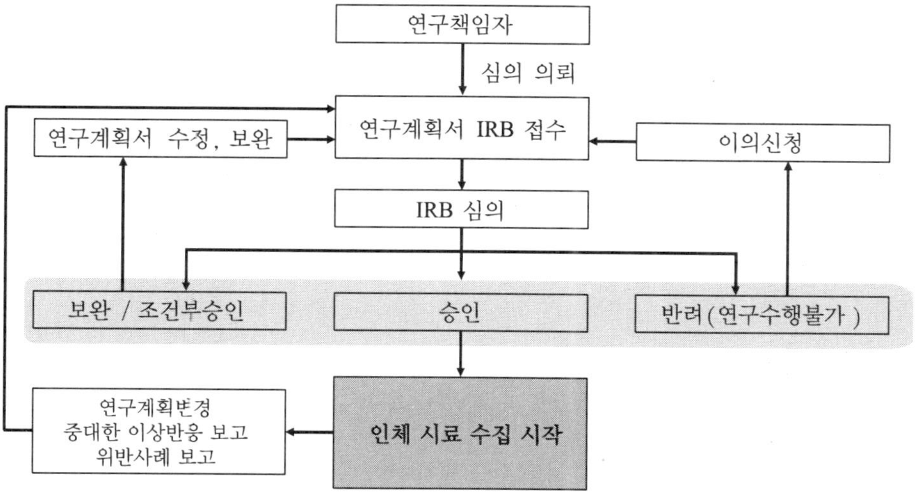

그림 2-23. 의학연구윤리심의위원회(IRB) 심의의 예

※ 자료 : '인체 노출평가(한국직업능력개발원, 2015a)'를 참고하여 저자 재작성

표 2-14. 인체 노출평가의 참여를 위한 동의서 서식

인체유래물 연구 동의서

동의서 관리번호 (앞쪽)

<table>
<tr><td rowspan="3">인체유래물
기증자</td><td>성명</td><td>생년월일</td></tr>
<tr><td colspan="2">주소</td></tr>
<tr><td>전화번호</td><td>성별</td></tr>
<tr><td rowspan="2">법정대리인</td><td>성명</td><td>관계</td></tr>
<tr><td colspan="2">전화번호</td></tr>
<tr><td rowspan="2">연구책임자</td><td colspan="2">성명</td></tr>
<tr><td colspan="2">전화번호</td></tr>
</table>

이 동의서는 귀하로부터 수집된 인체유래물 등(인체유래물과 그로부터 얻은 유전정보를 말합니다)을 질병의 진단 및 치료법 개발 등의 연구에 활용하기 위한 것입니다. 동의는 자발적으로 이루어지므로 아래의 내용을 읽고 궁금한 사항은 상담자에게 묻고 질문할 기회를 가지고 충분히 생각한 후 결정하시기 바라며, 이 동의서에 대한 동의 여부는 귀하의 향후 검사 및 치료 등에 어떤 영향도 미치지 않습니다.

1. 인체유래물이란 인체로부터 수집하거나 채취한 조직・세포・혈액・체액 등 인체 구성물 또는 이들로부터 분리된 혈청, 혈장, 염색체, DNA, RNA, 단백질 등을 말하며, 귀하의 인체유래물을 채취하기 전에 채취 방법 및 과정에 관한 설명을 충분히 들어야 합니다.
2. 귀하가 귀하의 인체유래물 등을 아래의 연구 목적에 이용하도록 동의하는 경우, 귀하의 인체유래물 등의 보존기간, 다른 사람 또는 다른 연구 목적에 대한 제공 여부, 제공 시 개인정보 처리에 관한 사항 및 폐기 등을 결정할 수 있습니다. 또한 동의한 사항에 대해 언제든지 동의를 철회할 수 있습니다. 이 경우 연구의 특성에 따라 철회 전까지 수집된 귀하의 인체유래물 등과 기록 및 정보 등의 처리방법이 달라질 수 있으므로 연구자로부터 별도의 설명문 등을 통해 정보를 받으실 것입니다.
3. 귀하는 이 연구 참여와 관련하여 귀하의 동의서 및 귀하의 인체유래물 등의 제공 및 폐기 등에 관한 기록을 본인 또는 법정대리인을 통하여 언제든지 열람할 수 있습니다.
4. 귀하가 결정한 보존기간이 지난 인체유래물은 「폐기물관리법」 제13조에 따른 기준 및 방법에 따라 폐기되며, 해당 기관의 휴업・폐업 등 해당 연구가 비정상적으로 종료될 때에는 법에서 정한 절차에 따라 인체유래물 등을 이관할 것입니다.
5. 귀하의 인체유래물 등을 이용하는 연구는 「생명윤리 및 안전에 관한 법률」 에 따라 해당 기관의 기관생명윤리위원회의 승인 후 진행될 것이며 해당 기관 및 연구자는 귀하의 개인정보 보호를 위하여 필요한 조치를 취할 것입니다.
6. 귀하의 인체유래물 등을 이용한 연구결과에 따른 새로운 약품이나 진단도구 등 상품개발 및 특허출원 등에 대해서는 귀하의 권리를 주장할 수 없으며, 귀하가 제공한 인체유래물 등을 이용한 연구는 학회와 학술지에 연구자의 이름으로 발표되고 귀하의 개인정보는 드러나지 않을 것입니다.

※ 위의 모든 사항에 대해 충분한 설명을 듣고, 작성된 동의서 사본을 1부 받아야 합니다.

210mm × 297mm [백상지 80 g/m^2 (재활용품)]

표 2-14. (계속)

인체유래물 연구 동의서

동의 내용	항목	내용
동의 내용	연구 목적	
	인체유래물 종류 및 수량	
	인체유래물 보존기간	1. 영구보존 [ ] 2. 동의 후 [ ] 년
	보존 기간 내 2차적 사용을 위한 제공 여부	1. 유사한 연구 범위 안에서만 제공하는 것에 동의합니다. [ ] 2. 포괄적 연구 목적으로 제공하는 것에 동의합니다. [ ] 3. 동의하지 않습니다. [ ]
	2차적 사용을 위한 제공 시 개인식별정보 포함 여부	1. 개인식별정보 포함 [ ] 2. 개인식별정보 불포함 [ ]

본인은 「생명윤리 및 안전에 관한 법률」 제37조 및 같은 법 시행규칙 제34조에 따라 해당 인체유래물연구의 목적 등 연구 참여와 관련하여 인체유래물 채취 방법 및 과정 등에 대한 동의서의 내용에 대하여 충분한 설명을 들어 이해하였으므로 위와 같이 본인의 인체유래물 등을 기증하는 것에 자발적인 의사로 동의합니다.

동의서 작성일 년 월 일

인체유래물 기증자 (서명 또는 인)

법정대리인 (서명 또는 인)

상담자 (서명 또는 인)

구비서류	법정대리인의 경우 법정대리인임을 증명하는 서류

년 월 일

성명 : ______________

※ 자료 : 「생명윤리 및 안전에 관한 법률 시행규칙」 별지 제34호 서식

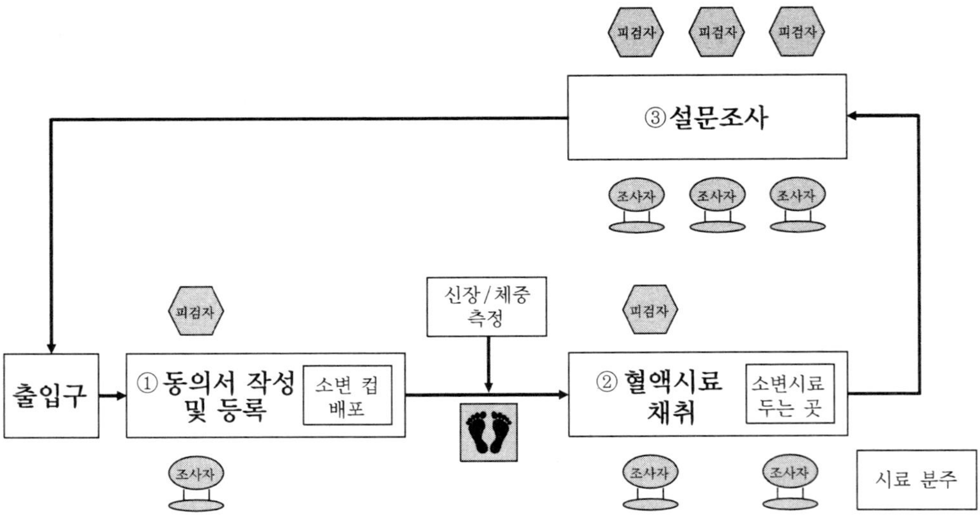

그림 2-24. 생체시료 수집과 설문조사를 위한 조사의 진행 과정의 예
※ 자료 : '인체 노출평가(한국직업능력개발원, 2015a)'를 참고하여 저자 재작성

분석할 대상 화학물질과 생체지표에 따라 적합한 시료를 수집하며, 혈액, 소변, 모발, 모유, 제대혈 등을 검체로 사용한다. 혈액은 지방 친화적인(lipophilic) 물질들을 대상으로 하거나 유해물질의 반감기가 길 때 사용한다[예 : 중금속, 폴리염화바이페닐(PCB) 등]. 소변은 많은 양을 채취하기 쉬우며 반감기가 짧은 유해물질을 대상으로 할 때 주로 사용한다. 가능하다면 소변 시료는 일정 기간(예 : 24시간) 채취하는 것을 원칙으로 하나, 오랜 기간 소변을 채취하기가 쉽지 않으므로 실제로는 1회 채취한 소변 시료(spot urine sample)에 크레아티닌(creatinine) 또는 비중(specific gravity)으로 소변의 희석 정도를 보정한다. 모발은 한 달에 1cm 정도 자라며 금속과 쉽게 결합하는 케라틴 단백질로 80~90%가 구성되어 있어 긴 기간 동안 축적도가 높은 물질(예 : 수은, 납, 카드뮴 등)을 분석할 때 검체로 활용한다. 산모의 모유나 신생아의 제대혈은 산모에서 태아로 이동되는 물질들을 분석할 때 시료로 수집한다.

다음에는 인체 노출평가에서 가장 빈번하게 사용되고 있는 혈액과 소변 시료를 채취할 때 필요한 준비물과 과정에 대해 나타내었다. 혈액 시료를 수집할 때에는 진공 채혈 튜브[예 : 혈장 분리관(plasma separation tube), 혈청 분리관(serum separation tube), EDTA tube], 채혈 바늘[진공 채혈 바늘(vacutainer needle) 또는 일반 바늘], 채혈대(tourniquet), 알코올 솜, 냉동 바이알(cryo vial), 냉동 바이알 보관 박스(cryo box), 바코드 프린터와 라벨, 원심분리기 등을 준비한다(그림 2-25).

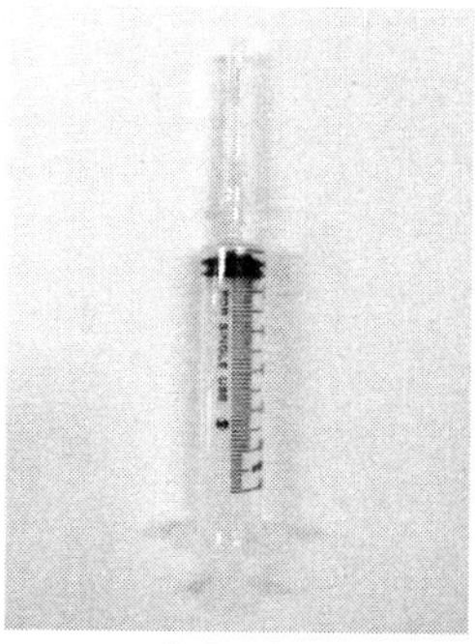
일반 바늘

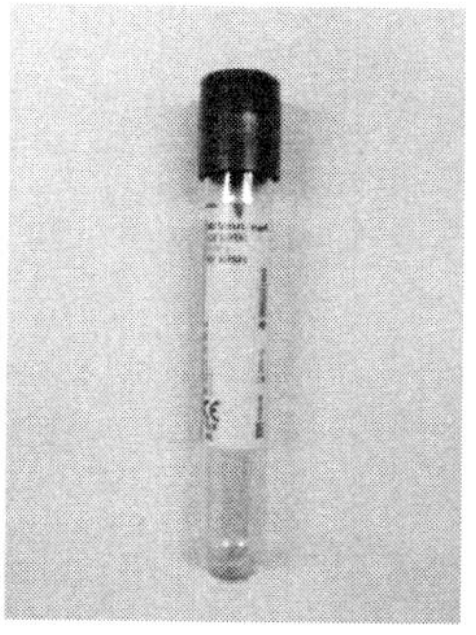
진공 채혈관

채혈대

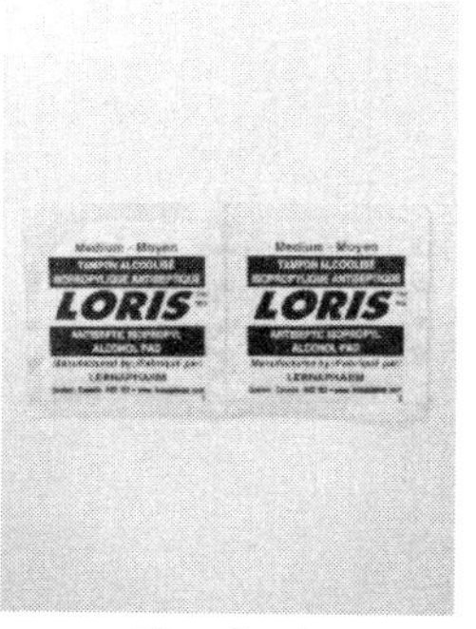

알코올 솜

냉동 바이알

냉동 바이알 보관박스

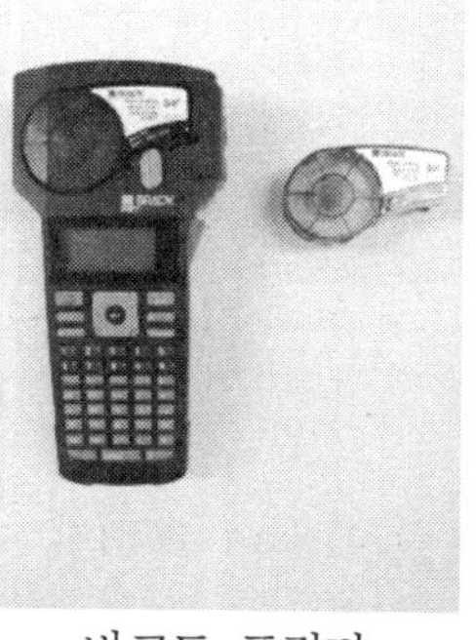
바코드 프린터

원심분리기

그림 2-25. 혈액 시료 수집을 위한 준비물
※ 자료 : '인체 노출평가(한국직업능력개발원, 2015a)'를 참고하여 저자 재작성

소변 시료를 수집할 때에는 소변컵(50 mL 또는 100 mL), conical tube (15 mL 또는 50 mL), 시료 운송용 tube rack, 라벨지와 펜, 위생 장갑, 호일, 크레아티닌 분석 시 eppendorf tube (1.5 mL) 스포이드 등을 준비한다(그림 2-26).

소변컵

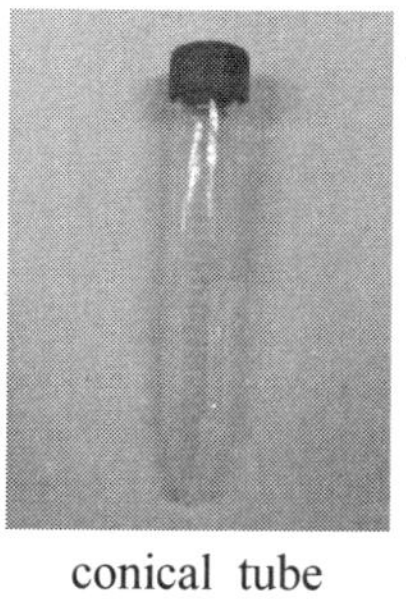
conical tube

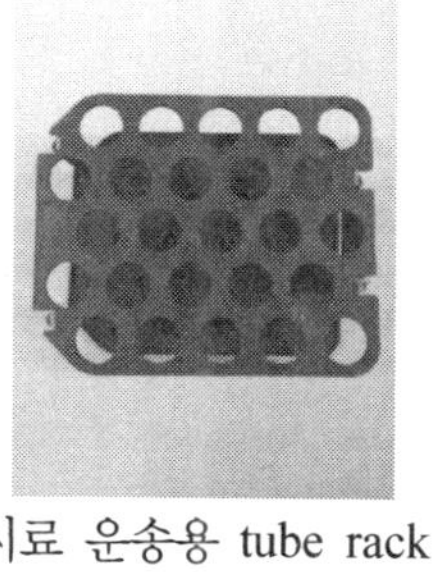
시료 운송용 tube rack

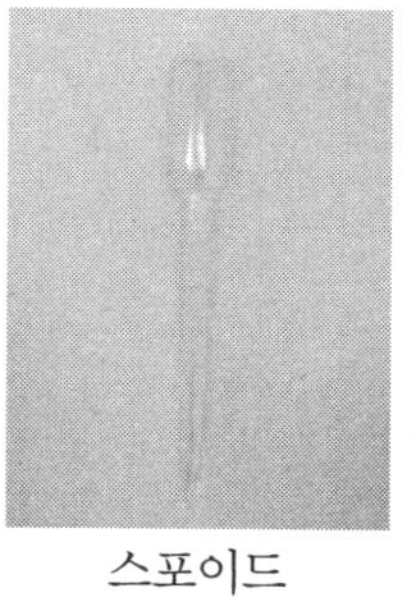
스포이드

그림 2-26. 소변 시료 수집을 위한 준비물
※ 자료 : '인체 노출평가(한국직업능력개발원, 2015a)'를 참고하여 저자 재작성

라벨링 프린터를 이용하거나 네임펜으로 라벨링 용지에 대상자의 시료 일련번호를 적고, 시료 수집 용기에 부착한다. 일련번호는 피검자의 개인정보가 노출되지 않도록 기호화하는 것이 좋다(그림 2-27).

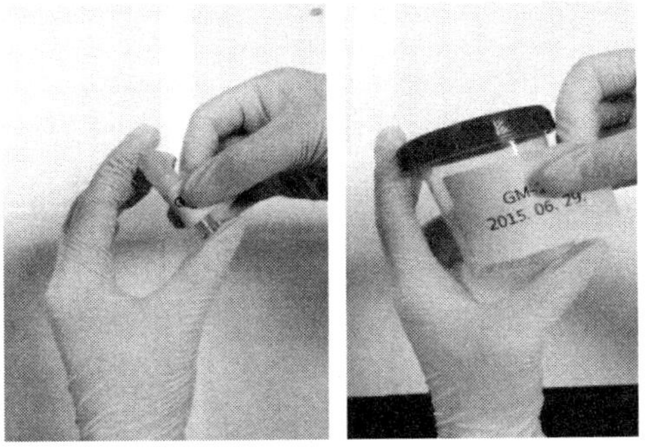

그림 2-27. 라벨링 프린터로 출력 후 시료를 수집할 용기에 라벨링 요지 부착의 예
※ 자료 : '인체 노출평가(한국직업능력개발원, 2015a)'를 참고하여 저자 재작성

시료채취 요원은 시료의 채취량 및 관리방법을 사전에 충분히 숙지하여야 한다. 시료채취 물품과 보관용기는 조사현장에서 추가적으로 필요할 경우를 대비하여 여분을 준비한다. 시료채취 수집일지에 시료의 종류, 채취방법, 시료 수, 시료량, 담당자명, 시료수집일과 장소, 발송 일자, 운송 방법 등을 기록한다. 만약 시료채취요원이 수집일지의 정보를 컴퓨터에 입력하였다면 오류가 없는지 이중 점검을 실시한다(그림 2-28). 실험실로 발송된 시료는 밀봉 상태를 확인하고, 보관 방법(상온/냉장/냉동)을 결정하여 분석 전까지 보관한다(그림 2-29).

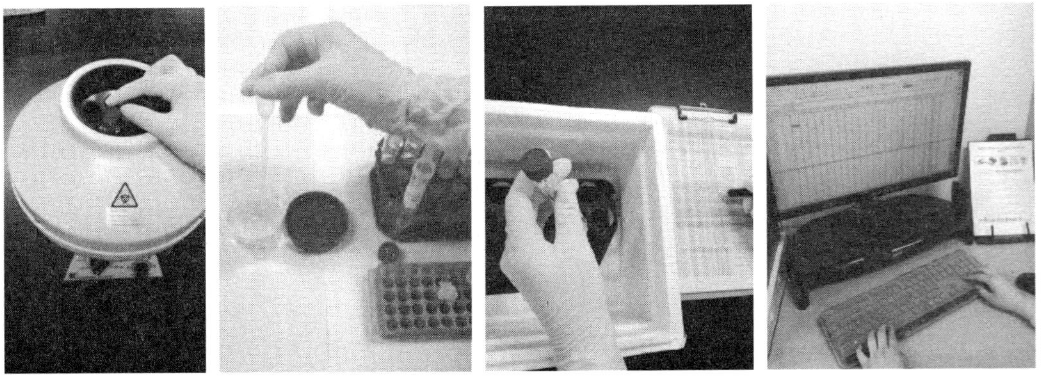

그림 2-28. 시료채취 및 수집일지 점검, 컴퓨터 입력 자료 확인의 예
※ 자료 : '인체 노출평가(한국직업능력개발원, 2015a)'를 참고하여 저자 재작성

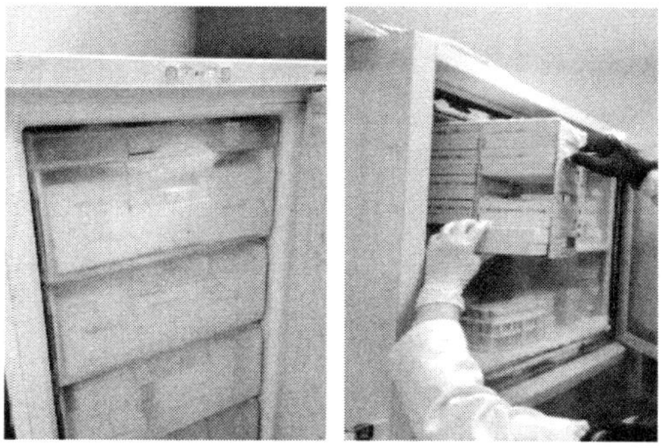

그림 2-29. 냉동고(-20℃ 또는 -80℃)에 인체 시료 보관의 예
※ 자료 : '인체 노출평가(한국직업능력개발원, 2015a)'를 참고하여 저자 재작성

4) 인체 시료의 전처리 및 분석

혈액, 소변 등의 생체시료는 불순물이 혼입되어 있어 그대로 분석하는 것이 곤란하기 때문에, 실험의 목적에 따라 최적의 측정조건을 만드는 과정이 필요하다. 즉, 생체시료 내의 유기물, 간섭물질 등을 제거하거나 분석법에 적합한 형태로 분리, 농축하기 위해 전처리를 진행한다.

인체시료 내의 오염물질을 분석하기 위해 시료를 컬럼으로 분리한 후(예 : 액체 크로마토그래피, 기체 크로마토그래피), 질량분석기로 대상 물질을 검출하는 방법이 많이 이용되고 있다. 시료 내 중금속의 분석에는 유도결합 플라즈마(inductively coupled plasma ; ICP), 원자흡수분광광도계(atomic absorption spectrometry ; AAS)가 이용된다. 분석 연구자들은 분석 감도를 최적화하는 것에 주안점을 두어 분석방법들을 새롭게 개발하고 있기 때문에, 분석에 대한 기본적인 사항들에 대해서만 다루고자 한다.

시료의 농도를 정량하기 위해서는 일반적으로 표준물질을 이용하여 검량선(calibration curve)을 작성하고, 이 검량선을 토대로 시료의 농도를 추정하는 방법이 사용되고 있다. 또한 표준용액을 반복 측정하여 분석의 검출한계(limit of detection, LOD), 정량한계(limit of quantification, LOQ), 직선성(linearity)을 산출하고, 결과와 함께 제시한다(그림 2-30). 검출한계와 정량한계를 산출하는 방법은 다양하게 제시되어 있으나, 다음에 제시된 식 (2-8)과 같이 검량선의 y절편 표준편차(σ)와 기울기(S)에 근거하는 방법을 사용할 수 있다.

$$\mathrm{LOD} = 3.3 \times \sigma / S \qquad (2\text{-}8)$$

$$\mathrm{LOQ} = 10 \times \sigma / S$$

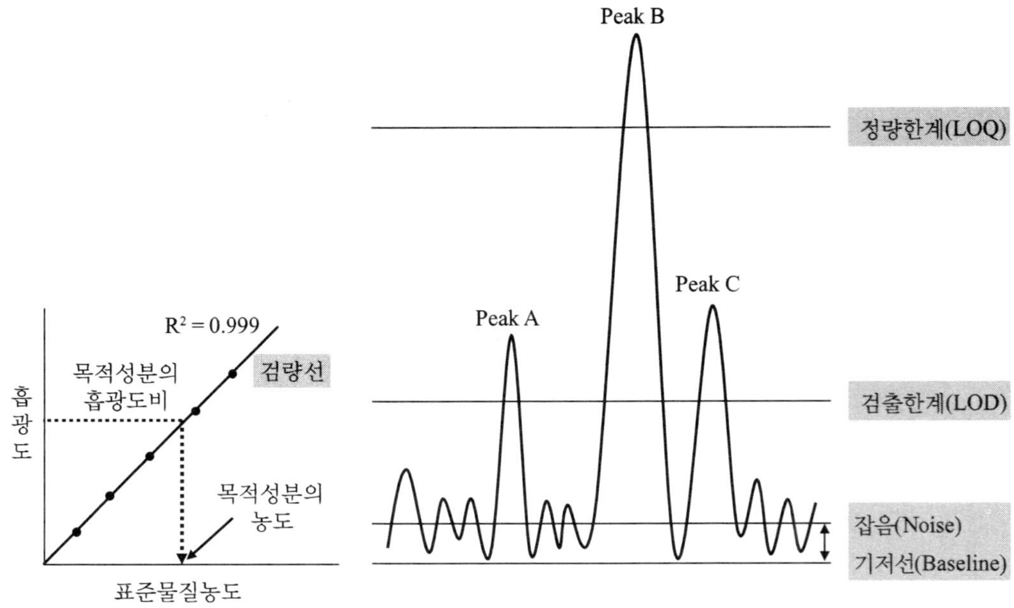

그림 2-30. 기기분석 시 검량선, 검출한계, 정량한계

직선성은 검량선의 표준물질 농도가 증가할수록 기기 반응이 증가하는지 상관성을 나타내는 것으로, 시험방법에서 정하는 모든 농도 범위에 대해 직선성을 확인하여야 한다. 상관계수(correlation coefficient, $R^2 > 0.99$)와 최소자승법에 의한 회귀직선의 계산과 같은 통계학적 방법을 이용해 측정 결과를 평가한다.

분석 시에는 정도관리를 위해 분석자료의 정확도(accuracy)와 정밀도(precision)를 평가하여야 한다. 분석방법의 정확도는 회수율(recovery)과 통합변이계수(coefficient of variation)로 평가하기도 하며, 정밀도는 동일한 농도의 시료를 반복적으로 측정하여 일정한 값이 안정적으로 나타나는지 확인한다.

다음에는 식품의약품안전처에서 제시한 생체시료 분석법 검증(validation)에 제시된 용어에 대한 해설을 나타내었다(표 2-15).

표 2-15. 생체시료 분석 및 검증에서 사용되는 용어와 그 의미

용어	의 미
검량선 (Calibration curve)	• 실험적 반응 수치와 분석물질 농도 간의 상관관계
검량선용 표준시료 (Calibration standard)	• 검량선을 작성하기 위해 이미 알고 있는 농도의 분석물질을 생체시료에 첨가한 시료
검증 (Validation)	• 생체시료 분석법이 미리 설정되어 있는 판정기준에 맞는 결과를 일관되게 도출한다는 것을 확인하는 것 • 전체 검증(full validation) : 새로운 생체시료 분석법을 개발할 때 실시하는 검증 • 부분 검증(partial validation) : 이미 검증된 생체시료 분석법에서 변경이 있는 경우 실시하는 검증 • 교차 검증(cross validation) : 동일 시험 내 또는 여러 시험 간에 사용된 두 개 이상의 분석법의 검증 평가 항목을 비교하기 위해 실시하는 검증
검출한계(Limit of detection ; LOD)	• 생체시료 분석법 과정으로 배경 노이즈(noise)와 확실하게 구분되어지는(signal) 분석물질의 최저 농도
내부표준물질 (Internal standard)	• 목표로 하는 분석물질의 정량시험을 위해 이미 알고 있는 일정 농도로 검량선용 표준시료와 시험시료에 첨가하는 시험물질(예 : 구조적으로 유사한 유도체, 안정하다고 알려진 물질)
분석물질 (Analyte)	• 측정되는 특정 화학물질로서, 생체시료 내 약물 자체이거나 생분자, 유도체, 대사체, 분해산물이 될 수 있음
생체시료 (Biological matrix)	• 생체에서 분리된 물질(예 : 전혈, 혈청, 혈장, 소변, 대변, 타액, 객담 등)
생체시료 효과 (Matrix effect)	• 생체시료 내의 물질이 직접 또는 간접적으로 분석물질 또는 내부표준물질의 반응에 미치는 영향
시료 (Sample)	• 공시료(blank sample) : 분석시료나 내부표준물질을 가하지 않은 생체시료를 전처리한 시료 • 시험시료(study sample) : 임상시험으로부터 얻은 분석대상이 되는 생물학적 시료 • 영시료(zero sample) : 공시료에 내부표준물질만 첨가한 시료 • 전처리 시료(processed sample) : 분석을 위해 다양한 기법(예 : 추출, 희석, 농축)으로 처리된 시료 • 품질관리시료(quality control sample) : 생체시료에 분석물질을 첨가하여 생체시료 분석법의 성능을 검사하는 시료
재현성 (Reproducibility)	• 서로 다른 실험실 간 또는 단기간 동안 동일 조건에 따라 측정하였을 때의 정밀성

정량한계(Limit of quantification ; LOQ)	• 적절한 정밀도와 정확도를 가진 정량값으로 표현할 수 있는 검체 중 분석 대상물질의 최소량 또는 최소농도
정밀도 (Precision)	• 균질한 시료를 여러 번 채취하여 정해진 조건에 따라 측정하였을 때 각각의 측정값들 사이의 근접성(분산 정도)
정확도 (Accuracy)	• 설정된 조건 하에서 측정값이 이미 알고 있는 참값이나 표준값에 근접한 정도
직선성 (Linearity)	• 실험방법이 일정 범위에 있는 검체 중 분석 대상물질의 양에 대하여 직선적인 측정값을 얻어낼 수 있는 능력
최고혈중농도(Peak plasma concentration ; C_{max})	• 생체에 약물을 투여하고 얻은 가장 높은 혈중 농도
캐리오버 (Carry-over)	• 시료의 연속 측정 시 분석기기 내에 잔류된 분석물질 또는 내부표준물질이 다음 시료 주입 시에 나타나는 반응
표준물질 (Reference standard)	• 분석물질을 정량하기 위해 표준으로 사용되는 물질
회수율 (Recovery)	• 시료 전처리 과정을 통해 분석물질이 회수되는 정도

※ 자료 : '생체시료 분석법 밸리데이션 가이드라인(식품의약품안전처, 2013)'을 참고하여 저자 재작성

예상문제

1. 대상자의 호흡기 근처에 측정기를 부착해 유해인자의 농도를 직접 측정하는 인체 노출평가의 방법으로 옳은 것은?

① 생체모니터링(biomonitoring)
② 노출시나리오 기반 평가(scenario evaluation)
③ 개인 모니터링(personal monitoring)
④ 노출 재구성(exposure reconstruction)

해설 ① 생체모니터링은 생체시료를 수집하여 생체지표의 수준을 측정하는 것이다.
② 노출시나리오 기반 평가는 환경 매체의 오염도 자료, 노출 빈도 노출 기간, 체중 등을 입력해 노출량을 추정하는 방법이다.
④ 노출 재구성은 생체모니터링을 통해 확인된 내적 노출량으로부터 외적 노출량을 역산하는 방법이다.

2. 벼농사를 짓는 농경지가 비소에 오염되어 있다. 이 지역주민이 오염된 토양 섭취를 통해 노출되는 비소의 노출량으로 옳은 것은?

토양의 비소 오염도 : 45 mg/kg	토양 섭취량 : 50 mg/day
노출 빈도 : 365 day/year	노출 기간 : 25 years
평균 체중 : 60 kg	

① 6.67×10^{-5} mg/kg・day
② 3.75×10^{-5} mg/kg・day
③ 8.47×10^{-4} mg/kg・day
④ 6.67×10^{-2} mg/kg・day

해설 $$\text{Oral ADD} = \frac{C_{medium} \times IR \times EF \times ED}{BW \times AT}$$

여기서, C_{medium} (concentration) : 토양의 비소 오염도(mg/kg) = 45 mg/kg
IR (intake rate) : 하루 평균 토양 섭취량(kg/day) = 0.00005 kg/day
EF (exposure frequency) : 노출 빈도(days/year) = 365 days/year
ED (exposure duration) : 노출 기간(years) = 25 years
BW (body weight) : 평균 체중(kg) = 60 kg
AT (averaging time) : 평균 노출시간(days) = 365 days × 25 years

$$\text{Oral ADD (토양)} = \frac{45\,\text{mg/kg} \times 0.00005\,\text{kg/d} \times 365\,\text{d/y} \times 25\,\text{y}}{60\,\text{kg} \times (365 \times 25)\,\text{d}}$$
$$= 0.0000375\,\text{mg/kg} \cdot \text{day}$$
$$= 3.75 \times 10^{-5}\,\text{mg/kg} \cdot \text{day}$$

3. 신축 아파트의 실내 공기를 수집하여 포름알데하이드의 농도를 분석한 결과 0.02 mg/m^{3}로 검출되었다. 이 아파트에서 매일 10시간씩 3개월간 지낸 6세 남자 어린이의 포름알데하이드 노출량으로 옳은 것은? 단, 호흡률은 20 m^3/day, 체중은 20 kg으로 가정한다.

① 0.02 ② 0.01
③ 0.0033 ④ 0.0083

해설 $\text{Inhalation ADD} = \frac{C_{medium} \times IR \times EF \times ED}{BW \times AT}$

여기서, C_{medium} : 실내공기 내 포름알데하이드 오염도(mg/m^3) = 0.02 mg/m^3
RR : 폐에 남아 있는 정도 = 1로 가정
IR : 호흡률(m^3/d) = 20 m^3/day
EF : 노출 빈도(days/year) = 10 h/d × 1 d/24 h × 365 d/y
ED : 노출 기간(years) = 3개월 = 0.25 year
BW : 평균 체중(kg) = 20 kg
AT : 평균 노출시간(days) = (365 × 0.25) years

Inhalation ADD (토양)
$$= \frac{0.02\,\text{mg/m}^3 \times 1 \times 20\text{m}^3\text{/d} \times (10\text{h/d} \times 1\text{d/24h} \times 365\,\text{d/y}) \times 0.25\text{y}}{20\,\text{kg} \times (365 \times 0.25)\,\text{d}}$$
$$= 0.0083\,\text{mg/kg} \cdot \text{day}$$

4. 일반 노출계수에 해당하지 않는 것은?

① 음용수 섭취량 ② 직업 유동성
③ 호흡률 ④ 기대수명

해설 ② 직업 유동성은 활동 노출계수에 해당한다.

5. 생체모니터링(biomonitoring)의 장 · 단점에 대한 설명으로 옳지 않은 것은?

① 단점 : 모든 노출원, 이동 경로, 노출경로를 반영한 종합 노출(aggregate)을 측정할 수 없다.
② 단점 : 비용이 많이 들며, 생체시료를 수집하는 데 권한이 필요하다.
③ 장점 : 내적 노출량(internal dose)과 건강 영향을 연결할 수 있다.
④ 장점 : 수용체에 오염물질이 축적된 정도를 살펴볼 수 있다.

해설 ① 생체모니터링은 특정 노출원 또는 특정 노출경로에 대한 노출량을 평가하기가 어렵다.

6. 용도에 따라 생처지표(biomarker)를 분류했을 때 노출 생체지표에 해당하지 않는 것은?

① 혈액 중 납 농도
② 모발 중 수은 농도
③ DNA-adduct
④ 소변 중 hippuric acid 농도

해설 ③ DNA-adduct은 유전독성을 살펴볼 수 있는 생물학적 영향 생체지표에 해당한다.

7. 미국에서 성인과 어린이의 건강 및 영양상태를 평가하기 위해 수행하는 국가 주도형 생체모니터링 사업명으로 옳은 것은?

① GerES
② ESB
③ CHMS
④ NHANES

8. 신체를 하나의 구획으로 가정하여 간단하게 물질의 농도를 추정할 수 있으며, 주로 반감기가 길어 신체 조직에 생축적이 되는 오염물질에 적용하는 모형으로 옳은 것은?

① 단일구획 1차 약물동태 모형(one-compartment, first order pharmacokinetic model)
② 크레아티닌 보정 모형(creatinine correction model)
③ 생리학 기반 약물동태 모형(physiologically based pharmacokinetic model)
④ 약물동력 모형(pharmacodynamic model)

9. 우리나라 40세 남성의 소변 시료에서 MEHP의 농도가 25 ng/mL, 크레아티닌 농도가 100 mg/dL로 측정되었을 때 이 남성의 DEHP에 대한 내적 노출량으로 옳은 것은? 단, 1일 크레아티닌 배출량은 (23.4 − 0.09 × 연령)으로 환산하며, DEHP를 추정하기 위한 MEHP의 몰분율은 0.059, MEHP의 분자량은 278.34 g/mol, DEHP의 분자량은 390.56 g/mol로 가정한다.

① 4.469 μg/kg · day
② 5.979 μg/kg · day
③ 8.799 μg/kg · day
④ 11.772 μg/kg · day

해설

$$DI = \frac{UE \times CE}{F_{UE}} \times \frac{MW_P}{MW_M}$$

여기서, UE : 크레아티닌으로 보정한 소변 중 대사체의 농도(μg/g creatinine)

$$= \frac{25\,ng/mL}{1\,mg/mL} = 25\,ng/mg \text{ creatinine}$$

CE : 1일 크레아티닌 배출량 = (23.4 − 0.09 × 40) mg/kg · day

F_{UE} : 대사체가 소변으로 배출되는 몰분율 = 0.059

MW_P : 프탈레이트 모분자의 분자량(g/mol) = 390.56 g/mol

MW_M : 프탈레이트 대사체의 분자량(g/mol) = 278.34 g/mol

$$DI = \frac{UE \times CE}{F_{UE}} \times \frac{MW_P}{MW_M}$$

$$= \frac{25\,ng/mL \times 19.8\,mg/kg \cdot day}{0.059} \times \frac{390.56\,g/mol}{278.34\,g/mol}$$

$$= 11{,}772\,ng/kg \cdot day\,(= 11.772\,\mu g/kg \cdot day)$$

10. 인체 시료를 수집하는 과정에 대한 설명 중 옳지 않은 것은?

① 대상 화학물질의 반감기를 고려하여 수집할 생체시료를 선정한다.
② 사전에 연구계획에 대한 의학연구윤리심의위원회(IRB)의 승인을 받아야 한다.
③ 연구대상 집단을 대표하는 표본을 선정하기 위해 무작위로 층화(stratified) 추출하기도 한다.
④ 정확한 노출량을 추정하기 위해 예산과 관계없이 표본수(sample number)와 검정력(power)을 최대한 늘려야 한다.

해설 ④ 표본수(sample number)는 노출집단과 비노출집단 간에 통계적인 유의성을 보이기 위한 최소한의 대상자 수를 의미한다. 더 정확한 노출량을 추정하기 위해서는 표본수를 늘이는 것이 좋지만, 예상 비용과 절충하는 것이 필요하다.

정답 1. ③ 2. ② 3. ④ 4. ② 5. ① 6. ③ 7. ④ 8. ① 9. ④ 10. ④

Exposure assessment

제품 노출평가 | 3 장

제품 노출평가(consumer product exposure assessment)는 소비자가 제품을 사용할 때 발생하는 여러 화학물질의 노출량을 정량적으로 추정하는 것이다. 제품 노출평가를 수행하기 위해서는 노출평가의 대상인 소비자와 제품에 대한 이해가 필요하다. 소비자란 사업자가 제공하는 물품 또는 용역·시설물을 소비생활을 위해 사용하는 자를 의미한다. 「화학물질의 등록 및 평가 등에 관한 법률(약칭 : 화학물질등록평가법)」에 따르면 제품이란 「소비자기본법」 제2조 제1호에 따른 소비자가 사용하는 물품 또는 그 부분품이나 부속품으로서 소비자에게 화학물질의 노출을 유발할 가능성이 있는 물품을 통칭하며, 혼합물로 이루어진 제품과 화학물질이 사용과정에서 유출되지 않고 특정한 고체 형태로 일정한 기능을 발휘하는 제품을 포함한다.

소비자 제품은 여러 종류의 화학물질을 함유하고 있으며, 이를 사용하는 소비자는 다양한 경로를 통해 유해화학물질에 노출될 가능성이 있다. 제품 노출평가는 이러한 제품을 사용하는 소비자의 위해성을 확인하거나, 새로운 제품을 출시하기에 앞서 법적 · 제도적인 규제를 준수하는지를 판단하기 위해 실시한다.

제품 노출평가에서는 주로 노출 시나리오를 구축한 후 노출 알고리즘에 제품 내 화학물질의 오염도 자료, 노출 빈도, 노출 기간, 평균체중 등의 자료를 입력하여 노출량을 추정하게 된다(그림 3-1). 따라서 제품 노출평가를 잘 수행하기 위해서는 평가대상인 제품과 노출평가의 범주에 대한 이해가 우선시되어야 한다. 일상생활에서 소비자가 접할 수 있는 모든 소비자용 제품이 제품 노출평가의 대상이 되며, 물리적인 위험성(예 : 고온, 물리적 충격 등으로 인한 사고)은 노출량을 추정하는 제품 노출평가의 범주에 포함되지 않는다. 평가대상 제품이 선정되었다면 우선 '초기평가'를 통해 최악의 노출 상황을 가정하여 보수적인 노출량을 추정하고 그 결과가 위해성 기준을 초과하였다면 실제 노출 상황을 가정하여 '상세평가'를 진행해야 한다.

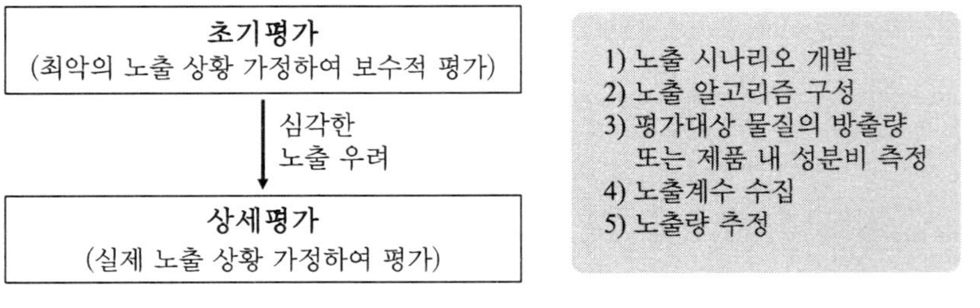

그림 3-1. 제품 노출평가의 진행 단계

1. 대상 제품군 분류 및 선정

1) 관련 법령에 따른 제품의 종류

소비자 제품은 기능(function)이나 용도(use)를 바탕으로 분류되지만, 화학물질 성분과 제품군을 관리하는 정부의 관리 부처가 다르므로(그림 3-2) 각각의 법령에 대한 이해가 필요하다(표 3-1). 즉, 제품 내에 포함된 화학물질은 「화학물질의 등록 및 평가 등에 관한 법률(약칭 : 화학물질등록평가법 또는 화평법)」, 살생물물질은 「생활화학제품 및 살생물제의 안전관리에 관한 법률(약칭 : 화학제품안전법)」에 따라 환경부에서 관리하고 있다. 식품의약품안전처(약칭 : 식약처)에서는 「약사법」과 「화장품법」에 따라 의약외품과 화장품의 원료물질 및 제품을 일원화하여 관리하고 있다. 그 외 소비자 제품은 산업통상자원부(약칭 : 산업부), 환경부, 식약처에서 나누어 관리하고 있다. 산업부에서는 「전기용품 및 생활용품 안전관리법(약칭 : 전기생활용품안전법)」에 따른 생활용품, 환경부에서는 「생활화학제품 및 살생물제의 안전관리에 관한 법률(약칭 : 화학제품안전법)」에 따른 생활화학제품, 살생물제품 및 살생물처리제품, 「환경보건법」에 따른 어린이용품, 식약처에서는 「위생용품 관리법」에 따른 위생용품을 관리하고 있다. 본 교재에서는 「화학제품안전법」과 「환경보건법」에 따라 위해성평가가 요구되는 안전확인대상 생활화학제품 및 어린이용품에 한정하여 노출평가 방법을 설명하고자 한다.

		물질은 화평법, 화학제품안전법(환경부), 제품은 개별법에서 관리		제품 및 함유성분 통합관리(식약처)		
물질	관리방식	▶화평법 - 유해성정보 등록→심사→허가·제한·금지물질 지정 ▶화학제품안전법 - 살생물물질 승인		▶약사법 - 원료의 규격 고시	▶화장품법 - 원료의 위해성평가 → 사용금지·제한 물질 고시	▶위생용품 관리법
제품		산업부	환경부			
제품	관리방식	▶전기생활용품안전법 - 안전·표시기준	▶화학제품안전법 ▶환경보건법 - 위해성평가 - 안전·표시기준	- 제조업 신고 - 표준제조기준 - 품목별 허가·신고	- 제조업 등록 - 안전기준 - 전성분 표시제	- 규격·기준
제품	관리대상	• 생활용품	•안전확인대상생활화학제품 •살생물제품 •살생물처리제품 •어린이용품	• 의약외품	• 화장품	• 위생용품

그림 3-2. 관리 부처에 따른 소비자 제품 및 화학물질 관리

표 3-1. 관련 법령에 따른 제품의 종류와 정의

<table>
<tr><th>법령 약칭</th><th>제품명</th><th>정 의</th></tr>
<tr><td rowspan="3">화학제품안전법
(시행 2019.1.1.)</td><td>안전확인대상
생활화학제품</td><td>가정, 사무실, 다중이용시설 등 일상적인 생활공간에서 사용되는 화학제품으로서 사람이나 환경에 화학물질의 노출을 유발할 가능성이 있는 제품</td></tr>
<tr><td>살생물제품</td><td>유해생물의 제거 등을 주된 목적으로 하는 제품
• 한 가지 이상의 살생물물질로 구성되거나 살생물물질과 살생물물질이 아닌 화학물질 · 천연물질 또는 미생물이 혼합된 제품
• 화학물질 또는 화학물질 · 천연물질 또는 미생물의 혼합물로부터 살생물물질을 생성하는 제품</td></tr>
<tr><td>살생물처리제품</td><td>제품의 주된 목적 외에 유해생물 제거 등의 부수적인 목적을 위해 살생물제품을 사용한 제품</td></tr>
<tr><td>환경보건법
(시행 2019.6.13.)</td><td>어린이용품</td><td>13세 미만인 어린이가 주로 사용하거나 접촉하는 완구류, 생활용품류, 문구/도서류, 놀이기구류</td></tr>
<tr><td>위생용품 관리법
(시행 2018.4.19.)</td><td>위생용품</td><td>보건위생을 확보하기 위하여 특별한 위생관리가 필요한 용품
• 세척제
• 헹굼보조제
• 위생물수건
• 일회용 컵, 숟가락, 젓가락, 포크, 나이프, 빨대
• 화장지, 일회용 행주, 타월, 종이냅킨
• 일회용 이쑤시개, 면봉, 기저귀</td></tr>
<tr><td>전기생활용품안전법
(시행 2018.7.1.)</td><td>생활용품</td><td>공업적으로 생산된 물품으로서 별도의 가공(단순한 조립은 제외) 없이 소비자의 생활에 사용할 수 있는 제품이나 그 부분품 또는 부속품(전기용품은 제외)</td></tr>
<tr><td>약사법
(시행 2019.7.16.)</td><td>의약외품</td><td>• 사람이나 동물의 질병을 치료 · 경감 · 처치 또는 예방할 목적으로 사용되는 섬유 · 고무제품 또는 이와 유사한 것
• 인체에 대한 작용이 약하거나 인체에 직접 작용하지 아니하며, 기구 또는 기계가 아닌 것과 이와 유사한 것
• 감염병 예방을 위하여 살균 · 살충 및 이와 유사한 용도로 사용되는 제제</td></tr>
<tr><td>화장품법
(시행 2019.6.12.)</td><td>화장품</td><td>인체를 청결 · 미화하여 매력을 더하고 용모를 밝게 변화시키거나 피부 · 모발의 건강을 유지 또는 증진하기 위하여 인체에 바르고 문지르거나 뿌리는 등 이와 유사한 방법으로 사용되는 물품</td></tr>
</table>

2015년부터 시행된 「화학물질등록평가법」에서는 생활화학제품과 살생물제품을 '위해우려제품(세제류, 코팅·접착제류, 방향제·탈취제 포함)'으로 통합 관리하였으나, 2019년부터 이 제품들을 「화학제품안전법」에 따라 환경부(화학제품관리과)에서 관리하고 있다(표 3-2). 생활화학제품은 위해성평가 결과 위해성이 우려될 경우 '안전확인대상 생활화학제품'으로 지정되어 관리되며, 살생물제품은 사전승인제를 통해 관리된다.

표 3-2. 「화학제품안전법」에 따른 안전확인대상 및 생활화학제품, 살생물제품 분류

대분류	소분류	품목군
안전확인대상 생활화학제품	세정제품	세정제, 제거제
	세탁제품	세탁세제, 표백제, 섬유유연제
	코팅제품	광택 코팅제, 특수목적코팅제, 녹 방지제, 다림질보조제
	접착·접합제품	접착제, 접합제
	방향·탈취제품	방향제, 탈취제
	염색·도색제품	물체 염색제, 물체 도색제
	자동차 전용 제품	자동차용 워셔액, 자동차용 부동액
	인쇄 및 문서관련 제품	인쇄용 잉크·토너
	미용제품	미용 접착제, 문신용 염료
	살균제품	살균제, 살조제, 가습기용 항균·소독제제, 감염병 예방용 살균·소독제제, 기타 방역용 소독제제
	구제제품	기피제, 보건용 구제·방지·유인살충제, 보건용 기피제, 감염병 예방용 살충제, 감염병 예방용 살서제
	보존·보존처리제품	목재용 보존제, 필터형 보존처리제품
	기타	초, 습기제거제, 인공 눈 스프레이
살생물제품	살균제류(소독제류)	살균제, 살조제
	구제제류	살서제, 기타 척추동물 제거제, 살충제, 기타 무척추동물 제거제, 기피제
	보존제류(방부제류)	제품보존용 보존제, 제품표면처리용 보존제, 섬유·가죽류용 보존제, 목재용 보존제, 건축자재용 보존제, 재료·장비용 보존제, 사체·박제용 보존제
	기타	선박·수중 시설용 오염방지제

※ 자료 : '환경부 고시 제2019-45호(안전확인대상생활화학제품 지정 및 안전·표시기준)의 별표 1'을 참고하여 저자 재작성

표 3-3. 「환경보건법」 환경유해인자의 위해성평가를 위한 어린이용품 분류

대분류	소분류	제품군
완구류	유아용장난감	오뚝이, 딸랑이, 삑삑이, 치아발육기, 모빌류, 촉각놀이완구
	놀이용장난감	플라스틱인형, 봉제인형, 플라스틱장난감, 블록류, 목재완구, 점토완구, 가루놀이용품, 풍선류
	교육용완구	교구놀이, 퍼즐류, 실험·학습완구
	게임기구	카드게임, 보드, 전자게임, 기타 게임도구
	승용완구	자동차, 유아자전거, 소서, 기타 승용완구
	미디어완구	악기류, 영상완구, 음향완구
	롤플레이완구	변장용품, 무대놀이, 소도구
	물놀이용품	튜브, 물놀이용공, 물안경, 목욕완구, 기타 물놀이도구
	악세서리	팔찌, 반지, 목걸이, 귀걸이, 핀, 머리장식품, 발목장식품, 소매장식품, 기타 어린이용 장신구류
생활용품	수유용품	젖병, 젖꼭지, 유축기, 젖병소독기, 분유케이스, 비닐팩
	위생용품	기저귀, 물티슈, 칫솔, 치아티슈(유아용), 면봉, 타올류, 손수건
	식품용기	식판, 그릇, 보관용기, 도시락, 스푼세트, 물통, 컵
	화장품	로션·크림, 파우더류, 오일류, 메이컵류, 립케어, 향수
	세정제	샴푸, 바스, 비누류
	안전용품	카시트, 어린이보호장치류
	승용제품	유모차, 보행기, 기타 캐리어
	의류/가방류	속옷, 가운류, 외출복, 신발, 가방류
	가구	침대, 책상, 의자, 옷장, 서랍장, 기타 어린이용 가구
	스포츠/여가용품	공, 글러브, 자전거, 롤러스케이트류, 스케이트보드, 씽씽카, 야외용매트, 기타 어린이 운동용품
문구/도서류	문구용품	공책류, 볼펜, 샤프·연필, 싸인펜, 지우개, 수정액, 풀, 접착제, 가위, 필통, 기타 문구용품
	회화용품	물감, 크레파스, 색연필류, 파스텔, 팔레트
	공예용품	종이접기·공예, 점토공예, 자수공예, 비즈공예, 조각용품, 모형제작도구, 색종이류, 기타 공예용품
	도서류	그림책, 스티커북, 색칠책, 스케치북, 학습지류
놀이기구	실내놀이기구	미끄럼틀, 그림벽타기, 에어바운스, 놀이용집
	물놀이기구	실내 물놀이욕조
	놀이방매트	실내 놀이용 바닥매트

※ 자료 : '환경부 예규 제585호(환경유해인자의 위해성평가를 위한 절차와 방법 등에 관한 지침)의 별표 13'을 참고하여 저자 재작성

2009년부터 시행된 「환경보건법」에서는 만 13세 이하 어린이들이 유해물질에 노출될 수 있는 활동공간(제23조)과 어린이용품(제24조)에 대한 노출과 위해성을 평가하고, 이를 토대로 활동공간과 제품의 관리방안을 마련하고 있다(표 3-3).

2) 국내·외 소비자제품 정보제공시스템

소비자에게 제품에 대한 안전정보를 전달하기 위해 국내·외적으로 '소비자제품 정보제공시스템'이 개발되고 있으며, 제품 및 성분의 MSDS 정보, 인체 영향 정보, 응급조치 사항, 취급 시 주의사항, 리콜 제품에 대한 정보 등을 제공하고 있다. 최근 몇몇 기업에서는 자발적으로 자사 제품에 대한 (M)SDS 정보를 홈페이지에 제공하는 움직임이 확산되고 있다. 아래에는 국·내외적으로 개발된 몇몇 소비자제품 정보제공 시스템을 소개하였으며, 대상 제품 내 화학물질 성분을 살펴볼 때 활용할 수 있다.

미국 환경보호청에서는 용도(use), 기능(function) 등에 따라 16,000개 소비자 제품을 분류하고 이 제품들과 약 49,000개 화학물질 성분을 연결하여 정보를 제공하는 '화학물질 및 제품 데이터베이스(Chemical and Products Database ; CPDat)'를 운영하고 있다(그림 3-3). 이 시스템은 CompTox Dashboard에 연계되어 운영되고 있으며, 검색창에 제품 유형(예 : 삼푸), 화학물질명, 또는 CAS 번호를 입력하면 특정 제품군에 함유될 수 있는 성분과 화학물질의 독성정보를 연계하여 살펴볼 수 있다.

미국 소비자 제품정보시스템(Consumer Product Information Database ; CPID)은 환경컨설팅 기관인 DELIMA Asociates에서 소비자에게 제품에 관한 정보를 제공하기 위해 만든 시스템이다(그림 3-3). 현재 약 21,000개의 소비자제품에 대해 브랜드 정보(제품명, 제형, 소비자서비스센터 연락처), 제조사 정보(제조사명, 제조사 주소, 제조사 연락처), 화학물질 성분 정보(화학물질명, CAS 번호, 함유량), 인체 영향 정보(취급 시 주의사항, 급만성 영향정보, 발암성, 폐기 시 주의사항, 응급조치요령 등), 일부 제품의 경우 물질안전보건자료(MSDS)를 제공하고 있다. 이 시스템은 미국 보건복지부(NIH)에서 개발한 '미국 가정용품 데이터베이스(Household Products Database)'를 기반으로 소비자 제품을 10개의 범주(예 : 개인위생용품(personal care), 가정내부용품(inside the home), 농약(pesticides), 취미/공예제품(hobby/craft), 가정관리 제품(home maintenance), 가정용 오피스제품(home office), 조경제품(landscaping/yard), 자동차 관련 제품(auto products), 애완동물 관리 제품(pet care), commercial/institutional)로 분류하였다.

그림 3-3. 미국의 Chemical and Product Database (CPDat) 및 Consumer Product Information Database (CPID)

※ 자료 : https://comptox.epa.gov/dashboard, https://www.whatsinproducts.com

캐나다 Environmental Health Association of Nova Scotia (EHANS)는 캐나다 Nova Scotia주의 비영리 환경협회인 EHANS에서 운영하는 시스템이다. 품목별로 개인용품(personal care), 가정용품(household cleaner), 육아용품(baby care), 가정용 해충 방제 용품(household pest control)의 제품 유해성 정보, 제품의 올바른 사용방법, 저독성 제품을 찾는 방법 등을 제공하고 있다(그림 3-4).

유렵연합(EU)의 Rapid Alert System for dangerous non-food products) RAPEX는 EU 위원회에서 자발적 리콜조치를 한 제품에 대해 해당 제품의 생산자 또는 판매자로부터 유해성 정보를 수집하여 일반인에게 정보를 제공하는 시스템이다(그림 3-4). 이 시스템에서는 제품 정보(제품명, 브랜드, 용도 등), 위해성 정보, 회수 조치사항 등의 정보를 제공한다.

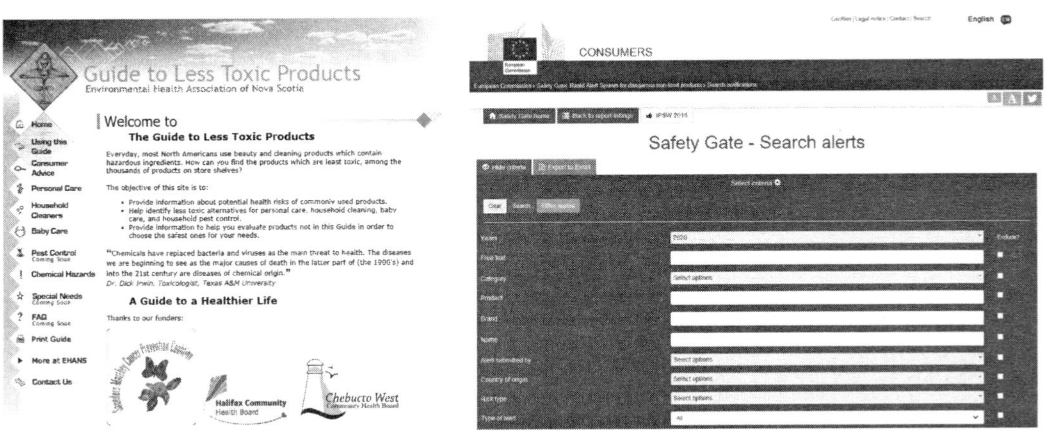

그림 3-4. 캐나다의 Environmental Health Association of Nova Scotia (EHANS) 및 EU의 Rapid Alert System for dangerous non-food products (RAPEX)

※ 자료 : http://www.lesstoxicguide.ca, https://data.europa.eu/euodp/en/data/dataset/rapex-rapid-alert-system-non-food

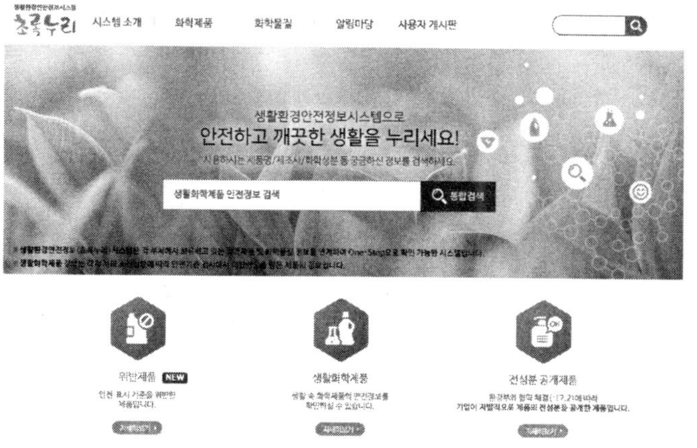

그림 3-5. 생활환경안전정보시스템 초록누리
※ 자료 : http://ecolife.me.go.kr/ecolife

우리나라 생활환경안전정보시스템 초록누리 홈페이지에는 다양한 생활화학제품에 함유된 화학물질의 유해성 정보가 제시되어 있다(그림 3-5). 환경부에서 각 부처별로 분산되어 있는 화학제품[생활화학제품(환경부), 공산품(산업통상자원부), 농약(농촌진흥청)]의 화학물질 정보를 연계하여 한 곳에서 정보를 볼 수 있는 시스템을 만든 것이다. 환경부와 전성분 공개를 위해 자발적인 협약을 체결('17.2)한 18개 제조・유통기업의 경우 전성분 자료의 확인・검증이 끝난 제품에 대해 정보를 제공하고 있다. 안전・표시기준을 위반하여 회수명령이 내려진 회수대상 제품의 정보도 확인할 수 있다.

2. 노출 시나리오 설정

노출 시나리오는 소비자가 대상 제품을 어떠한 형태로 사용하여 화학물질에 노출되는지 가능한 상황을 시나리오로 구성하는 것이다. 대부분 노출 및 위해성평가의 목적에 따라 단계적으로 노출 시나리오가 개발된다.

유럽에서는 단계별(Tier) 접근법을 따르며(그림 3-6), Tier 0는 노출평가 및 위해성평가가 필요한 대상을 확인, Tier 1은 보수적이고 단순한 노출 시나리오로 노출평가, Tier 2는 구체적인 노출 시나리오에 실제 노출상황에 가까운 노출계수를 입력하여 정밀한 노출량을 산정하는 단계이다.

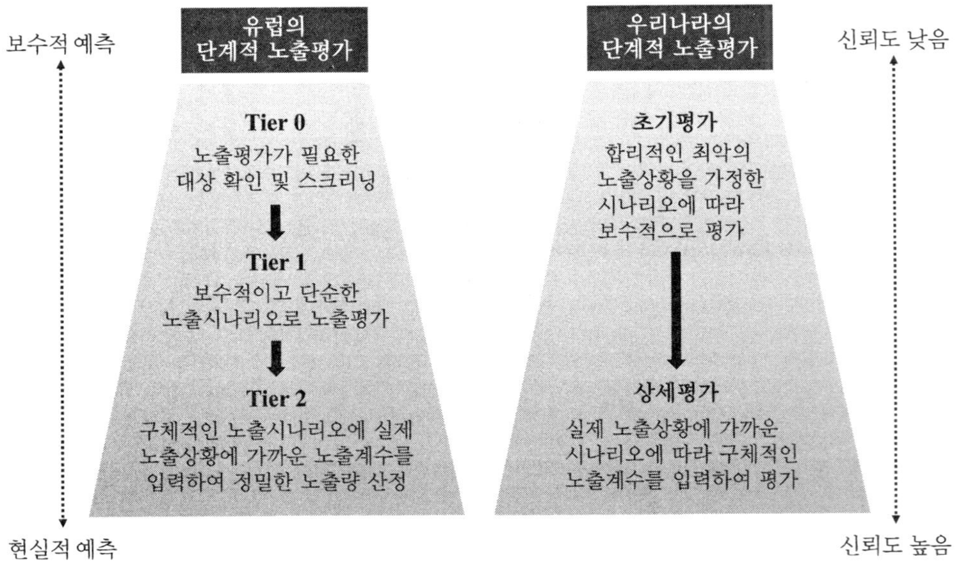

그림 3-6. 단계적 노출평가

우리나라에서는 '국립환경과학원 고시 제2018-70호(생활화학제품 위해성평가의 대상 및 방법 등에 관한 규정)'에 따라 초기평가 및 상세평가를 구분하여 단계적인 절차에 수행하도록 규정하였다(그림 3-6). 초기평가는 합리적인 최악의 노출상황을 가정한 시나리오에 따라 보수적으로 평가하는 것이다(표 3-4). 즉, 제품 내 함유물질의 농도를 함량 값으로 적용하고, 관련 노출계수는 조사된 문헌 값 중 최댓값을 적용한다. 제품에 함유된 물질이 모두 대상자에게 노출될 수 있다는 최악의 상황을 가정한다. 초기평가의 위해도에 기반하여 상세평가가 필요한 제품 내 물질 목록을 도출할 수 있으며, 이 물질들은 실제 노출 상황에 가까운 시나리오에 따라 구체적인 노출계수, 전이량 등을 입력하여 상세평가를 진행한다(표 3-4).

국가별로 단계적인 노출평가 방식은 조금씩 다르지만, 낮은 단계의 노출평가는 대부분 보수적이고 단순한 노출 시나리오를 사용하며, 단계가 높아질수록 구체적인 노출 시나리오에 측정 결과나 실제 노출상황에 가까운 노출계수를 입력하게 된다. 따라서 평가단계가 높아질수록 현실에 가까운 노출량을 산출할 수 있으며, 평가 결과의 신뢰도가 높아진다. 낮은 단계의 노출평가에서 대상 화학물질의 노출 가능성 및 위해성이 높지 않으면 높은 단계의 노출 및 위해성평가는 생략할 수 있다.

표 3-4. 초기 및 상세평가의 개요

항목	초기평가	상세평가
목적	물질 스크리닝	위해제품 선별
주요인자	물질의 함량	물질의 경구, 경피 전이량
방법	합리적인 최악의 노출 상황(제품 중 함량이 사용기간 내 인체로 모두 노출)을 가정하여 보수적으로 평가	실제 노출 상황에 가까운 시나리오에 따라 구체적인 노출계수를 사용하여 평가
구분	예측	실측
결과 활용	상세평가 제품 선정	안전기준(안) 설정, 시중 제품 모니터링 후 관리방안 마련

3. 노출 시나리오에 따른 노출경로별 노출 알고리즘

노출 시나리오가 설정되면 노출경로별 노출 알고리즘을 선정해야 한다. 「화학제품안전법」에 따른 생활화학제품은 '국립환경과학원 고시 제2018-70호(생활화학제품 위해성평가의 대상 및 방법 등에 관한 규정)'에 제시된 노출 알고리즘을 활용할 수 있으며(표 3-5~표 3-7), 흡입 및 경피 노출에 대해서는 초기평가 및 상세평가 노출 알고리즘이 제시되고 있다.

표 3-5. 「화학제품안전법」에 따른 생활화학제품의 경구 노출 알고리즘

경로	시나리오	노출 알고리즘
섭취	제품의 섭취 (예 : 제품의 비의도적 섭취)	노출량 $D_{oral} = A \times W_f \times abs \times n / BW$
	노출계수	D_{oral} : 경구노출량(mg/kg · day)　A : 제품 섭취량(mg) W_f : 제품 중 성분비(−)　abs : 체내 흡수율(−) n : 사용 빈도(회/day)　BW : 체중(kg)

※ 자료 : '국립환경과학원 고시 제2018-70호(생활화학제품 위해성평가의 대상 및 방법 등에 관한 규정)의 별표 5'를 참고하여 저자 재작성

표 3-6. 「화학제품안전법」에 따른 생활화학제품의 흡입 노출 알고리즘

경로	시나리오	노출 알고리즘	
흡입	지속적 방출 (예 : 거치식 방향제)	초기평가	$C_a = \frac{A_d \times W_f}{V}$
		상세평가	$C_a = \frac{A_p \times W_f / tr}{V \times N} \times [1 - \exp(-N \times t)],\ (tr > t)$
	공기 중 분사 (예 : 스프레이 탈취제)	초기평가	$C_a = \frac{A_p \times W_f}{V}$
		상세평가	$C_a = \frac{A_p \times W_f \times F_{air}}{V \times N} \times \frac{[1 - \exp(-N \times t)]}{t}$
	표면 휘발 (예 : 욕실 세정제)	초기평가	$C_a = \frac{A_p \times W_f \times F}{V}$
		상세평가	$C_a = \frac{A_p \times W_f \times F}{V \times N} \times \frac{[1 - \exp(-N \times t)]}{t}$
	노출농도 $C_{air}\ (\mathrm{mg/m^3}) = \frac{C_a \times t \times n}{24}$ 노출량 $D_{air}\ (\mathrm{mg/kg \cdot day}) = \frac{C_a \times IR \times t \times n}{BW}$		
	노출계수	C_a : 공기 중 농도(mg/m^3) W_f : 제품 중 성분비(−) N : 환기율(회/h) IR : 호흡률(m^3/h) t : 노출시간(h/회) tr : 제품 방출시간(h)	A_p : 제품 사용량(mg) V : 공간 체적(m^3) F_{air} : 부유비율(−) n : 사용빈도(회/day) BW : 체중(kg) F : 공기 중 방출비율(−)

※ 자료 : '국립환경과학원 고시 제2018-70호(생활화학제품 위해성평가의 대상 및 방법 등에 관한 규정)의 별표 5'를 참고하여 저자 재작성

표 3-7. 「화학제품안전법」에 따른 생활화학제품의 경피 노출 알고리즘

경로	시나리오	노출 알고리즘	
경피	총 사용량 접촉 (예 : 모든 접촉 가능 제품)	초기평가	$L_d = A_p \times W_f$
	액상형 접촉 (예 : 합성세제 손세탁)	상세평가	$L_d = \frac{A_p \times W_f}{V_p \times D} \times TH \times As$

경로	시나리오	노출 알고리즘	
	반 고상형 접촉 (예 : 광택제 및 본드)		$L_d = A_c \times W_f \times As$
	분사 중 접촉 (예 : 스프레이)		$L_d = R \times t \times W_f$
	섬유를 통한 접촉 (예 : 섬유유연제)		$L_d = A_p \times W_f \times F_1 \times F_2 \times F_3$
	노출량 $D_{der}\,(\mathrm{mg/kg \cdot day}) = \frac{L_d \times abs \times n}{BW}$		
	노출계수	L_d : 피부 접촉량(mg/회) A_p : 제품 사용량(mg/회) D : 제품 희석율(−) As : 피부접촉 면적(cm^2) R : 분사시 피부점착량(mg/min) F_1 : 사용량 중 섬유잔류비(−) F_3 : 섬유의 피부접촉비(−) abs : 체내 흡수율(−)	W_f : 제품 중 성분비(−) V_p : 사용제품의 부피(cm^3) TH : 피부접촉 두께(0.01 cm) A_c : 면적당 점착량(mg/cm^2) t : 사용시간(min/회) F_2 : 섬유잔류량 중 방출비(−) n : 사용빈도(회/day) BW : 체중(kg)

※ 자료 : '국립환경과학원 고시 제2018-70호(생활화학제품 위해성평가의 대상 및 방법 등에 관한 규정)의 별표 5'를 참고하여 저자 재작성

「환경보건법」에 따른 어린이용품은 '환경부 예규 제585호(환경유해인자의 위해성평가를 위한 절차와 방법 등에 관한 지침)'에 제시된 노출 알고리즘을 활용할 수 있다(표 3-8~3-10). 어린이용품 중 환경유해인자의 전이량, 노출시간, 노출계수, 체중을 고려하여 노출량을 산정하며, 어린이용품 또는 재료의 특성에 따라 노출 알고리즘의 변형이 가능하다.

표 3-8. 「환경보건법」에 따른 어린이용품의 경구 노출 알고리즘

경로	시나리오	제품의 특성	노출 알고리즘
경구	시나리오 I : 빨거나 씹음	빨거나 씹을 수 있는 제품 또는 부품	$ADD = \frac{M \times ET \times SA}{BW}$ ADD : 일일 섭취량(mg/kg · day) M : 제품 내 유해물질의 전이율($mg/cm^2 \cdot min$) ET : 접촉시간(min/day) SA : 접촉면적(cm^2) BW : 어린이의 체중(kg)

경로	시나리오	제품의 특성	노출 알고리즘
	시나리오 II : 삼킴	액상 제품, 크기가 작은 제품, 코팅된 제품 등	$ADD=\frac{C\times IR}{BW}$ ADD : 일일 섭취량(mg/kg · day) C : 제품 내 유해물질의 농도(mg/g) IR : 일일 섭취하는 제품의 양(g/day) BW : 어린이의 체중(kg)
	시나리오 III : 손을 입으로 가져감	일반적으로 손으로 만질 수 있는 제품(목재, 플라스틱 등의 고형제품, 표면 코팅 제품, 섬유제품 등)	$ADD=\frac{M\times ET\times SA\times(1-ABs)}{BW}$ ADD : 일일 섭취량(mg/kg · day) M : 제품 내 유해물질의 전이율(mg/cm^2 · min) ET : 접촉시간(min/day) SA : 접촉면적(cm^2) ABs : 피부흡수율(−) BW : 어린이의 체중(kg)
		피부에 흡착되는 제품(점토, 크레파스 등)	$ADD=\frac{C\times ET\times A\times SA\times(1-ABs)}{BW}$ ADD : 일일 섭취량(mg/kg · day) C : 제품 내 유해물질의 농도(mg/g) ET : 접촉시간(min/day) A : 단위시간당 손에 묻은 제품의 양(g/cm^2 · min) SA : 접촉면적(cm^2) ABs : 피부흡수율(−) BW : 어린이의 체중(kg)

※ 자료 : '환경부 예규 제585호(환경유해인자의 위해성평가를 위한 절차와 방법 등에 관한 지침)의 별표 18'을 참고하여 저자 재작성

표 3-9. 「환경보건법」에 따른 어린이용품의 흡입 노출 알고리즘

경로	시나리오	제품의 특성	노출 알고리즘
흡입	시나리오 IV, V : 휘발성물질 흡입, 먼지흡입	휘발물질 또는 먼지를 방출하는 제품	$ADD=\frac{C\times BR\times ET}{BW}$ ADD : 일일 섭취량(mg/kg · day) C : 공기 중 유해물질의 농도(mg/m^3) BR : 어린이의 호흡률(m^3/hr) ET : 노출공간에서 활동시간(hr/day) BW : 어린이의 체중(kg)

※ 자료 : '환경부 예규 제585호(환경유해인자의 위해성평가를 위한 절차와 방법 등에 관한 지침)의 별표 18'을 참고하여 저자 재작성

표 3-10. 「환경보건법」에 따른 어린이용품의 경피 노출 알고리즘

경로	시나리오	제품의 특성	노출 알고리즘
경피	시나리오 VI : 제품의 피부 접촉	일반적인 피부 접촉 가능 제품(목재, 플라스틱 등의 고형제품, 표면 코팅 제품, 섬유제품 등)	$ADD=\frac{M\times S\times ET\times ABs}{BW}$ ADD : 일일 섭취량(mg/kg · day) M : 제품 내 유해물질의 전이율(mg/cm^2 · min) S : 접촉면적(cm^2) ET : 접촉시간(min/day) ABs : 피부흡수율(−) BW : 어린이의 체중(kg)
		피부에 흡착되는 제품(점토, 크레파스 등)	$ADD=\frac{C\times ET\times A\times SA\times ABs}{BW}$ ADD : 일일 섭취량(mg/kg · day) C : 제품 내 유해물질의 농도(mg/g) ET : 접촉시간(min/day) A : 단위시간당 피부에 묻은 제품의 양(g/cm^2 · min) SA : 접촉면적(cm^2) ABs : 피부흡수율(−) BW : 어린이의 체중(kg)
		유체 제품(화장품, 물감 등)	$ADD=\frac{C\times Q\times EF\times ABs}{BW}$ ADD : 일일 섭취량(mg/kg · day) C : 제품 내 화학물질의 농도(mg/g) Q : 제품의 사용량(g/회) EF : 제품의 사용빈도(회/day) ABs : 피부흡수율(−) BW : 어린이의 체중(kg)

※ 자료 : '환경부 예규 제585호(환경유해인자의 위해성평가를 위한 절차와 방법 등에 관한 지침)의 별표 18'을 참고하여 저자 재작성

초기평가에 유럽화학물질 생태독성 및 독성센터(European Center for Ecotoxicology and Toxicology of Chemicals ; ECETOC)에서 개발한 Target Risk Assessment (TRA)의 소비자 노출 알고리즘을 활용할 수 있다(표 3-11). 실제 유럽화학물질청(European Chemical Agency ; ECHA)에서도 신(新) 화학물질관리제도(Registration, Evaluation, Authorization and Restriction of Chemical ; REACH)에 따라 화학물질 위해성평가에 이 노출 알고리즘을 활용하고 있다(ECHA, 2010a, 2010b). ECETOC-TRA에 대해서는 6절에 자세하게 다루었다.

표 3-11. ECETOC-TRA에 따른 경구, 흡입, 경피 노출 알고리즘

경로	노출 알고리즘
경구	$ADD = \frac{PC \times V \times TF \times FQ \times D \times 1000}{BW}$ ADD : 일일 섭취량(mg/kg · day) PC : 제품 내 물질의 함량(g/g) V : 삼킨 제품의 부피(cm^3) TF : 단위환산계수(－) FQ : 제품 사용빈도(event/day) D : 밀도(g/cm^3) BW : 체중(kg)
흡입	$ADD = \frac{PC \times A \times FQ \times F \times DF \times ET \times IR \times 1000}{V \times BW}$ ADD : 일일 섭취량(mg/kg · day) PC : 제품 내 물질의 함량(g/g) A : 회당 제품 사용량(g/event) FQ : 제품 사용빈도(event/day) F : 공기방출량(g/g) DF : 희석배율(－) ET : 노출시간(hr) IR : 호흡률(m^3/hr) V : 공간부피(m^3) BW : 체중(kg)
경피	$ADD = \frac{PC \times CA \times FQ \times TL \times D \times CF \times ABs}{BW}$ ADD : 일일 섭취량(mg/kg · day) PC : 제품 내 물질의 함량(g/g) CA : 접촉면적(cm^2) FQ : 제품 사용빈도(event/day) TL : 제품의 두께(cm) D : 제품의 밀도(g/cm^3) CF : 단위환산계수(mg/g) ABs : 피부 흡수율(－) BW : 체중(kg)

※ 자료 : '어린이용품 함유 환경유해인자의 위해성관리 개선을 위한 연구(I) (국립환경과학원, 2018b)'를 참고하여 저자 재작성

4. 노출계수 자료 수집과 선정

노출계수(exposure factor)는 제품에 함유된 화학물질에 대한 노출평가를 할 때 노출량 산정과 관련된 계수를 의미하여, 신뢰성과 대표성이 확보된 노출계수를 사용해야 더 정확한 노출량 추정이 가능하다. 제품 노출평가를 위한 대표적인 노출계수로는 체중, 체표면적, 피부흡수율, 호흡률, 제품의 사용횟수, 사용시간, 사용량 등이 있다.

1) 노출계수 핸드북 및 국내·외 관련 자료 활용

노출계수 중 체중, 호흡률, 체표면적 등의 일반계수(general factor)는 환경부의 '한국 노출계수 핸드북(2007)'을 활용할 수 있으며, 어린이와 청소년의 노출계수는 '어린이 노출계수 핸드북(2016b)'을 활용할 수 있다. 그 외 제품의 사용 패턴에 관련된 노출계수는 관련 법령에 따른 규정, 국내·외 소비자 노출평가 모델에서 제시한 노출계수, 또는 연구보고서를 활용할 수 있다. 예를 들어, 「화학제품안전법」에 따른 생활화학제품은 '생활화학제품 위해성평가의 대상 및 방법 등에 관한 규정(국립환경과학원 고시 제2018-70호)'의 별표 6에 제시된 일반 노출계수(표 3-12), [별표 7]에 제시된 제품 노출계수를 활용할 수 있다(표 3-13).

표 3-12. 생활화학제품 노출평가를 위한 일반 노출계수

일반노출계수	분류	평균값 (단위)
평균체중	전체	64.2 (kg)
	남성	70.6 (kg)
	여성	57.8 (kg)
생활공간별 평균 면적 / 공간 부피	거실	13.3 (m^2) / 33.3 (m^3)
	방(침실)	12.1 (m^2) / 30.3 (m^3)
	욕실	3.7 (m^2) / 9.3 (m^3)
	주방	9.8 (m^2) / 24.5 (m^3)
생활공간별 환기율	전체	0.6 (h^{-1})
	거실	0.5 (h^{-1})
	주방	2.5 (h^{-1})

일반노출계수	분류	평균값 (단위)
	침실	1 (h^{-1})
	욕실 및 화장실	2 (h^{-1})
제품 사용별 피부점착량	스프레이 제품(분사형)	100 (mg/min)
	트리거 제품(분사형)	46 (mg/min)
	광택 및 본딩 작업 등 접촉 제품 (액상 및 반고상형)	10 (mg/cm^2)
영유아~5세의 부위별 비율 / 체표면적	전신	100 (%) / 6,016 (cm^2)
	얼굴	6.5 (%) / 391 (cm^2)
	머리	13 (%) / 782 (cm^2)
	손바닥	1.25 (%) / 75 (cm^2)
	손(양손은 한손의 2배)	2.5 (%) / 150 (cm^2)
	전박(=아래팔)	4 (%) / 241 (cm^2)
	엉덩이	4 (%) / 241 (cm^2)
	양발	5.5 (%) / 331 (cm^2)
표면에서 공기 중 방출비율(비 스프레이 제품의 노출에 적용)	물질의 증기압 10 Pa 이상	1
	물질의 증기압 1~10 Pa	0.1
	물질의 증기압 0.1~1 Pa	0.01
	물질의 증기압 0.1 Pa 미만	0.001
공기 중 분사에 대한 부유비율	스프레이/트리거 제품의 공기 중 분사	90 (%)
	스프레이 제품의 바닥으로 분사	20 (%)
	트리거 제품의 바닥으로 분사	0.2~0.8 (%)
	스프레이 제품의 물체로 분사	20~30 (%)
	트리거 제품의 물체로 분사	0.6~2 (%)
제품 사용시나리오에 따른 기본 접촉면적	물을 사용하는 작업(예 : 화장실 세정)	양손과 전박
	표면 닦는 작업(예 : 분사 후 광택)	한 손
	두 물체를 접합하는 작업(예 : 일정 면적 접착)	두 손가락
노출평가 시 화학물질의 피부 흡수율 추정	신뢰성 있는 시험자료가 있을 경우	시험값 적용
	분자량(MW)이 500 g/mol 이상이고, $\log K_{ow}$가 $<$ -1이거나 $>$ 4인 경우	10% 적용
	그 이외의 경우	100% 적용

※ 자료 : '국립환경과학원 고시 제2018-70호(생활화학제품 위해성평가의 대상 및 방법 등에 관한 규정)의 별표 6'을 참고하여 저자 재작성

표 3-13. 생활화학제품 노출평가를 위한 제품 노출계수

제품분류	제품군	용도	제품형태	사용횟수(단위)	사용시간(단위)	분사시간(단위)	사용량(단위)
세정제품	세정제	욕실/변기용	분사형(트리거)	2 (회/주)	10 (분/회)	-	6.19 (g/회)
			분사형(트리거폼)	2 (회/월)	15 (분/회)	2.7 (초/회)	2.28 (g/초)
			분사형(스프레이폼)	2 (회/월)	10 (분/회)	5 (초/회)	5.05 (g/초)
			비분사형(액상)	2 (회/월)	15 (분/회)	-	57.8 (g/회)
			분말형	2 (회/월)	20 (분/회)	-	53.3 (g/회)
		유리 청소용	분사형	2 (회/월)	10 (분/회)	2.3 (초/회)	2.07 (g/초)
		주방 청소용	분사형(트리거폼)	4 (회/월)	10 (분/회)	2.25 (초/회)	2.28 (g/초)
			비분사형(액상)	4 (회/월)	10 (분/회)	-	57.8 (g/회)
			분말형	4 (회/월)	15 (분/회)	-	53.3 (g/회)
			티슈형	4 (회/월)	5 (분/회)	-	2.5 (장/회)
		카펫용	분사형(트리거)	2 (회/월)	20.25 (분/회)	3 (초/회)	2.59 (g/초)
		에어컨용	분사형(트리거)	6 (회/년)	10 (분/회)	6 (초/회)	6.84 (g/초)
			분사형(스프레이)	0.17 (회/월)	10 (분/회)	5 (초/회)	0.33 (g/초)
		세탁조용	비분사형(액상)	0.33 (회/월)	1 (분/회)	-	250 (g/회)
			분말형	0.33 (회/월)	1 (분/회)	-	100 (g/회)
		배수관/하수구용	비분사형(액상)	0.33 (회/월)	15 (분/회)	-	500 (g/회)
		금속용	분사형(트리거)	1 (회/월)	10 (분/회)	4 (초/회)	2.62 (g/초)
			분사형(스프레이)	0.5 (회/월)	10 (분/회)	5 (초/회)	2.29 (g/초)
		자동차용	분사형(트리거)	1 (회/월)	15 (분/회)	2.25 (초/회)	2.38 (g/초)
			비분사형(액상)	1 (회/월)	30 (분/회)	-	78 (g/회)
	제거제	곰팡이제거용	분사형(트리거폼)	2 (회/월)	20 (분/회)	2.25 (초/회)	2.28 (g/초)
			비분사형(젤,겔형)	1 (회/월)	20 (분/회)	-	32.67 (g/회)
		스티커제거용	분사형(스프레이)	0.33 (회/월)	7.12 (분/회)	3 (초/회)	0.1 (g/초)
세탁제품	합성세제	세탁기용	일반_분말형	8 (회/월)	-	-	55.23 (g/회)
			일반_비분사형(액상)	8 (회/월)	-	-	58.15 (g/회)
			농축_비분사형(액상)	8 (회/월)	-	-	57.02 (g/회)
			농축_캡슐형	8 (회/월)	-	-	1 (개/회)
			농축_티슈형	8 (회/월)	-	-	1 (장/회)
			울샴푸용(액상)	4 (회/월)	-	-	52.34 (g/회)
		홈드라이용	액상형	1 (회/월)	-	-	34.13 (g/회)
	표백제	의류/섬유/신발 얼룩제거용	액상형	4 (회/월)	-	-	51.5 (g/회)
			분말형	4 (회/월)	-	-	49 (g/회)
			에벌빨래용(트리거)	4 (회/월)	10 (분/회)	1.29 (분/회)	2.37 (g/초)
	섬유유연제	의류/섬유/신발용	일반액상형	8 (회/월)	-	-	51.2 (g/회)
			농축액상형	8 (회/월)	-	-	47.4 (g/회)
			티슈형	8 (회/월)	-	-	1 (장/회)
코팅・방지제품	광택 코팅제	가구 광택용	분사형(트리거)	1 (회/월)	10 (분/회)	1.35 (초/회)	1.61 (g/초)
			분사형(스프레이)	1 (회/월)	17.5 (분/회)	5 (초/회)	1.65 (g/초)

제품 분류	제품군	용도	제품형태	사용횟수 (단위)	사용시간 (단위)	분사시간 (단위)	사용량 (단위)
			티슈형	2 (회/월)	10 (분/회)	-	3 (개/회)
		구두 광택용	비분사형(액상, 에멀션 등)	4 (회/월)	5 (분/회)	-	0.21 (g/회)
			고체형(왁스형)	2 (회/월)	10 (분/회)	-	8 (g/회)
		가죽 광택용	분사형(스프레이)	0.03 (회/월)	10.05 (분/회)	-	1.9 (g/초)
			비분사형(액상형)	0.92 (회/월)	15 (분/회)	-	46.57 (g/회)
			티슈형	1 (회/월)	10 (분/회)	-	3 (개/회)
코팅·방지제품	광택 코팅제	가죽 광택용	분사형(스프레이)	0.03 (회/일)	10.05 (분/회)	-	1.90 (g/초)
			비분사형(액상형)	0.92 (회/월)	15 (분/회)	-	46.57 (g/회)
			티슈형	1 (회/월)	10 (분/회)	-	3 (개/회)
		자동차 외부 광택/코팅용	분사형(트리거)	1 (회/월)	20 (분/회)	4.5	1.76 (g/초)
			비분사형(액상)	1 (회/월)	30 (분/회)	-	7.76 (g/회)
		자동차 휠/타이어 광택용	분사형(트리거)	1 (회/월)	15 (분/회)	1.05 (초/회)	2.12 (g/초)
			분사형(스프레이)	1 (회/월)	10 (분/회)	5 (초/회)	1.86 (g/초)
		자동차 실내 광택용	분사형(트리거)	0.03 (회/일)	20 (분/회)	0.05 (분/회)	1.19 (g/초)
			비분사형(액상)	0.03 (회/일)	20 (분/회)		25.70(g/회)
	특수목적 코팅제	의류/섬유/신발 방수코팅용	분사형(트리거)	1 (회/월)	10 (분/회)	1.72 (초/회)	1.15 (g/초)
			분사형(스프레이)	1 (회/월)	5 (분/회)	5 (초/회)	1.01 (g/초)
		다목적 방수 코팅용	분사형(트리거)	1 (회/월)	15 (분/회)	1.29 (초/회)	2.38 (g/초)
			분사형(스프레이)	0.67 (회/월)	10 (분/회)	5 (초/회)	3.39 (g/초)
		자동차 유리 방수/코팅용	분사형(트리거)	1 (회/월)	10 (분/회)	2.5 (초/회)	2.1 (g/초)
			분사형(스프레이)	1 (회/월)	10 (분/회)	5 (초/회)	5.2 (g/초)
	녹 방지제	다목적용	분사형(트리거)	0.33 (회/월)	2 (분/회)	5 (초/회)	13.41 (g/회)
			분사형(스프레이)	0.33 (회/월)	1 (분/회)	5 (초/회)	8.4 (g/회)
			비분사형(액상)	0.5 (회/월)	3 (분/회)	-	150 (g/회)
	다림질보조제	다림질용	분사형(트리거)	0.14 (회/일)	10 (분/회)	2.65 (분/회)	1.16 (g/초)
			분사형(스프레이)	0.14 (회/일)	8.51 (분/회)	1 (초/회)	1.62 (g/초)
		구김제거용	분사형(트리거)	0.14 (회/일)	10 (분/회)	1.59 (초/회)	1.16 (g/초)
			분사형(스프레이)	0.15 (회/일)	9 (분/회)	0.71 (초/회)	1.62 (g/초)
접착·접합제품	접착제	다목적용	분사형(스프레이)	0.25 (회/월)	5.25 (분/회)	5 (초/회)	1.05 (g/초)
			튜브형	0.33 (회/월)	5 (분/회)	-	0.52 (g/회)
			순간접착형	0.33 (회/월)	3 (분/회)	-	0.11 (g/회)
			에폭시형	0.17 (회/월)	10 (분/회)	-	-
			글로건형	0.33 (회/월)	10 (분/회)	-	48.95 (g/회)
방향·탈취제품	방향제	실내공기용	분사형(트리거/스프레이 등)	0.29 (회/일)	0.5 (분/회)	1.5 (초/회)	1.31 (g/초)
			비분사형(액상 디퓨저)	-	-	-	0.1 (g/시간)a
			비분사형(젤형 디퓨저)	-	-	-	0.11 (g/시간)a
			향초형	60 (분/일)	-	-	4.11 (g/시간)a
		자동차용	분사형(트리거)	4 (회/월)	60 (초/회)	1.59 (초/회)	0.24 (g/초)

제품 분류	제품군	용도	제품형태	사용횟수 (단위)	사용시간 (단위)	분사시간 (단위)	사용량 (단위)
			분사형(스프레이)	4 (회/월)	60 (초/회)	1.67 (초/회)	1.31 (g/초)
			비분사형(액상 디퓨저)	-	-	-	0.1 (g/시간)a
			비분사형(젤형 디퓨저)	-	-	-	0.11 (g/시간)a
			비분사형(송풍구 거치식)	-	-	-	0.14 (g/시간)a
방향·탈취제품	탈취제	의류/섬유용	분사형(트리거)	0.17 (회/일)	0.5 (분/회)	1.71 (초/회)	0.54 (g/초)
		신발용	분사형(트리거)	0.14 (회/일)	0.5 (분/회)	1.71 (초/회)	0.54 (g/초)
			분사형(스프레이)	0.14 (회/일)	0.5 (분/회)	1.25 (초/회)	0.88 (g/초)
		실내공기용	분사형(트리거)	0.29 (회/일)	1 (분/회)	1.8 (초/회)	0.88 (g/초)
			분사형(스프레이)	0.29 (회/일)	0.5 (분/회)	1 (초/회)	0.41 (g/초)
			거치형(젤형)	-	-	-	0.11 (g/시간)a
		냉장고용	거치형(젤형)				0.06 (g/시간)a
		화장실용	분사형(트리거)	4 (회/월)	60 (초/회)	1.65 (초/회)	0.6 (g/초)
		에어컨용	분사형(트리거)	2 (회/년)	180 (초/회)	1.74 (초/회)	0.99 (g/초)
			분사형(스프레이)	2 (회/년)	61 (초/회)	1 (초/회)	1.71 (g/초)
		자동차용	분사형(트리거)	4 (회/월)	60 (초/회)	2.4 (초/회)	0.6 (g/초)
			분사형(스프레이)	4 (회/월)	60 (초/회)	1.5 (초/회)	0.41 (g/초)
			에어컨/히터 분사형(트리거)	0.33 (회/월)	90 (초/회)	1.74 (초/회)	0.99 (g/초)
			에어컨/히터 분사형(스프레이)	0.33 (회/월)	105 (초/회)	1.25 (초/회)	1.71 (g/초)
염색·도색제품	물체염색제	의류/섬유/신발용	분사형(스프레이)	1 (회/년)	5.2 (분/회)	5 (초/회)	5.53 (g/회)
			비분사형(액상)	2 (회/년)	22.5 (분/회)	-	129.44 (g/회)
			고체형(파스텔)	1 (회/년)	5 (분/회)	-	0.18 (g/회)
			펜형	3 (회/년)	10 (분/회)	-	0.0024 (g/회)
			분말형	1 (회/년)	50.25 (분/회)	-	20 (g/회)
		가죽용	분사형(스프레이)	1 (회/년)	3 (분/회)	-	10 (g/회)
			비분사형(액상)	2 (회/년)	3.25 (분/회)	-	39.91 (g/회)
		다목적칼색용	비분사형(액상)	2 (회/년)	15 (분/회)	-	48.34 (g/회)
			분말형	1 (회/년)	15 (분/회)	-	200 (g/회)
	물체도색제	자동차도색용	분사형(스프레이)	1 (회/6월)	10 (분/회)	5 (초/회)	7.37 (g/회)
			펜형	1 (회/6월)	5 (분/회)	-	0.003 (g/회)
자동차 전용 제품	자동차용 워셔액	자동차용	액상형	4.29 (회/월)	0.08 (분/회)	-	120.45 (g/회)
	자동차용 부동액	자동차용	액상형	0.08 (회/월)	60 (분/회)	-	1000 (g/회)
인쇄 및 문서 관련제품	인쇄용 토너(레이저)	사무실용	블랙	-	60 (분/일)b	-	383.33 (g/월)
			칼라	-	60 (분/일)b	-	383.33 (g/월)
		가정용	블랙	-	5 (분/일)b	-	50 (g/월)
			칼라	-	10 (분/일)b	-	25.85 (g/월)
	인쇄용	사무실용	블랙	-	60 (분/일)b	-	162.72 (g/월)

제품 분류	제품군	용도	제품형태	사용횟수 (단위)	사용시간 (단위)	분사시간 (단위)	사용량 (단위)
	잉크		칼라	-	47.5 (분/일)b	-	89.53 (g/월)
		가정용	블랙	-	5 (분/일)b	-	12.8 (g/월)
			칼라	-	5 (분/일)b	-	6.41 (g/월)
미용제품	미용접착제	쌍커풀용	비분사형(액상)	4 (회/월)	5 (분/회)	-	2.4 (mg/회)
		속눈썹용	비분사형(액상)	1 (회/월)	5 (분/회)	-	2.4 (mg/회)
		손톱용	비분사형(에멀션형)	1 (회/월)	10 (분/회)	-	8.22 (g/회)
		가발용	비분사형(액상)	2 (회/월)	15 (분/회)	-	0.08 (g/회)
살균제품	살균제	배수구용	분사형(트리거)	1 (회/월)	5.5 (분/회)	-	5 (g/회)
			비분사형(액상)	0.17 (회/월)	40 (분/회)	-	380.87 (g/회)
			고체형	0.83 (회/월)	1.25 (분/회)	-	17.04 (g/회)
		에어컨용	분사형(스프레이)	0.33 (회/월)	10 (분/회)	5 (초/회)	22.27 (g/회)
			훈증형	0.17 (회/월)	20 (분/회)	-	169.8 (g/회)
		향균용	분사형(트리거)	1 (회/월)	20 (분/회)	6 (초/회)	7 (g/회)
			분사형(스프레이)	2 (회/월)	20 (분/회)	3 (초/회)	13.28 (g/회)
			비분사형(액상)	1 (회/월)	15 (분/회)	-	100 (g/회)
			비분사형(에멀션)	1 (회/월)	20 (분/회)	-	2.72 (g/회)
		다목적용 (염소계)	분사형(트리거)	2 (회/월)	20 (분/회)	4 (회/초)	4.7 (g/회)
			비분사형(액상)	2 (회/월)	20 (분/회)	-	100.6 (g/회)
			고체형	1 (회/월)	15 (분/회)	-	9.78 (g/회)
	살조제	수조관 및 어항용	액상형	0.25 (회/주)	-	-	18.3 (g/회)
			고체형(펠렛)	0.25 (회/주)	-	-	20.28 (g/회)
			분말형	0.25 (회/주)	-	-	50.32 (g/회)
		석재 및 외벽형	액상형	1 (회/월)	5.5 (분/회)	-	15.4 (g/회)
구제제품	기피제	의류용	분사형(트리거)	6 (회/6월)	3 (분/회)	-	15.97 (g/회)
			고체(나프탈렌좀약)	0.17 (회/월)	-	-	-
			고체(천연방충제)	0.17 (회/월)	-	-	-
			고체(장뇌목블록)	0.25 (회/월)	-	-	-
		식품용	고체형	0.17 (회/월)	1.04 (분/회)	-	6.14 (g/회)
		화장실용	고체(나프탈렌좀약)	0.17 (회/월)	-	-	-
보존제품	목재용 방부제	목재용	분사형(스프레이)	1 (회/년)	20.33 (분/회)	5 (초/회)	6.7 (g/회)
			비분사형(액상)	1 (회/년)	10 (분/회)	-	150 (g/회)
기타 생활화학 제품	초	실내용	액상형	2 (회/월)	60 (분/회)	-	14.26 (g/시간)
			고체형	1 (회/월)	60 (분/회)	-	6.66 (g/시간)
	습기 제거제	제습용	고체형(실리카겔)	0.33 (회/월)	-	-	52 (g/회)
			고체형(염화칼슘)	0.17 (회/월)	-	-	271.04 (g/회)

a : 방출량, b : 인쇄시간

※ 자료 : '국립환경과학원 고시 제2018-70호(생활화학제품 위해성평가의 대상 및 방법 등에 관한 규정)의 별표 7'의 중위수(50th)를 참고하여 저자 재작성

2) 설문조사 및 관찰조사를 통한 노출계수 확보

단계적 노출평가 중 초기평가가 목적이라면 합리적인 범위에서 제품을 최대로 사용하는 것을 가정하여 보수적인 노출계수를 사용할 수 있으나, 상세평가에서는 제품의 실제 사용특성을 최대한 반영하는 노출계수를 사용해야 한다. 현재까지 모든 제품의 용도에 대한 노출계수가 확보되지 않았기에, 경우에 따라 제품의 실제 사용특성을 반영하는 노출계수를 직접 조사해야 할 수도 있다.

특정한 제품에 대한 사용횟수, 사용시간, 사용량, 스프레이형 제품의 분사시간 등은 제품 사용자의 설문조사나 비디오 관찰과 같은 사용자 조사를 통해 확보할 수 있다. 설문조사를 위해서는 설문의 목적과 내용을 잘 전달할 수 있도록 설문지를 작성하는 것이 필요하며, 온라인조사, 면접조사, 전화조사, 우편조사 등의 방법으로 조사를 수행한다(표 3-14). 관찰조사는 조사자가 직접 제품사용자를 관찰하거나 비디오 녹화 등을 통해 수행하는 것을 의미한다. 시간과 비용적인 측면에서는 비효율적이지만, 정확한 값을 얻을 수 있다는 장점이 있다.

표 3-14. 노출계수 수집을 위한 설문조사 방식의 장 · 단점

조사방법	장점	단점
온라인조사	• 인터넷, 휴대폰 앱, 전자메일 등을 이용하여 단기간에 저렴한 비용으로 조사 가능	• 응답자가 관심 집단에 국한될 경우 표본의 대표성 문제, 중복응답 등 응답의 신뢰도 문제 발생
면접조사	• 조사자가 대상자를 직접 방문하여 설문 결과를 받으므로 회수율 우수 • 응답자의 이해가 어려운 문항에 즉각적인 설명이 가능하여 응답의 신뢰도 높아짐	• 조사원의 영향이 크게 작용 • 시간과 비용 측면에서 비효율적
전화조사	• 전화로 넓은 지역까지 조사 가능 • 우편조사보다 회수율 우수	• 그림이나 시각적 도표가 들어간 문항은 질문이 어려움 • 표본의 대표성 문제 발생
우편조사	• 최소의 비용과 노력으로 광범위한 조사 가능 • 응답자가 충분한 시간을 가지고 응답할 수 있음 • 자발적인 응답이라 응답의 신뢰도 높음	• 시간과 회수율 측면에서 비효율적

※ 자료 : '환경위해관리(한국환경보건학회, 2019)'를 참고하여 저자 재작성

3) 시험 및 분석을 통한 노출계수 확보

제품 내 유해물질의 함량과 전이량, 피부 흡수율 등은 제품 내 유해물질의 농도를 직접 분석하거나 인공 피부 등으로 시험을 하여 확보할 수 있는 노출계수이다. 제품 내 유해물질의 함량과 전이량을 분석하는 것은 5절에서 자세히 언급할 예정이다. 소비자 제품을 수거하여 함량과 전이량을 분석할 때에는 대표성을 확보할 수 있도록 시료를 채취하는 것이 중요하며, 국내·외적으로 표준화된 방법을 적용해야 한다. 피부 흡수율은 유해물질을 실제 피부나 인공 피부에 노출시켜 흡수되는 양을 측정하는 방법으로 노출계수를 확보하게 된다.

5. 제품 내 유해물질의 분석

1) 제품 시료의 수집

제품 시료는 전체의 시료 성질을 대표할 수 있도록 균일하게 혼합하거나 이것이 불가능한 경우에는 서로 다른 곳에서 채취하여 혼합하는 것을 원칙으로 한다. 고체류는 전체의 성질을 대표할 수 있도록 시료를 채취한 다음 잘 혼합하여 일정량을 시료로 사용한다. 액체류는 시료를 잘 혼합한 후 한 번에 일정량씩 채취한다. 스프레이류는 잘 혼합하여 용기에 분사한 후 바로 시료를 채취한다.

2) 제품 내 유해물질의 함량과 전이량

소비자 제품의 노출평가는 대부분 제품 내 유해물질의 함량과 전이량을 토대로 한다. 함량은 제품에 함유된 유해물질의 총량을 의미하며, 전이량은 제품 사용 중 침이나 땀을 통해 체내로 흡수되는 양을 의미한다(그림 3-7). 전이가 일어난 이후 인체 내부로 흡수되는 양은 흡수량으로 정의한다.

함량은 전이량에 비해 시험이 간편하고 노출평가에 쉽게 적용할 수 있어 많은 노출 알고리즘에서 활용되고 있으나, 제품에 함유된 화학물질이 인체로 전이되지 않으면 실제로 노출이 발생하지 않기 때문에 현실성이 부족한 측면이 있다. 「화학제품안전법」, 「환경보건법」, 「어린이제품안전특별법」, 「전기생활용품안전법」에 따른 몇몇 소비자 제품은 제품 내에 함유된 화학물질의 함량 또는 성분비(%)를 기준으로 규제하고 있다. 예를 들어, 「환경보건

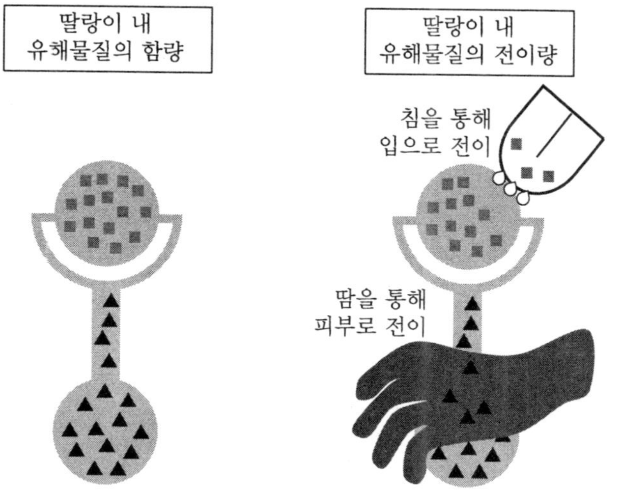

그림 3-7. 소비자 제품의 함량과 전이량

법」에 따라 어린이용 목재 제품 내 트라이뷰틸 주석(tributyltin compounds ; TBT) 및 어린이용 잉크 제품 내 노닐페놀(nonylphenol)은 제품 내 함량이 0.1%로 제한되며, 이를 초과할 경우 판매가 중지된다(표 3-15). 함량은 제품의 질량 대비 화학물질의 질량으로 표현하며, 일반적으로 mg/kg의 단위를 사용한다.

전이량은 함량보다 측정은 어렵지만, 현실성 높은 노출 정보를 제공할 수 있다. 예를 들어, 제품 내 유해물질의 함량이 10 mg/kg이고 제품에서 인체로 70% 만큼 전이된다면 전이량 7 mg/kg을 활용할 때 보다 현실성 높게 노출평가 및 위해성평가를 진행할 수 있다. 전이량은 시간에 따른 면적당 화학물질의 이동 비율인 전이율(migration rate)에 따라 추정된다. 즉, 전이율($mg/cm^2 \cdot min$)에 제품의 표면적(cm^2)과 제품의 사용시간(min)을 고려해 전이량을 추정할 수 있다. 「환경보건법」에서는 일부 어린이용품의 전이량을 노출평가에 활용하고 있으며, 어린이용 플라스틱 제품에 다이-n-옥틸프탈레이트(di-n-octyl phthalate ; DNOP)와 다이이소노닐프탈레이트(diisononyl phthalate ; DINP)이 전이량 기준을 초과하면 어린이용도로 사용하거나 판매하는 것을 제한·금지하고 있다(표 3-15).

일반적으로 제품 내 유해물질의 함량 분석은 재질 특성에 따라 시료를 1 mm 이하로 분쇄한 후 용매로 추출하고, 분석기기로 정성/정량을 하는 과정으로 진행된다(그림 3-8). 예를 들어, 어린이용품에 함유된 중금속의 함량은 시료에 질산 및 염산을 첨가하여 핫블럭 또는 마이크로파 분해장치를 이용해 분해시킨 후, ICP-OES 등의 중금속 분석장비로서 정량을 한다(국립환경과학원, 2010b).

표 3-15. 「환경보건법」에 따른 어린이용품 사용제한 환경유해인자

환경유해인자	제한 내용	용품
다이-n-옥틸프탈레이트 (DNOP)	경구노출 전이량 9.90×10^{-1} $\mu g/cm^2 \cdot min$ 미만 경피노출 전이량 5.50×10^{-2} $\mu g/cm^2 \cdot min$ 미만	어린이용 플라스틱 제품
다이이소노닐프탈레이트 (DINP)	경구노출 전이량 4.01×10^{-1} $\mu g/cm^2 \cdot min$ 미만 경피노출 전이량 2.20×10^{-2} $\mu g/cm^2 \cdot min$ 미만	어린이용 플라스틱 제품
트라이뷰틸 주석 (TBT)	제품 내 함량 0.1% 미만	어린이용 목재 제품
노닐페놀	제품 내 함량 0.1% 미만	어린이용 잉크 제품

※ 자료 : '환경부 고시 제2016-199호(어린이용품 환경유해인자 사용제한 등에 관한 규정)의 별표'를 참고하여 저자 재작성

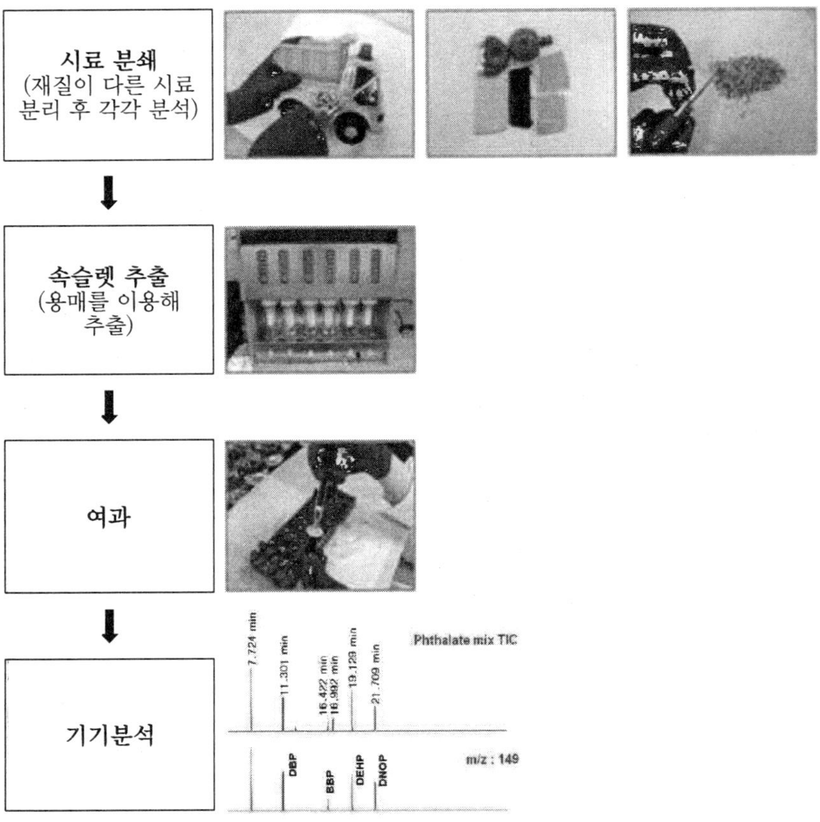

그림 3-8. 어린이용품 내 유해물질의 함량 분석의 예

※ 자료 : '어린이용품 함유 환경유해인자 프탈레이트류 노출실태조사(I) (국립환경과학원, 2010a)'를 참고하여 저자 재작성

제품 내 유해물질의 전이량 분석은 노출경로별로 시험법이 다르며, 경구 노출(빠는 행위 및 직접 섭취)과 경피 노출(피부 접촉)이 주로 고려된다. 예를 들어, 빠는 행위(mouthing)에 의한 유해물질의 전이량을 시험하기 위해서는 와류진탕추출기(head over heel rotator)를 이용하여 37℃에서 30분간 인공 침으로 용출한 후 분석기기로 정성/정량한다(그림 3-9 ; 국립환경과학원, 2010a). 직접 섭취에 의한 유해물질의 전이량은 0.07 M 염산(인공위액 모사, pH 1～1.5 유지)으로 37℃에서 1시간 수평 진탕 후 분석기기로 정성/정량한다(국립환경과학원, 2010b). 피부 접촉에 의한 유해물질의 전이량은 40℃에서 4시간 동안 인공 땀으로 시료를 용출한 후, 분석기기로 정성/정량한다(국립환경과학원, 2010b).

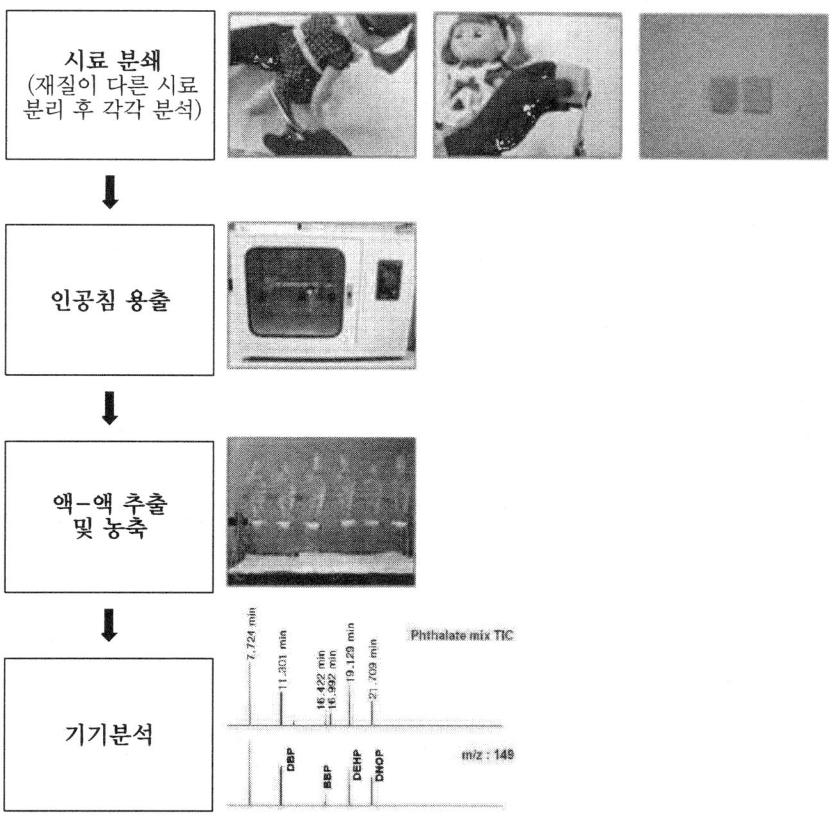

그림 3-9. 어린이용품 내 유해물질의 전이량 분석의 예

※ 자료 : '어린이용품 함유 환경유해인자 프탈레이트류 노출실태조사(I) (국립환경과학원, 2010a)'을 참고하여 저자 재작성

3) 제품 시료의 전처리 및 분석 방법

「화학제품안전법」에 따른 안전확인대상 생활화학용품은 국립환경과학원 고시 제2018-71호 '안전확인대상 생활화학제품 시험·검사 등의 기준 및 방법 등에 관한 규정'을 참고하여 전처리, 함량 및 전이량 분석을 진행할 수 있다(표 3-16~3-19).

표 3-16. 안전확인대상 생활화학제품의 함유금지 물질과 분석 방법

번호	시험물질	시험방법
1	중금속류	유도결합플라스마-원자발광분광법(ICP-AES) 유도결합플라스마-질량분석법(ICP-MS)
1-1	수은	유도결합플라스마-질량분석법(ICP-MS)
1-2	6가크로뮴	액체크로마토그래피(LC) 유도결합플라스마-질량분석법(ICP-MS)
2	알데하이드류	고성능액체크로마토그래피/질량분석법(HPLC-MS)
3	나프탈렌	기체크로마토그래피/질량분석법(GC-MS)
4	휘발성유기화합물	기체크로마토그래피/질량분석법(GC-MS)
5	비스(2-에틸헥실)프탈레이트(DEHP)	기체크로마토그래피/질량분석법(GC-MS)
6	다환방향족탄화수소	기체크로마토그래피/질량분석법(GC-MS)
7	메틸이소티아졸리논(MIT) 5-클로로메틸이소티아조리논(CMIT) 1,2-벤즈이소치아조리논(BIT)	액체크로마토그래피/질량분석법(LC-MS)
8	염화벤잘코늄류	고성능액체크로마토그래피/질량분석법(HPLC-MS)
9	염산 및 황산	적정법
10	노닐페놀류	고성능액체크로마토그래피법(HPLC)
11	구아디닌계 고분자화합물	매트릭스보조레이저탈착이온화 시간비행형 질량분석법
12	글리콜류	기체크로마토그래피/질량분석법(GC-MS)
13	에탄올아민	액체크로마토그래피/질량분석법(LC-MS)
14	알킬페놀에톡실레이트류 및 알킬페놀류	기체크로마토그래피/질량분석법(GC-MS)
15	형광증백제	UV 조사법
16	유기주석화합물	기체크로마토그래피/질량분석법(GC-MS)
17	중금속화합물류	중금속류 : 유도결합플라스마-원자발광분광법(ICP-AES) 유기수은화합물 : 냉증기/원자흡수분광광도법(CV-AAS)
18	톨루엔-2,4-디이소시아네이트	기체크로마토그래피/질량분석법(GC-MS)

번호	시험물질	시험방법
19	아조염료	기체크로마토그래피/질량분석법(GC-MS)
20	d,d-시스/트란스프랄레트린	기체크로마토그래피법(GC)
21	d-시스/트란스알레트린(d-알레트린)	기체크로마토그래피법(GC)
22	d-트란스알레트린(바이오알레트린)	기체크로마토그래피법(GC)
23	d-페노트린	기체크로마토그래피법(GC)
24	델타메트린	고성능기체크로마토그래피법(HPGC)
25	메토플루트린	기체크로마토그래피/질량분석법(GC-MS)
26	트란스플루트린	기체크로마토그래피/질량분석법(GC-MS)
27	퍼메트린	기체크로마토그래피/질량분석법(GC-MS)
28	차아염소산	적정법

※ 자료 : '국립환경과학원 고시 제2018-71호(안전확인대상 생활화학제품 시험 · 검사 등의 기준 및 방법 등에 관한 규정)의 표 1을 참고하여 저자 재작성

표 3-17. 안전확인대상 생활화학제품의 함량 제한물질, 방출량 제한물질과 분석 방법

번호	시험물질	시험방법
1	중금속류	유도결합플라스마 – 원자발광분광법(ICP-AES) 유도결합플라스마 – 질량분석법(ICP-MS)
2	알데하이드류	고성능액체크로마토그래피법(HPLC)
3	나프탈렌	기체크로마토그래피/질량분석법(GC-MS)
4	휘발성유기화합물	용매추출 – 기체크로마토그래피법(GC) 용매추출 – 기체크로마토그래피/질량분석법(GC-MS)
5	비스(2-에틸헥실)프탈레이트(DEHP)	용매추출 – 기체크로마토그래피/질량분석법(GC-MS)
6	다환방향족탄화수소	기체크로마토그래피/질량분석법(GC-MS)
7	메탄올	기체크로마토그래피법(GC)
8	2-메틸이소치아졸리논	고성능액체크로마토그래피법(HPLC)
9	벤질알코올, 페녹시에탄올, 벤조산	고성능액체크로마토그래피법(HPLC)
10	파라벤류	고성능액체크로마토그래피법(HPLC)
11	3-요오드-2-프로핀일 뷰틸 카바민산	액체크로마토그래피/질량분석법(LC-MS)
12	트리클로산	고성능액체크로마토그래피법(HPLC)
13	염화벤잘코늄류	액체크로마토그래피/질량분석법(LC-MS)
14	수산화나트륨 및 수산화칼륨	적정법

번호	시험물질	시험방법
15	염산 및 황산	적정법
16	이산화염소	DPD 황산제일철암모늄 적정법
17	전인산염	자외선/가시광선 분광법 – 몰디브도바나딘산 분광법
18	글리콜류	기체크로마토그래피/질량분석법(GC-MS)
19	메틸에틸케톤과산화물	자외선/가시광선 분광법
20	과아세트산	고성능액체크로마토그래피법(HPLC)
21	1-도데칸올	기체크로마토그래피/질량분석법(GC-MS)
22	다이메틸푸마레이트	기체크로마토그래피/질량분석법(GC-MS)
23	중금속류 – 용출시험	유도결합플라스마 – 원자발광분광법(ICP-AES) 유도결합플라스마 – 질량분석법(ICP-MS)
23-1	수은 – 용출시험	냉증기/원자흡수분광광도법
23-2	6가크로뮴 – 용출시험	자외선/가시광선 분광법
24	아연 피리싸이온	고성능액체크로마토그래피법(HPLC)
25	과산화수소	자외선/가시광선 분광법
26	옥타데실디메틸(3-트리하이드록시실일프로필)암모늄 클로라이드	액체크로마토그래피/질량분석법(LC-MS)
27	소듐라우레스설페이트	적정법
28	과황산칼륨	적정법
29	중금속화합물류	유도결합플라스마 – 원자발광분광법(ICP-AES)
30	세탁제품 생분해도 시험	-
31	공기정화용 필터의 함유성분 소모량 측정 시험	-

※ 자료 : '국립환경과학원 고시 제2018-71호(안전확인대상 생활화학제품 시험・검사 등의 기준 및 방법 등에 관한 규정)의 표 2을 참고하여 저자 재작성

표 3-18. 안전확인대상 생활화학제품의 사용확인물질, 사용가능 살생물물질과 분석 방법

번호	시험물질	시험방법
1	중금속류	유도결합플라스마 – 원자발광분광법(ICP-AES)
2	알데하이드류	고성능액체크로마토그래피법(HPLC)
3	나프탈렌	기체크로마토그래피법(GC)
4	휘발성유기화합물	기체크로마토그래피법(GC)

번호	시험물질	시험방법
5	비스(2-에틸헥실)프탈레이트(DEHP) 디부틸프탈레이트(DBP)	기체크로마토그래피/질량분석법(GC-MS)
6	메탄올	기체크로마토그래피법(GC)
7	메틸이소티아졸리논(MIT) 5-클로로메틸이소티아조리논(CMIT) 1,2-벤즈이소치아조리논(BIT)	고성능액체크로마토그래피법(HPLC)
8	벤질알콜, 벤조산	고성능액체크로마토그래피법(HPLC)
9	3-요오드-2-프로핀일 뷰틸 카바민산	고성능액체크로마토그래피법(HPLC)
10	트리클로산	고성능액체크로마토그래피법(HPLC)
11	염화벤잘코늄	고성능액체크로마토그래피/질량분석법(HPLC-MS) 액체크로마토그래피법(LC)
12	염산 및 황산	적정법
13	염화디옥틸다이메틸암모늄 염화디데실디메틸암모늄	액체크로마토그래피/질량분석법(LC-MS)
14	글리콜류	기체크로마토그래피법(GC)
15	개미산	고성능액체크로마토그래피법(HPLC)
16	살리실산, 살리실산메틸	고성능액체크로마토그래피법(HPLC)
17	벤조산벤질	기체크로마토그래피법(GC)
18	에탄올아민, 트리에탄올아민	기체크로마토그래피법(GC)
19	피레트럼	액체크로마토그래피/질량분석법(LC-MS)
20	중금속화합물류	유도결합플라스마－원자발광분광법(ICP-AES)
21	1-헥사데칸올	기체크로마토그래피법(GC)
22	머스크 케톤	기체크로마토그래피법(GC)
23	에틸렌다이아민테트라아세트산	고성능액체크로마토그래피법(HPLC)
24	페네틸알코올	고성능액체크로마토그래피법(HPLC)
25	소듐 피리싸이온	고성능액체크로마토그래피법(HPLC)
26	아연 피리싸이온	고성능액체크로마토그래피법(HPLC)
27	과산화수소	자외선/가시광선 분광법
28	다이페닐 에테르	기체크로마토그래피법(GC) 기체크로마토그래피/질량분석법(GC-MS)
29	모르폴린	기체크로마토그래피법(GC) 기체크로마토그래피/질량분석법(GC-MS)

번호	시험물질	시험방법
30	알파－피넨	기체크로마토그래피법(GC)
31	에탄올	기체크로마토그래피법(GC)
32	2-메톡시에탄올	기체크로마토그래피법(GC)

※ 자료 : '국립환경과학원 고시 제2018-71호(안전확인대상 생활화학제품 시험·검사 등의 기준 및 방법 등에 관한 규정)의 표 3을 참고하여 저자 재작성

표 3-19. 안전확인대상 생활화학제품의 표시물질과 분석 방법

번호	시험물질	시험방법
1	알러지성 향료 성분 (아트라놀, 클로로아트라놀 제외)	기체크로마토그래피/질량분석법(GC-MS)
	알러지성 향료 성분 (아트라놀, 클로로아트라놀)	액체크로마토그래피/질량분석법(LC-MS)
2	수소이온농도(pH)	유리전극법

※ 자료 : '국립환경과학원 고시 제2018-71호(안전확인대상 생활화학제품 시험·검사 등의 기준 및 방법 등에 관한 규정)의 표 4를 참고하여 저자 재작성

「환경보건법」에 따른 어린이용품은 국립환경과학원 예규에 제시된 7가지 유해화학물질군에 대한 전처리 방법, 함량 및 전이량 분석 방법을 참고할 수 있다.

- 어린이용품 함유 프탈레이트류(국립환경과학원 예규 제512호)
- 어린이용품 함유 염료류(국립환경과학원 예규 제583호)
- 어린이용품 함유 폴리클로리네이티드바이페닐(PCBs) 및 다환방향족탄화수소류(PAHs)(국립환경과학원 예규 제585호)
- 어린이용품 함유 중금속류 및 유기용제류(국립환경과학원 예규 제611호)
- 어린이용품 함유 농약류(국립환경과학원 예규 제613호)
- 어린이용품 함유 방부제류(국립환경과학원 예규 제614호)
- 어린이용품 함유 페놀류(국립환경과학원 예규 제616호)

6. 노출량 추정

1) 생활화학제품의 노출량 추정

생활화학제품의 노출량 산출에 대한 몇 가지 예시 문항과 풀이 방법을 제시하였다.

예시 문항 1) 스프레이형 방향제를 사용하고 있는 성인 여성을 대상으로 A 물질의 흡입 경로를 통한 초기 노출평가를 수행하고자 한다. 문헌 조사로 확보한 노출계수 값이 다음과 같을 때 제품의 일일평균노출량(mg/kg · day)을 산정하시오.

노출계수	노출계수 값(단위)	노출계수	노출계수 값(단위)
A_p : 제품사용량	1.96 (g)	t : 노출시간	0.5 (min/회)
W_f : 제품 중 성분비	0.1 (−)	n : 사용빈도	0.29 (회/day)
V : 욕실 공간체적	9.3 (m^3)	BW : 체중	57.8 (kg)
IR : 호흡률	20 (m^3/day)		

스프레이형 방향제는 「화학제품안전법」에 따른 생활화학제품의 일종으로 '국립환경과학원 고시 제2018-70호(생활화학제품 위해성평가의 대상 및 방법 등에 관한 규정)'를 참고하여 흡입 경로를 통한 초기평가를 진행할 수 있다. 즉, 공기 중 분사되는 스프레이형 방향제의 공기 중 농도(C_a)를 구하는 식은 식 (3-1)과 같으며, 노출량(D_{inh})을 구하는 식은 식 (3-2)와 같다.

$$C_a = \frac{A_p \times W_f}{V} \tag{3-1}$$

$$D_{air}(mg/kg \cdot day) = \frac{C_a \times IR \times t \times n}{BW} \tag{3-2}$$

이 식에 문제에서 제시된 노출계수를 대입하고 계산하면 0.00073 mg/kg · day와 같다.

$$C_a = \frac{A_p \times W_f}{V} = \frac{1.96\,(\mathrm{g}) \times 1000\,(\mathrm{mg/g}) \times 0.1}{9.3\,(\mathrm{m^3})}$$

$$= 21.07\,(\mathrm{mg/m^3})$$

$$D_{inh}\,(\mathrm{mg/kg \cdot day}) = \frac{C_a \times IR \times t \times n}{BW}$$

$$= \frac{21.07\left(\frac{\mathrm{mg}}{\mathrm{m^3}}\right) \times 20\left(\frac{\mathrm{m^3}}{\mathrm{day}}\right) \times 0.5\left(\frac{\mathrm{min}}{\text{회}}\right) \times \frac{1}{60}\left(\frac{\mathrm{h}}{\mathrm{min}}\right) \times 0.29\left(\frac{\text{회}}{\mathrm{day}}\right) \times \frac{1}{24}\left(\frac{\mathrm{day}}{\mathrm{h}}\right)}{57.8\,(\mathrm{kg})}$$

$$= 0.00073\,(\mathrm{mg/kg \cdot day})$$

예시 문항 2) 액상형 섬유유연제(일반)를 사용하고 있는 성인 남성을 대상으로 섬유를 통한 B 물질의 경피 경로의 초기 노출평가를 수행하고자 한다. 문헌 조사로 확보한 노출계수 값이 다음과 같을 때 제품의 일일평균노출량(mg/kg · day)을 산정하시오.

노출계수	노출계수 값(단위)	노출계수	노출계수 값(단위)
A_p : 제품사용량	51.2 (g/회)	F_3 : 섬유의 피부접촉비	1 (−)
W_f : 제품 중 성분비	0.1 (−)	abs : 체내 흡수율	1 (−)
F_1 : 사용량 중 섬유잔류비	1 (−)	n : 사용빈도	8 (회/month)
F_2 : 섬유잔류량 중 방출비	1 (−)	BW : 체중	70.6 (kg)

액상형 섬유유연제는 「화학제품안전법」에 따른 생활화학제품의 일종으로 '생활화학제품 위해성평가의 대상 및 방법 등에 관한 규정(국립환경과학원 고시 제2018-70호)'를 참고하여 경피 경로를 통한 초기평가를 진행할 수 있다. 즉, 섬유를 통한 접촉이 이루어지는 섬유유연제의 피부 접촉량(L_d)을 구하는 식은 식 (3-3)과 같으며, 노출량(D_{der})을 구하는 식은 식 (3-4)와 같다.

$$L_d = A_p \times W_f \times F_1 \times F_2 \times F_3 \tag{3-3}$$

$$D_{der}(\mathrm{mg/kg \cdot day}) = \frac{L_d \times abs \times n}{BW} \tag{3-4}$$

이 식에 문제에서 제시된 노출계수를 대입하고 계산하면 19.34 mg/kg · day와 같다.

$$L_d = A_p \times W_f \times F_1 \times F_2 \times F_3$$

$$= 51.2\,(\mathrm{g}/\text{회}) \times 1000\,(\mathrm{mg/g}) \times 0.1 \times 1 \times 1 \times 1$$

$$= 5120\,(\mathrm{mg}/\text{회})$$

$$D_{der}(\text{mg/kg} \cdot \text{day}) = \frac{L_d \times abs \times n}{BW}$$

$$= \frac{5120\,(\text{mg/회}) \times 1 \times 8\,(\text{회/month}) \times \frac{1}{30}(\text{month/day})}{70.6\,(\text{kg})}$$

$$= 19.34\,(\text{mg/kg} \cdot \text{day})$$

2) 어린이용품의 노출량 추정

어린이용품의 노출량 산출에 대한 몇 가지 예시 문항과 풀이 방법을 제시하였다.

예시 문항 3) 치아발육기를 빨거나 씹는 3개월 남아를 대상으로 C 물질의 경구 경로를 통한 노출평가를 수행하고자 한다. 문헌 조사로 확보한 노출계수 값이 다음과 같을 때 제품의 일일평균노출량(mg/kg · day)을 산정하시오.

노출계수	노출계수 값(단위)	노출계수	노출계수 값(단위)
M : 제품 내 유해물질의 전이율	0.000423 (mg/cm^2 · min)	SA : 접촉면적	100 (cm^2)
ET : 접촉시간	5.11 (min/hour)	BW : 체중	5.9 (kg)

치아발육기는 「환경보건법」에 따른 어린이용품의 일종으로 '환경부 예규 제585호(환경유해인자의 위해성평가를 위한 절차와 방법 등에 관한 지침)'에 제시된 노출 알고리즘을 활용할 수 있다. 즉, 시나리오 I (빨거나 씹음)의 노출 알고리즘(식 3-5)을 이용하여 산출할 수 있다.

$$ADD = \frac{M \times ET \times SA}{BW} \tag{3-5}$$

이 식에 문제에서 제시된 노출계수를 대입하고 계산하면 0.88 mg/kg · day와 같다.

$$ADD = \frac{M \times ET \times SA}{BW}$$

$$= \frac{0.000423\,(\text{mg/cm}^2 \cdot \text{min}) \times 5.11\,(\text{min/h}) \times 24\,(\text{h/day}) \times 100\,(\text{cm}^2)}{5.9\,(\text{kg})}$$

$$= 0.88\,(\text{mg/kg} \cdot \text{day})$$

예시 문항 4) 크레파스를 사용하는 5세 여아를 대상으로 D 물질의 경피 경로를 통한 노출평가를 수행하고자 한다. 문헌 조사로 확보한 노출계수 값이 다음과 같을 때 제품의 일일평균노출량(mg/kg · day)을 산정하시오.

노출계수	노출계수 값(단위)	노출계수	노출계수 값(단위)
C : 제품 내 유해물질의 농도	0.0015 (mg/g)	SA : 양손 접촉면적	900 (cm^2)
ET : 손 접촉시간	102 (min/day)	ABs : 피부 흡수율	1 (−)
A : 단위시간 당 피부에 묻은 제품의 양	0.1 ($g/cm^2 \cdot min$)	BW : 체중	19.51 (kg)

크레파스는 「환경보건법」에 따른 어린이용품의 일종으로 '환경부 예규 제585호(환경유해인자의 위해성평가를 위한 절차와 방법 등에 관한 지침)'에 제시된 노출 알고리즘을 활용할 수 있다. 즉, 시나리오 VI (제품의 피부 접촉)의 노출 알고리즘(식 3-6)을 이용하여 산출할 수 있다.

$$ADD = \frac{C \times ET \times A \times SA \times ABs}{BW} \tag{3-6}$$

이 식에 문제에서 제시된 노출계수를 대입하고 계산하면 0.70 mg/kg · day와 같다.

$$ADD = \frac{C \times ET \times A \times SA \times ABs}{BW}$$

$$= \frac{0.0015\,(\text{mg/g}) \times 102\,(\text{min/day}) \times 0.1\,(\text{g/cm}^2 \cdot \text{min}) \times 900\,(\text{cm}^2) \times 1}{19.5\,(\text{kg})}$$

$$= 0.70\,(\text{mg/kg} \cdot \text{day})$$

3) 노출량 추정의 타당성 확인

노출량을 추정할 때에는 노출 시나리오, 노출 알고리즘, 노출계수가 적절한지 타당성을 확인하는 것이 필요하다. 노출 시나리오는 제품의 용도, 목적, 사용 실태 등을 바탕으로 적절한 출처와 함께 구성되었는지를 확인해야 한다. 노출 알고리즘은 노출 시나리오를 바탕으로 구성되었는지, 노출계수는 신뢰성이 확보된 노출계수 핸드북 등을 통해 수집되었는지를 확인해야 한다. 직접 시험하거나 기기로 분석하여 노출계수를 확보한 경우에는 국제 공인시험법을 통해 생산했는지 확인하며, 설문조사를 통해 확보된 노출계수는 표본 수, 설문 과정 등이 적절한지 확인해야 한다.

7. 소비자 노출평가 모델

소비자 노출평가 모델이란 정해진 노출 시나리오, 노출 알고리즘, 노출계수를 활용하여 제품 사용으로 인한 소비자의 노출량 추정이 가능하도록 만들어진 툴을 의미한다. 유럽과 미국 등에서는 여러 소비자 노출평가 모델이 개발되었으며, 노출평가의 목적과 특징에 따라 차이가 있다. 우리나라는 별도의 소비자 노출평가 모델이 공개되어 있지 않지만, 국외 소비자 노출평가 모델을 활용할 수 있다. 소비자 노출평가 모델에는 ECETOC-TRA, ConsExpo, EUSES 등이 있다(표 3-20).

표 3-20. 주요 소비자 노출평가 툴의 비교

분류	ECETOC-TRA	ConsExpo	EUSES
홈페이지	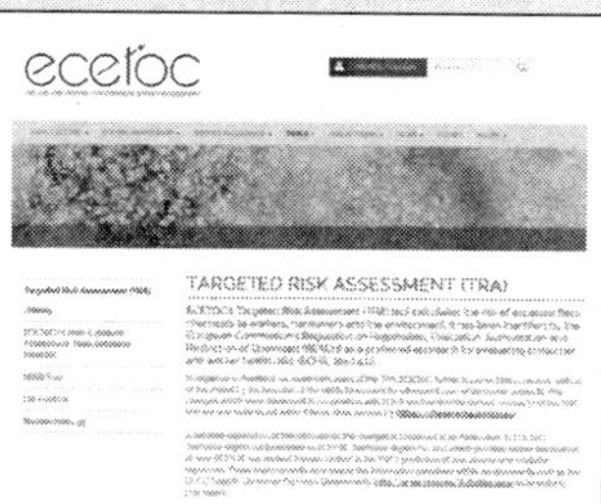	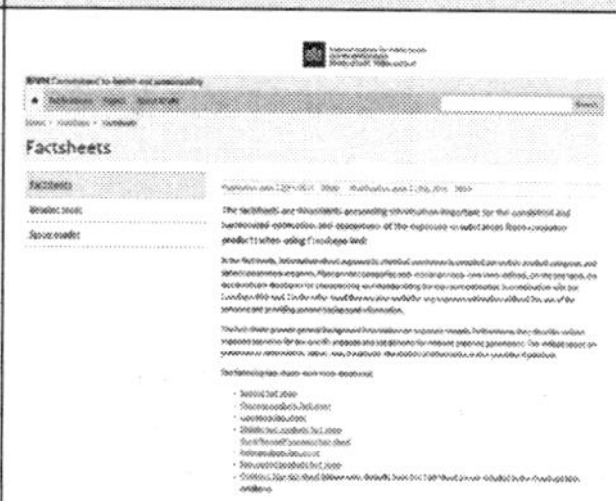	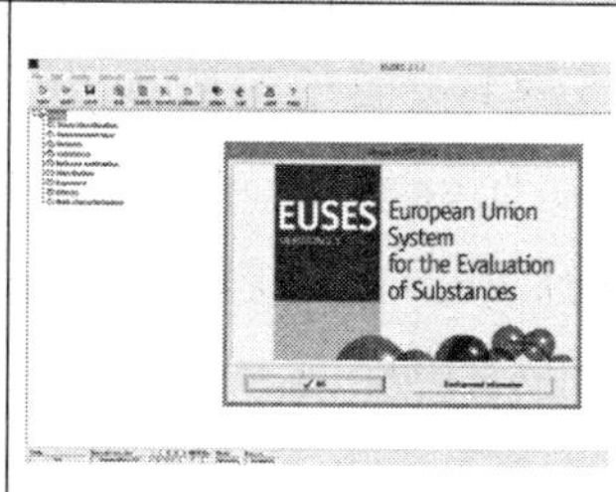
개발기관	유럽화학물질 생태독성 및 독성센터(ECETOC)	네덜란드 국립공중보건환경 연구소(RIVM)	네덜란드 국립공중보건환경 연구소(RIVM)
단계	Tier 1	Tier 1 & 2	Tier 1
대상	소비자, 작업자, 환경	소비자	소비자, 작업자, 환경

※ 자료 : ECETOC-TRA (http://www.ecetoc.org/tools/targeted-risk-assessment-tra), ConsExpo (https://www.rivm.nl/en/consexpo), EUSES (https://ec.europa.eu/jrc/en/scientific-tool/european-union-system-evaluation-substances)

1) ECETOC-TRA

유럽화학물질 생태독성 및 독성센터(European Center for Ecotoxicology and Toxicology of Chemicals ; ECETOC)은 인간 및 환경의 건강에 초점을 두고 1978년에 설립된 센터로 Target Risk Assessment (TRA)는 ECETOC에서 개발한 위해성평가 도구이다. ECETOC-TRA는 소비자, 작업자, 환경 노출에 대한 Tier 1 수준의 평가가 가능하다. 유럽화학물질청(ECHA)에서는 신 화학물질 관리제도(REACH)에 따른 화학물질 위해성평가에 이 모델을 활용할 것을 권장하고 있다(ECHA, 2010a, 2010b). 국립환경과학원에서도 '화평법 이행을 위한 작업자 및 소비자 노출 예측모형(ECETOC-TRA) 매뉴얼(국립환경과학원, 2016c)'을 배포하여 「화평법」 제14조 제1항 제7호에 규정한 '화학물질 전 과정에서의 취급방법과 노출통제 · 관리 방법을 기술한 노출 시나리오를 포함한 위해성에 관한 자료' 작성을 위해 ECETOC-TRA를 활용할 수 있도록 하였다.

ECETOC-TRA 프로그램은 공식 홈페이지(http://www.ecetoc.org/tools/targeted-risk-assessment-tra)를 통하여 다운로드 후에 사용할 수 있다. 초기에는 웹 기반 형태로 이용됐으나, 2009년부터는 엑셀 기반의 모델 툴로 배포되고 있다. 홈페이지 내에서 요구하는 몇 가지 사항을 입력하면 e-mail로 다운로드 링크를 받을 수 있으며, 현재에는 ConsumerTRA_Ver 3.1이 사용되고 있다.

ECETOC-TRA의 소비자 전용 노출평가 모델은 excel 프로그램으로 개발되었으며(그림 3-10), 9개의 sheet로 구성되어 있다(표 3-21). 노출계수가 내장된 대상 제품은 유럽화학물질청(ECHA)에서 용도기술어 시스템 지침에 따라 분류한 제품 범주(product category ; PC) 중 10개(product), 사용 시 화학물질이 유출되지 않는 완제품 범주(article category ; AC) 중 6개이다. 제품 범주별로 소비자 노출 조건에 대한 필수 입력변수를 입력하면 노출량 평가가 가능하다. 노란색 셀은 필수 입력사항으로 반드시 입력해야 하며, 하늘색 셀은 선택 입력사항으로 정보가 있다면 입력을 하고 만약 정보가 없다면 모델 내 기본값을 이용한 노출량 산정이 가능하다. 분홍색 셀은 노란색, 하늘색 셀을 입력하면 자동적으로 선택되는 셀이며, 회색 셀은 입력이 불가능한 셀이다.

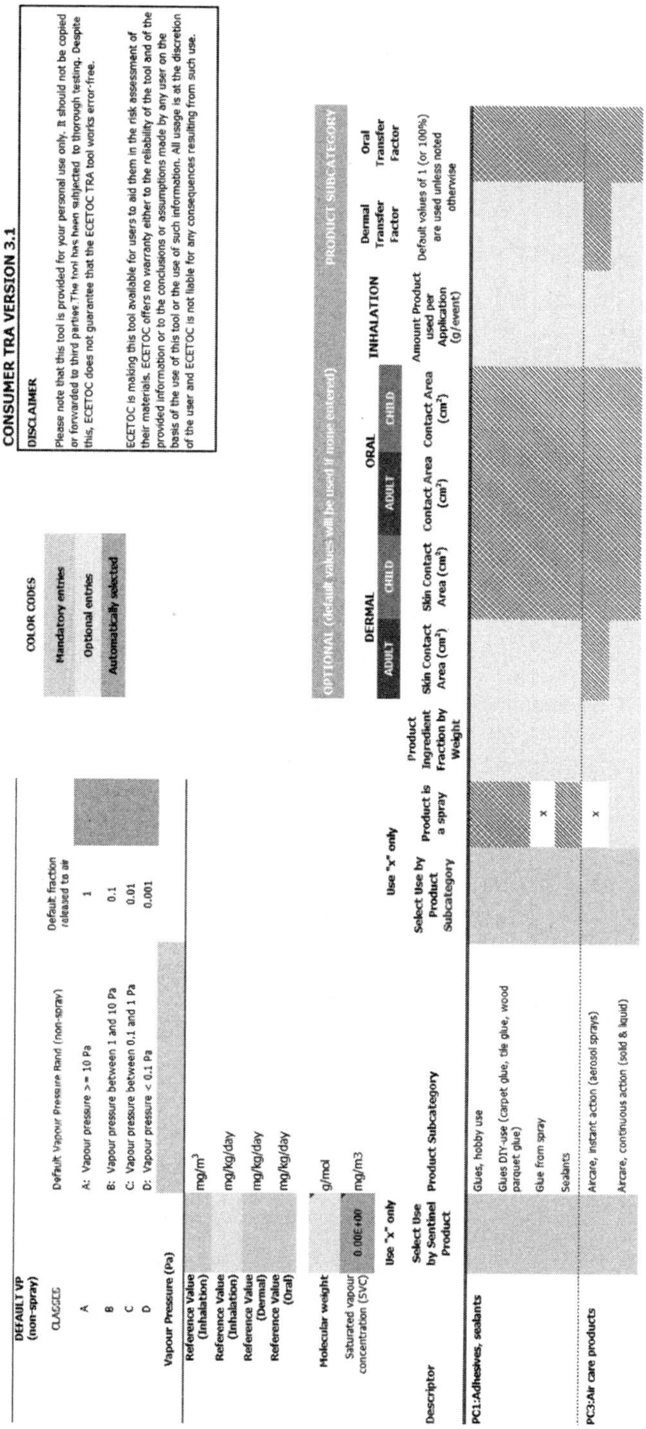

그림 3-10. ECETOC-TRA의 User Input 입력 정보

※ 자료 : 'ECETOC-TRA (ConsumerTRA_Ver3.1)'를 참고하여 저자 재작성

표 3-21. ECETOC-TRA 소비자 노출평가 tool을 구성하는 worksheet

구분	내 용
User input	노출평가 및 위해도 결정을 위해 사용자가 정보를 입력할 수 있음
Add subcategory	새로운 하위범주 정보가 있는 경우 새로운 제품 및 완제품 범주 추가할 수 있음
Results by sentinel products	Sentinel products에 대한 위해도 값과 노출평가 결과, 노출경로에 따른 노출 알고리즘과 매개변수를 보여줌
Results by products subcategory	제품/완제품 하위범주에 대한 노출평가 및 위해도 값을 보여줌
Dermal (product subcategory)	제품/완제품 하위범주에 대한 피부 노출평가 및 위해도 값, 노출 알고리즘, 매개변수를 보여줌
Oral (product subcategory)	제품/완제품 하위범주에 대한 경구 노출평가 및 위해도 값, 노출 알고리즘, 매개변수를 보여줌
Inhalation (product subcategory)	제품/완제품 하위범주에 대한 흡입 노출평가 및 위해도 값, 노출 알고리즘, 매개변수를 보여줌
Defaults	노출 매개변수 및 관련 노출경로 자료를 보여줌
Defaults2	하위 개체군(어린이, 성인)에 대한 노출 매개변수를 보여줌

※ 자료 : 'ECETOC-TRA (ConsumerTRA_Ver3.1)'를 참고하여 저자 재작성

표 3-22. ECETOC-TRA 내 소비자 노출평가의 기본 값 내장 제품 범주(PC) 및 완제품 범주(AC)

범주	상세 제품 범주
PC1 : Adhesives, sealants (접착제, 실란트)	Glues, hobby use (접착제, 취미용)
	Glues DIY-use [DIY용 접착제(카펫, 타일, 나무세공용)]
	Glue from spray (스프레이 접착제)
	Sealants (실란트)
PC3 : Air care products (공기정화 제품)	Aircare, instant action [공기정화, 일시적 사용(에어로졸 스프레이)]
	Aircare, continuous action [공기정화, 계속적 사용(액상&고체)]
PC9a : Coatings and paints, thnners, paint removers (코팅제, 페인트, 시너, 리무버)	Waterborne latex wall paint (수성 라텍스 벽 페인트)
	solvent rich, high solid, waterborne paint (진한 용제, 고체, 수계 도료)
	Aerosol spray can (에어로졸 스프레이 캔)
	Removers [리무버(페인트-, 접착제-, 벽 페인트-, 실란트- 리무버)]
PC9b : Fillers, putties, plasters, modelling clay (필러, 퍼티, 석고, 점토)	Fillers and putty (필러와 퍼티)
	Plasters and floor equalizers (석고 및 바닥 기기)
	Modelling clay (모델링 점토)
PC9c : Finger paints (손가락 물감)	Finger paints (손가락 물감)

범주	상세 제품 범주
PC12 : Fertilizers(비료)	Lawn and garden preparations (잔디 및 정원 가꾸기)
PC13 : Fuels(연료)	Liquids (액상)
PC24 : Lubricants, greases, release products(윤활유, 그리스, 방출 제품)	Liquids (액상)
	Pastes (반죽)
	Sprays (스프레이)
PC31 : Polishes and wax blends(광택제와 왁스 혼합물)	Polishes, wax/cream [광택제, 왁스/크림(바닥, 가구, 신발)]
	Polishes, spray [광택제, 스프레이(가구, 신발)]
PC35 : Washing and cleaning products (세척 및 청소 제품)	Laundry and dish washing products (세탁 및 주방 세정용품)
	Cleaners, liquids [액상 세정제(다용도, 소독, 바닥, 유리, 카펫, 금속용)]
	Cleaners, trigger sprays [분무 스프레이 세정제(다용도, 소독, 유리용)]
AC5 : Fabrics, textiles and apparel (직물, 섬유, 의류)	Clothing, towel (의류, 타월)
	Bedding, mattress (침구, 매트리스)
	Toys (장난감)
	Car seat, chair, flooring (어린이용 카시트, 의자, 바닥재)
AC6 : Leather articles (가죽 제품)	Purse, wallet, covering steering wheel (가죽 지갑)
	Footwear (가죽 신발, 부츠)
	Furniture [가구(소파)]
AC8 : Paper articles (종이 제품)	Diapers (기저귀)
	Sanitary towels (위생 수건)
	Tissues, paper towels, wet tissues, toilet paper (티슈, 종이타월, 물티슈, 화장지)
	Printed paper (인쇄용지, 잡지, 서적)
AC10 : Rubber articles (고무 제품)	Rubber handles, tyres (고무 손잡이, 타이어)
	Flooring (고무 바닥재)
	Footwear (고무 신발, 부츠)
	Rubber toys (고무 장난감)
AC11 : Wood articles (목제품)	Furniture [가구(의자)]
	Walls and flooring (벽 및 바닥재)
	Small toys (작은 장난감, 기차)
	Toys, outdoor equipment (완구, 야외활동 장비)
AC13 : Plastic articles (플라스틱 제품)	Plastic, larger articles (플라스틱 의자, PVC 바닥재, 잔디 깎기)
	Toys (플라스틱 완구)
	Plastic, small articles (플라스틱 볼펜, 휴대폰)

※ 자료 : 'ECETOC-TRA (ConsumerTRA_Ver3.1)'를 참고하여 저자 재작성

스프레이형 접착제 내 벤젠 노출에 대해 ECETOC-TRA로 시연해 보고자 한다. ‘User Input’ sheet의 위쪽에는 물리화학적 정보의 일종인 물질의 증기압(Pa)을 입력하며, 위해성 평가까지 연계하여 진행하기 위해 독성정보(흡입 mg/m^3, 경피 mg/kg · day, 경구 mg/kg · day)를 입력한다(그림 3-11). 증기압을 입력하면 자동적으로 분홍색 셀에 A, B, C, D 등급이 입력된다. 그 후 노출량을 산정하기 위해 소비자가 사용하는 제품의 제품 범주와 상세 제품 범주를 선택하여 해당란에 ‘ × ’ 표시한다(그림 3-11). 경구 및 경피 경로에 대해서는 성인과 어린이의 접촉면적을 구분하여 입력할 수 있으며, 선택적으로 입력할 노출계수가 있다면 하늘색 셀에 입력한다. 기본으로 내장된 제품 범주 외에 평가가 필요할 때에는 추가 제품의 입력 변수 편집을 통해 평가할 수 있다.

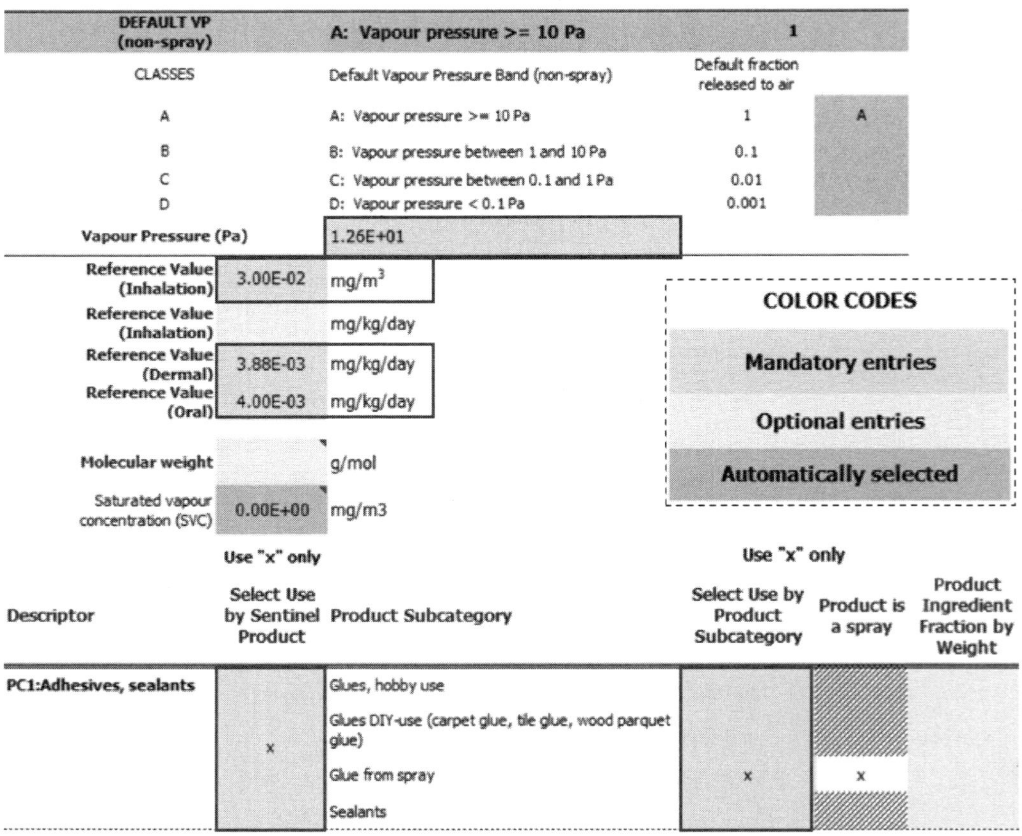

그림 3-11. ECETOC-TRA의 User Input에 증기압, 독성정보, 제품 범주를 입력한 화면

※ 자료 : ‘ECETOC-TRA (ConsumerTRA_Ver3.1)’를 참고하여 저자 재작성

입력 정보 창에 모든 정보를 입력하면 'Results by Sentinel Prod' 또는 'Results by Prod Subcat' sheet에서 소비자 노출량 및 위해도 산정 결과값을 확인할 수 있다(그림 3-12). 위해성평가 결과 risk characterization ratio (RCR) 값이 1을 초과할 때는 값이 빨간색 글씨로 표시된다. 선택한 스프레이형 접착제 제품은 경피 및 흡입 경로로의 노출이 우려되므로 경구 경로로의 노출량 및 위해도 값이 평가되지 않았다(그림 3-12).

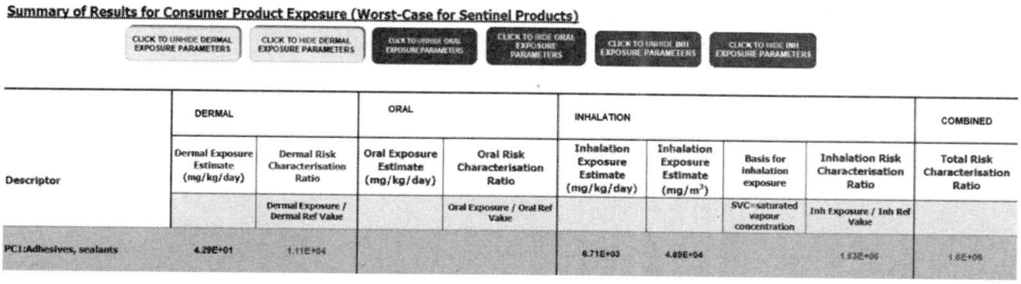
Summary of Results for Consumer Product Exposure (Worst-Case for Sentinel Products)

CLICK TO UNHIDE DERMAL EXPOSURE PARAMETERS | CLICK TO HIDE DERMAL EXPOSURE PARAMETERS | CLICK TO UNHIDE ORAL EXPOSURE PARAMETERS | CLICK TO HIDE ORAL EXPOSURE PARAMETERS | CLICK TO UNHIDE INH EXPOSURE PARAMETERS | CLICK TO HIDE INH EXPOSURE PARAMETERS

Descriptor	DERMAL		ORAL		INHALATION				COMBINED
	Dermal Exposure Estimate (mg/kg/day)	Dermal Risk Characterisation Ratio	Oral Exposure Estimate (mg/kg/day)	Oral Risk Characterisation Ratio	Inhalation Exposure Estimate (mg/kg/day)	Inhalation Exposure Estimate (mg/m³)	Basis for inhalation exposure	Inhalation Risk Characterisation Ratio	Total Risk Characterisation Ratio
		Dermal Exposure / Dermal Ref Value		Oral Exposure / Oral Ref Value			SVC=saturated vapour concentration	Inh Exposure / Inh Ref Value	
PC1:Adhesives, sealants	4.29E+01	1.11E+04			6.71E+03	4.89E+04		1.63E+06	1.6E+06

그림 3-12. ECETOC-TRA의 Results by Sentinel Prod sheet에서 노출량 산정 결과 화면
※ 자료 : 'ECETOC-TRA (ConsumerTRA_Ver3.1)'를 참고하여 저자 재작성

2) ConsExpo

ConsExpo는 네덜란드 국립공중보건환경연구소(National Institute for Public Health and the Environment ; RIVM)에서 개발한 위해성평가 도구이다. 소비자 노출에 대한 Tier 1, Tier 2 수준의 상세한 예측 평가가 가능하다는 측면에서 다른 모델보다 장점이 있다. 국립환경과학원에서도 '화평법 이행을 위한 소비자 노출 예측모형(ConsExpo) 매뉴얼(국립환경과학원, 2016d)'을 배포하여 「화평법」 제14조 제1항 제7호에 규정한 '화학물질 전 과정에서의 취급방법과 노출통제 · 관리 방법을 기술한 노출 시나리오를 포함한 위해성에 관한 자료' 작성을 위해 ConsExpo를 활용할 수 있도록 하였다.

ConsExpo는 web-based version(2019년 2월 13일 version 1.0.6)에 새로운 계정을 등록한 후 사용하는 것이 가능하다(http://www.rivm.nl/en/news/rivm-launches-new-web-based-version-of-consexpo ; 그림 3-13). ConsExpo는 제품군의 노출 특성에 맞게 노출경로가 설정되어 있어 급 · 만성 노출에 따른 노출경로별 노출량을 예측할 수 있다. 다양한 연구를 통해 화장품, 소독살균제류, 페인트 제품, 세정제, 해충관리 제품, DIY 제품의 6개 제품군(표 3-23)은 제품 사용과 관련된 노출계수 기본값(default)을 제공하고 있으며, fact sheet를 이용해 노출량을 산출할 수 있다(그림 3-14). 또한 모델 내 기본값 변경이 가능하며, 국내 노출계수를 확보한 경우 사용자가 직접 변수를 입력해 노출량을 산정할 수 있다.

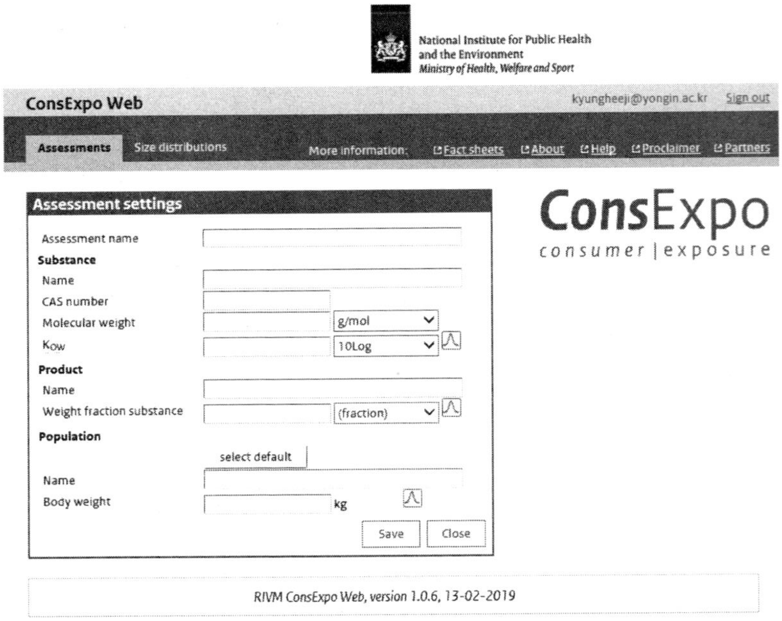

그림 3-13. ConsExpo web version

※ 자료 : https://www.consexpoweb.nl/assessments/create

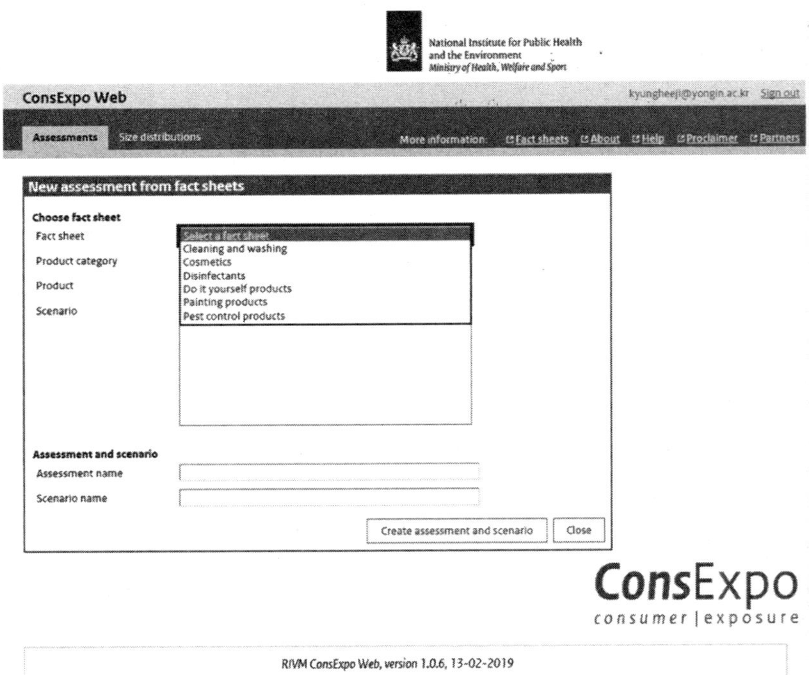

그림 3-14. ConsExpo의 6가지 fact sheets

※ 자료 : https://www.consexpoweb.nl/assessments/NewFromFactsheet

표 3-23. ConsExpo의 모델 내 기본값(default) 내장 제품군

구분	제품군	세부 제품군 분류
화장품 (Cosmetics)	유아용 제품 (Babycare products)	크림(Cream), 오일(Oil), 분말(Powder)
	목욕 샤워용 (Bath-shower products)	입욕제(Bath) : 거품(Foam), 오일(Oil), 소금(Salts)
		비누(Soap) : 액체(Liquid), 고체(Solid)
		핸드워시(비누, 젤), 바디클렌저(비누, 젤)
	데오도란트 (Deodorant cosmetics)	스프레이(Spray), 고체(Stick)
	발 관리용 (Foot care products)	무좀약(Foot cream, anti-fungal), 발한억제 크림(Foot cream, antiperspirant)
	향수(Fragrance products)	화장실용 향수(Eau de toilette)
	모발 관리용 (Hair care products)	블리치(Bleach), 컨디셔너(Conditioner), 염색약(Dye), 젤(Gel), 무스(Mousse), 퍼머약(Perm), 샴푸(Shampoo), 스프레이(Spray)
	메이크업용 (Makeup cosmetics)	아이라이너(Eye liner), 아이 메이크업 리무버(Eye makeup remover), 아이섀도우(Eye shadow), 얼굴 메이크업(Facial makeup), 립스틱(Lipstick), 메이크업 리무버(Makeup remover), 마스카라(Mascara), 손톱 광택제(Nail polish), 손톱 광택제 리무버(Nail polish remover)
	남성용 화장품 (Men's cosmetics)	면도 후 화장품(Aftershave), 면도용 크림(Shaving cream)
	구강 관리용 (Oral care cosmetics)	구강 청결제(Mouth wash), 치약(Toothpaste)
	피부 관리용 (Skin care products)	바디로션(Body lotion), 얼굴 크림(Face cream), 손 크림(Hand cream), 필링 젤(Peeling gel), 미백제품(Skin whitening cream)
	자외선 보호용 (Suncare products)	선크림(Sunscreen lotion)
	기타 화장품 (Miscellaneous cosmetics)	제모 제품(Depilatories cream), 에센셜 오일(Essential oil), 얼굴 페인트(Face paint)
소독살균제 (Disinfectants)	이끼 제거제 (Algae removers)	-
	곰팡이 제거제 (Black mould removers)	-
	화장실용 소독제 (Disinfectants for chemical toilets)	-
	쓰레기용 소독제 (Disinfectants for rubbish bins)	-

구분	제품군	세부 제품군 분류
	실내용 소독제(Disinfectants for use indoors)	-
	음용수 소독제(Drinking water disinfectants)	-
	수영장 소독제(Swimming pool disinfectants)	-
	가축용 위생 살충제 (Veterinary hygiene biocidal products)	-
	물침대 관리제품 (Waterbed conditioners)	-
페인트 제품 (Painting products)	브러시, 롤러 페인트 (Brush and roller painting)	고체형 페인트(High solid paint), 용매 사용 페인트(Solvent rich paint), 2성분 페인트(two-component paints), 물 사용 페인트(Water borne paint), 물 사용 벽용 페인트(Water borne wall paint)
	스프레이형 페인트 (Spray painting)	공합 스프레이(Pneumatic spraying), 스프레이 캔(Spray can)
세정 제품 (Cleaning and washing)	연마제(Abrasives)	액체(Liquid), 분말(Powder)
	다목적 세정제 (All-purpose cleaners)	스프레이(Spray), 액체(Liquid), 물티슈(Wet-tissue)
	욕실 및 화장실 세정제 (Bathroom and toilet cleaning products)	욕실 세정제(Bathroom cleaning) : 액체(Liquid), 스프레이(Spray)
		화장실 세정제(Toilet cleaner) : 산(Acid), 표백제(Bleach)
		화장실 림 블록(Toilet rim block) : 액체(Liquid), 고체(Solid)
	주방 세정제 (Dishwashing products)	식기세척기용(Dishwashing machine) : 액체(Liquid), 분말(Powder), 린스(Rinse aid)
		설거지용(Manual dishwashing) : 액체(Liquid)
	가구 및 바닥 세정제 (Floor, carpet and furniture products)	카펫 세정용(Carpet cleaning) : 액체(Liquid), 분말(Powder), 얼룩 제거제(Spot remover)
		바닥 세정용(Floor cleaning) : 액체(Liquid), 카트리지(Cartridge), 닦기(Wipes)
		바닥 광택용(Floor polish) : 액체(Liquid), 스프레이(Spray)
		바닥 밀봉용(Floor sealing) : 폴리아크릴산(Polyacrylate based), 물(Water based)
		바닥 벗기기용(Floor stripping) : 액체(Liquid)
		가구 광택용(Furniture polish) : 스프레이(Spray), 액체(Liquid)
		가죽 유지용 스프레이(Leather maintenance spray)
	세탁 제품	손빨래용(Hand washing) : 액체－농축형(Liquid-con-

구분	제품군	세부 제품군 분류
	(Laundry products)	centrated), 액체－일반형(Liquid-regular), 분말－농축형(Powder-concentrated), 분말－일반형(Powder-regular)
		세탁기용(Machine washing) : 액체－농축형(Liquid-concentrated), 액체－일반형(Liquid-regular), 분말－농축형(Powder-concentrated), 분말－일반형(Powder-regular)
		얼룩제거제(Spot remover)
	기타 세정 제품 (Miscellaneous cleaning products)	하수구용 세정제(Drain cleaner), 유리용 세정제(Glass cleaning), 금속 세정제(Metal cleaner), 오븐 클리너(Oven cleaning), 신발 광택제(Shoe polish)
해충 관리 제품 (Pest control products)	미끼형(Baits)	쥐 미끼(Mice bait stations)
	분말형(Dusting powders)	-
	전기휘발형 (Electrical evaporators)	-
	방충제(Insect repellents)	-
	혼합 및 적재 (Mixing and loading)	-
	스프레이형(Sprays)	공기 공간 적용(Air space), 균열과 틈새 적용(Crack and crevice), 일반 표면(General surface), 목표 지점(Targeted spot)
	스트립 및 카세트형 (Strips and cassettes)	거주 공간 적용(Living area), 봉인된 지역 적용(Sealed area)
DIY 제품 (Do it yourself products)	코팅제(Coatings)	일반형(General), 홈통형(Gutter)
	필러(Filler)	튜브형(Filler/putty from tube), 분말형(General filler from powder), 큰 구멍형(Large hole filler), 스프레이형 퍼티(Putty spray), 2성분형(two-component filler)
	접착제(Glues)	병에 든 접착제(Bottled glue), 카펫용(Carpet glue), 핫멜트(Hot melt adhesive), 스프레이형(Spray glue), 강력 접착제(Super glue), 타일 접착제(Tile glue), 튜브형 접착제(Tube glue), 2성분 접착제(two-component glue), 벽지 접착제(Wall paper glue), 나무 바닥용 접착제(Wood parquet glue)
	석고(Plaster/equalizer)	바닥용(Floor equalizer), 벽용(Wall plaster)
	제거제(Removers)	접착제 제거제(Glue remover), 페인트 제거제(Paint remover), 실란트 제거제(Sealant remover), 벽지 제거제(Wall paper remover)
	실란트(Sealants)	어셈블리 실란트(Assembly sealants), 조인트 실란트(Joint sealants)
	기타 DIY 제품 (Miscellaneous do it yourself products)	단열폼(Isolation foam), 컬러 접합(Joint colour)

※ 자료 : 'ConsExpo'를 참고하여 저자 재작성

2-(2-페녹시에톡시)에탄올이 함유된 액상용(일반) 세제로 세탁을 한 후 옷을 입은 어린이에게 얼마나 노출되는지를 ConsExpo로 시연해 보고자 한다. Fact sheet에 product category, product, scenario를 선택하면(그림 3-14) 체중, 사용빈도, 노출된 부위의 면적, 제품의 사용량, 피부 흡수율 등의 노출계수 기본값(default)을 보여준다(그림 3-15). 노출 시나리오에 추가적으로 자료(예 : leachable fraction=1)를 입력하면(그림 3-16), 노출량을 추정할 수 있다(그림 3-17).

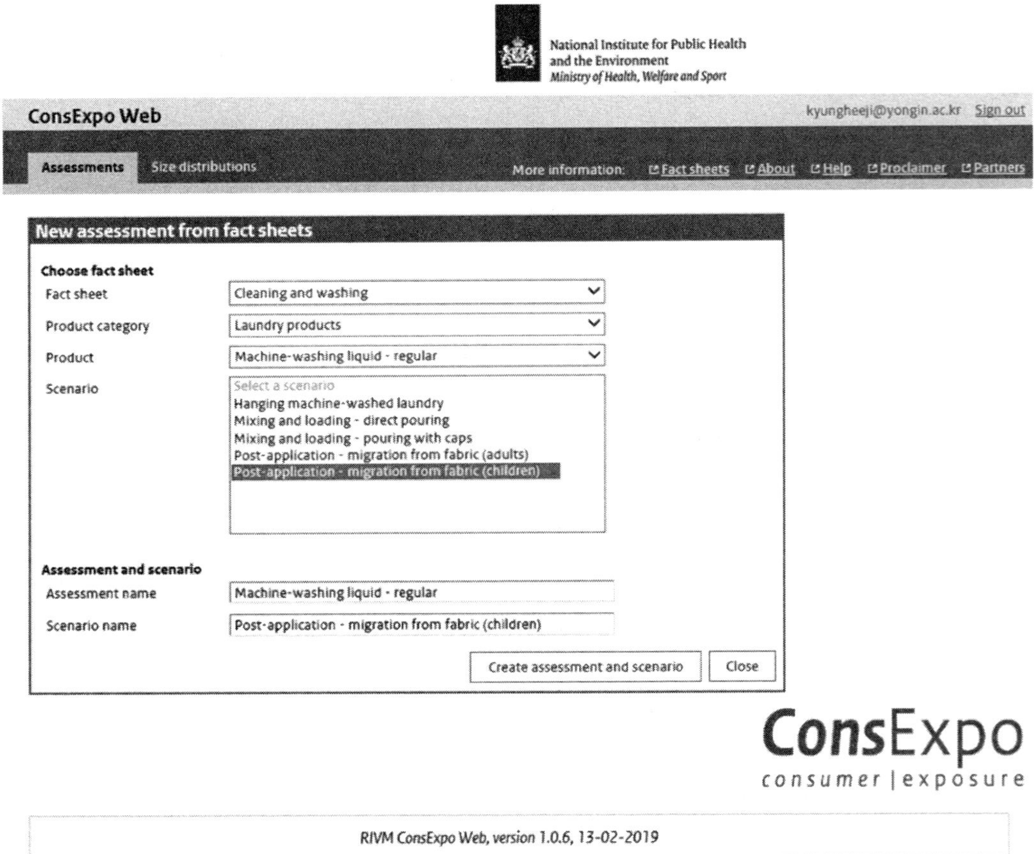

그림 3-15. ConsExpo의 fact sheets 관련 정보 입력 화면

※ 자료 : ‘ConsExpo’를 참고하여 저자 재작성

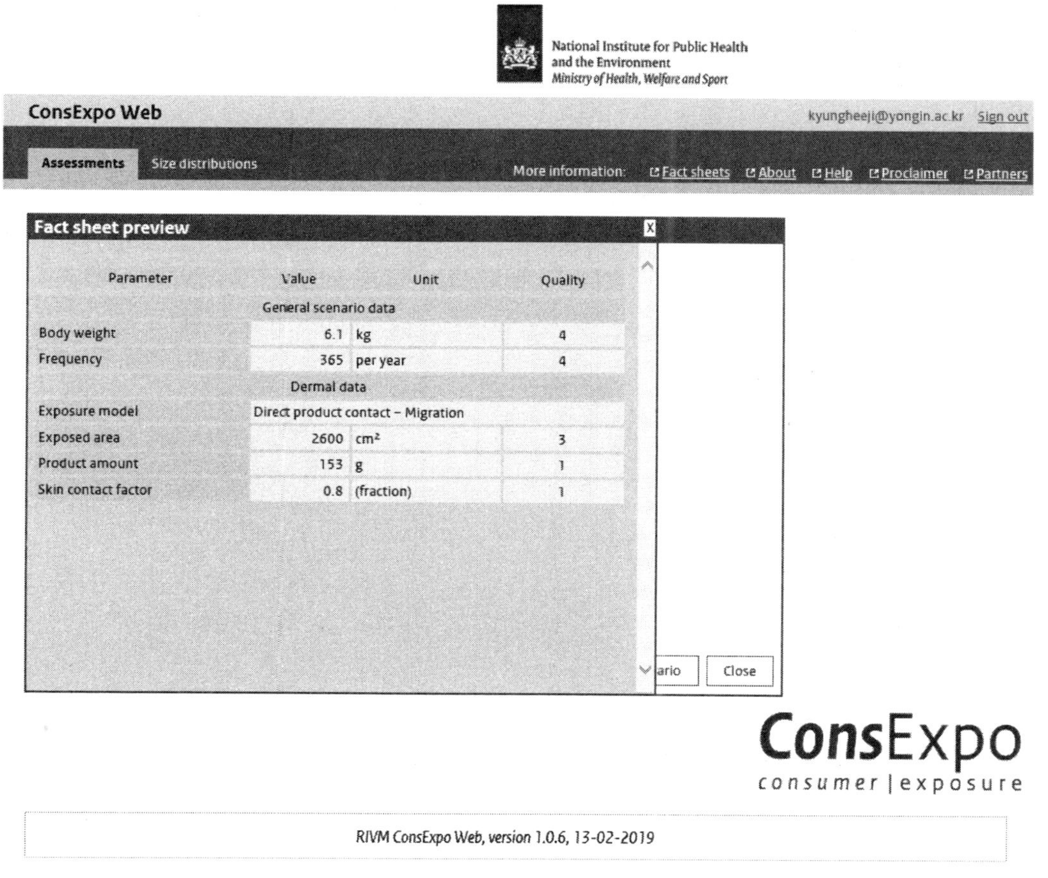

그림 3-16. ConsExpo의 fact sheet preview 화면
※ 자료 : ‘ConsExpo’를 참고하여 저자 재작성

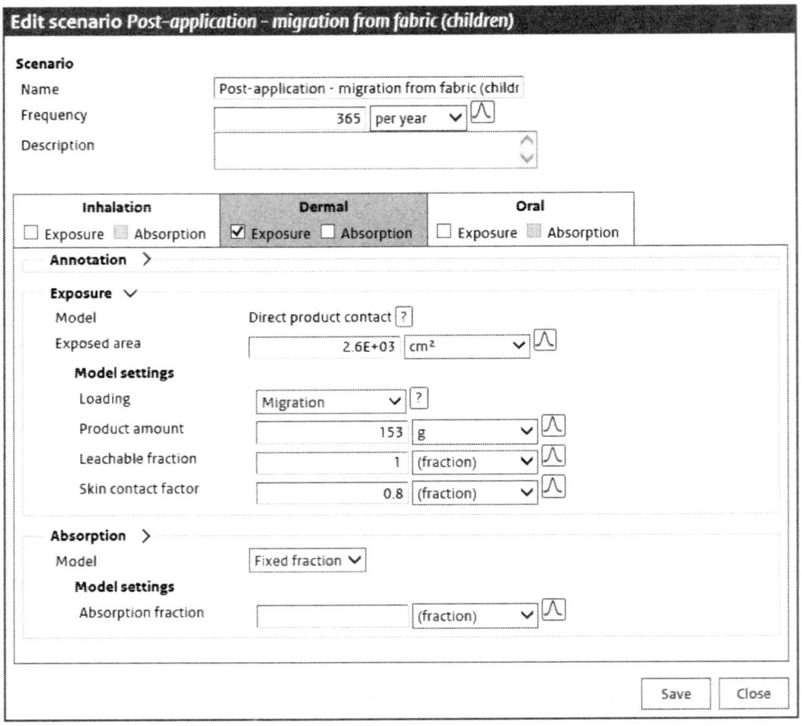

그림 3-17. ConsExpo의 fact sheet에 따른 노출 시나리오의 수정 화면
※ 자료 : 'ConsExpo'를 참고하여 저자 재작성

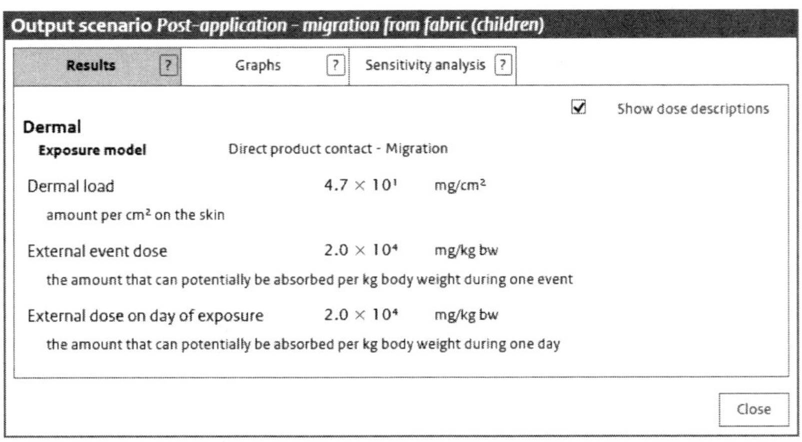

그림 3-18. ConsExpo의 fact sheet에 따른 노출량 추정 화면
※ 자료 : 'ConsExpo'를 참고하여 저자 재작성

예상문제

1. 「생활화학제품 및 살생물제의 안전관리에 관한 법률」에 제시된 안전확인대상 생활화학제품으로 옳지 않은 것은?

① 초　　② 방향제
③ 섬유유연제　　④ 식품용기 세척제

해설 • 「생활화학제품 및 살생물제의 안전관리에 관한 법률」의 안전확인대상 생활화학제품에는 세정제품, 세탁제품, 코팅제품, 접착·접합제품, 방향·탈취제품, 염색·도색제품, 자동차 전용 제품, 인쇄 및 문서 관련 제품, 미용 제품, 살균제품, 구제제품, 보존·보존처리제품, 기타(초, 습기제거제, 인공 눈 스프레이) 등이 포함된다.
• 세척제는 식품 또는 용기의 표면에서 음식 성분과 기타 유기성분을 제거할 용도로 사용되는 화학제품으로, 식품용기 세척제는 「위생용품관리법」에 따라 보건복지부 식품의약품안전처에서 관리하고 있다(c.f. 세정제는 일반 가정에서 바닥, 욕조 등의 물체를 깨끗이 닦을 용도로 사용되는 화학제품으로 환경부에서 관리하고 있다).

2. 단계적 노출평가 중 '초기평가'에 대한 설명으로 옳지 않은 것은?

① 실제 노출상황에 가까운 노출 시나리오 사용
② 합리적인 최악의 노출상황 가정
③ 노출 알고리즘의 신뢰도 낮음
④ 보수적으로 노출량 예측

해설 실제 노출상황에 가까운 노출 시나리오는 '상세평가'에서 사용한다.

3. '환경유해인자의 위해성평가를 위한 절차와 방법 등에 관한 지침'에 제시된 어린이용품 노출 알고리즘에서 제품의 전이량을 고려하는 알고리즘으로 옳은 것은?

① 물감 등 유체 제품의 경피 시나리오 VI
② 먼지를 방출하는 제품의 흡입 시나리오 V
③ 삼킬 수 있는 액상 제품의 경구 시나리오 II
④ 빨거나 씹을 수 있는 제품의 경구 시나리오 I

해설 삼킬 수 있는 액상 제품, 먼지를 방출하는 제품, 유체 제품(화장품, 물감 등)은 제품의 함량을 고려한다.

4. 노출계수 수집을 위한 설문조사 방식 중 시간과 비용적인 측면에서 비효율적이나 설문지의 회수율과 응답의 신뢰도가 높은 방법으로 옳은 것은?

① 면접조사 ② 온라인조사
③ 우편조사 ④ 전화조사

해설 면접조사는 시간과 비용 측면에서 비효율적이나, 조사자가 대상자를 직접 방문하여 설문 결과를 받으므로 회수율이 우수하며 응답자의 이해가 어려운 문항에 즉각적인 설명이 가능하여 응답의 신뢰도가 높다.

5. 피부에 흡착되는 어린이용품(점토, 크레파스 등)의 노출 시나리오에 따라 노출량을 산정할 때 필요한 변수로 옳지 않은 것은?

① 제품 접촉시간 ② 피부 흡수율
③ 어린이의 체중 ④ 제품의 전이량

해설 피부에 흡착되는 제품(점토, 크레파스 등)의 노출 시나리오에 따른 노출량 산정식은 다음과 같으며, 제품 내 함량을 고려한다.

$$ADD = \frac{C \times ET \times A \times SA \times ABs}{BW}$$

여기서, ADD : 일일 섭취량(mg/kg · day)
C : 제품 내 함유된 유해물질의 농도(mg/g)
ET : 접촉시간(min/day)
A : 단위시간당 피부에 묻은 제품의 양(g/min/cm^2)
SA : 접촉면적(cm^2)
ABs : 피부흡수율(−)
BW : 어린이의 체중(kg)

6. 실내공기용 탈취제(스프레이형 분사)를 사용하고 있는 성인 남성을 대상으로 A 물질의 흡입 경로를 통한 초기 노출평가를 수행하고자 한다. 문헌 조사로 확보한 노출계수 값이 다음과 같을 때 제품의 일일평균노출량(mg/kg・day)으로 옳은 것은?

노출계수	노출계수 값(단위)	노출계수	노출계수 값(단위)
A_p : 제품사용량	0.41 (g)	t : 노출시간	0.5 (min/회)
W_f : 제품 중 성분비	0.1 (−)	n : 사용빈도	0.29 (회/day)
V : 거실 공간체적	33.3 (m^3)	BW : 체중	70.6 (kg)
IR : 호흡률	20 (m^3/day)		

① 0.000005 mg/kg・day
② 0.000015 mg/kg・day
③ 0.000025 mg/kg・day
④ 0.000035 mg/kg・day

해설 스프레이형 탈취제는 「화학제품안전법」에 따른 생활화학제품의 일종으로 '국립환경과학원 고시 제2018-70호(생활화학제품 위해성평가의 대상 및 방법 등에 관한 규정)'을 참고하여 흡입 경로를 통한 초기평가를 진행할 수 있다. 이 식에 문제에서 제시된 노출계수를 대입하고 계산하면 0.000035 mg/kg・day와 같다.

$$C_a = \frac{A_p \times W_f}{V} = \frac{0.41\,(g) \times 1000\,(mg/g) \times 0.1}{33.3\,(m^3)} = 1.23\,(mg/m^3)$$

$$D_{air}\,(mg/kg \cdot day) = \frac{C_a \times IR \times t \times n}{BW}$$

$$= \frac{1.23\left(\frac{mg}{m^3}\right) \times 20\left(\frac{m^3}{day}\right) \times 0.5\left(\frac{min}{회}\right) \times \frac{1}{60}\left(\frac{h}{min}\right) \times 0.29\left(\frac{회}{day}\right) \times \frac{1}{24}\left(\frac{day}{h}\right)}{70.6\,(kg)}$$

$$= 0.000035\,(mg/kg \cdot day)$$

7. 유아용 샴푸를 사용하고 있는 3세 여아를 대상으로 A 물질의 경피 경로를 통한 노출평가를 수행하고자 한다. 문헌 조사로 확보한 노출계수 값이 아래와 같을 때 제품의 일일 평균노출량(mg/kg · day)으로 옳은 것은?

노출계수	노출계수 값(단위)	노출계수	노출계수 값(단위)
C : 제품 내 유해물질의 농도	0.003 (mg/g)	ABs : 피부 흡수율	1 (−)
Q : 제품의 사용량	2 (g/회)	BW : 체중	15.1 (kg)
ET : 제품의 사용빈도	0.94 (회/day)		

① 0.00037 mg/kg · day
② 0.00047 mg/kg · day
③ 0.00057 mg/kg · day
④ 0.00067 mg/kg · day

해설 유아용 샴푸는 「환경보건법」에 따른 어린이용품의 일종으로 '환경부 예규 제585호(환경유해인자의 위해성평가를 위한 절차와 방법 등에 관한 지침)'에 제시된 시나리오 VI (제품의 피부 접촉)의 노출 알고리즘을 활용할 수 있다. 이 식에 문제에서 제시된 노출계수를 대입하고 계산하면 0.00037 mg/kg · day와 같다.

$$ADD = \frac{C \times Q \times EF \times ABs}{BW}$$

$$= \frac{0.003\,(\text{mg/g}) \times 2\,(\text{g/회}) \times 0.94\,(\text{회/day}) \times 1}{15.1\,(\text{kg})}$$

$$= 0.00037\,(\text{mg/kg} \cdot \text{day})$$

8. 안전확인대상 생활화학제품의 사용확인물질 및 살생물물질에 대한 분석 방법으로 옳지 않은 것은?

① 과산화수소－자외선/가시광선 분광법
② 나프탈렌－기체크로마토그래피법(GC)
③ 살리실산메틸－고성능액체크로마토그래피(HPLC)
④ 중금속류-액체크로마토그래피법(LC)

해설 중금속류는 유도결합플라스마－원자발광분광법(ICP-AES)로 분석한다.

9. 「환경보건법」에 따른 어린이용품 사용제한 환경유해인자와 그 용도의 연결로 옳은 것은?

① 다이-n-옥틸프탈레이트(DNOP) – 어린이용 잉크 제품
② 다이이소노닐프탈레이트(DINP) – 어린이용 플라스틱 제품
③ 노닐페놀(nonylphenol) – 어린이용 목재 제품
④ 트라이뷰틸 주석(TBT) – 어린이용 금속 제품

해설 ① 다이-n-옥틸프탈레이트(DNOP) – 어린이용 플라스틱 제품
③ 노닐페놀(nonylphenol) – 어린이용 잉크 제품
④ 트라이뷰틸 주석(TBT) – 어린이용 목재 제품

10. 네덜란드에서 개발된 소비자 노출평가 모델로 제품에 대한 상세단계(Tier 2) 수준으로 현실성 있는 노출평가가 가능한 도구로 옳은 것은?

① EUSES
② ECETOC-TRA
③ ConsExpo
④ SHEDS-HT

해설 ① EUSES : 네덜란드 RIVM에서 개발한 모델로, 스크리닝 수준(Tier 1)에서 소비자, 작업장, 환경 노출평가가 가능
② ECETOC-TRA : European Center에서 개발한 모델로, 스크리닝 수준(Tier 1)에서 소비자, 작업장, 환경 노출평가가 가능
④ SHEDS-HT : 미국 환경보호청(US EPA)에서 개발한 확률론적 노출평가 모델

정답 1. ④ 2. ① 3. ④ 4. ① 5. ④ 6. ④ 7. ① 8. ④ 9. ② 10. ③

Exposure assessment

환경 노출평가 | 4 장

환경 노출평가(environmental exposure assessment)는 대기, 물, 토양 환경 중 오염물질의 농도를 측정(measured) 또는 예측(predicted)하는 과정으로, 이 결과는 생태 위해성평가(ecological risk assessment) 또는 환경 위해성평가(environmental risk assessment)를 진행할 때 활용된다. 생태 위해성평가는 인체 위해성평가와 동일하게 유해성 확인 → 노출 및 독성 평가 → 위해성평가의 절차로 수행되지만(그림 4-1), 평가대상의 차이로 노출경로, 해부학적 특징, 노출량 산정 등 몇 가지 상세 내용에 차이점이 있다(표 4-1). 정확한 생태 위해성평가를 진행하기 위해서는 서식환경 중 오염물질의 농도를 정확하게 측정 또는 예측하는 것이 필요하다.

뿐만 아니라 환경 노출평가에서 얻은 환경 중 오염물질의 농도 결과는 간접적 추정(indirect estimation) 방법으로 인체의 외적 노출량을 산정할 때 노출 알고리즘에 입력하는 중요한 변수로 활용될 수 있다. 최근 분석방법의 발달로 환경 매체 내 다양한 환경오염물질을 낮은 농도까지 측정하는 것이 가능해졌으며, 분석방법이 정립되지 않는 신규 오염물질에 대해 오염도를 예측하는 모형(model)도 많이 개발되었다.

본 교재에서는 대기, 물, 토양 환경 시료의 수집과 전처리, 분석방법에 대해 정리하였고, 현재 개발된 환경 노출평가 모델(EUSES)에 대해서도 소개하였다.

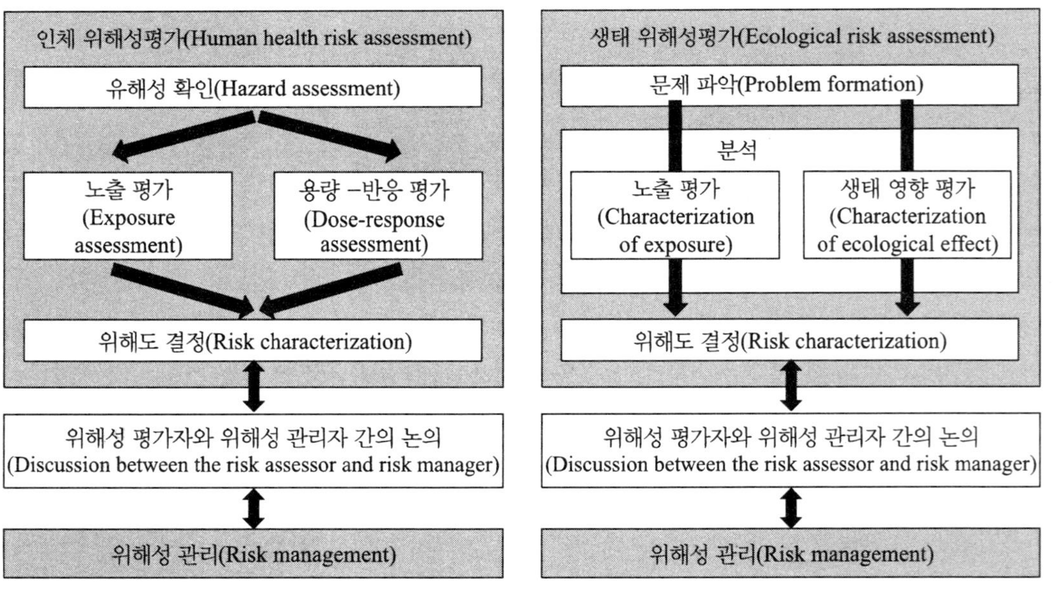

그림 4-1. 인체 위해성평가(HRA)와 생태 위해성평가(ERA)의 절차 비교

표 4-1. 인체 위해성평가(HRA)와 생태 위해성평가(ERA)의 내용 비교

분류	인체 위해성평가(HRA)	생태 위해성평가(ERA)
수용체	사람	특정 생물종~생태계 전체
노출경로	섭취, 흡입, 피부 접촉	생물종에 따라 다양 (예 : 물고기의 아가미를 통한 섭취)
해부학적 특징	예 : 탯줄 통한 태아 전달	예 : 물벼룩의 탈피(molting)
노출량 산정	사람이 섭취한 식품, 흡입한 공기, 피부 접촉한 제품 등의 오염농도를 이용하여 노출되는 오염물질의 용량	서식환경 중 노출농도 (예 : 담수 물고기는 지표수 내 오염물질의 농도)
기타	-	생태계에서만 찾아볼 수 있는 요인 (예 : 산성화, 부영향화된 호수)
		먹이사슬의 한 수준이 영향을 받으면 다른 수준도 영향을 받을 수 있음
		섭취 양상이 다른 생물 (예 : 한 종류의 물고기만 먹는 왜가리)

1. 환경 시료의 수집 및 보관

환경 매체에 존재하는 오염물질의 농도를 측정할 때에는 측정의 정확성과 정밀성을 유지할 수 있도록 「환경분야 시험 · 검사 등에 관한 법률」의 제6조(환경오염공정시험기준)에 따라 시료를 채취하고 측정 · 분석하는 것이 필요하다. 환경오염공정시험기준이 제시된 유해인자는 다음과 같으며, 대기오염물질, 수질오염물질, 토양오염물질 분석을 위한 환경 시료 수집에 한정하여 기술하였다.

- 「대기환경보전법」 제2조 제1호의 대기오염물질, 제2호의 기후 · 생태계 변화유발물질
- 「소음 · 진동관리법」 제2조 제1호의 소음, 제2호의 진동
- 「실내공기질 관리법」 제2조 제3호의 실내공기 오염물질
- 「악취방지법」 제2조 제3호의 악취
- 「물환경보전법」 제2조 제4호의 폐수, 제7호의 수질오염물질
- 「먹는물관리법」 제3조 제1호의 먹는물

- 「폐기물관리법」 제2조 제1호의 폐기물
- 「화학물질관리법」 제2조 제7호의 유해화학물질
- 「토양환경보전법」 제2조 제2호의 토양오염물질
- 「잔류성유기오염물질 관리법」 제2조 제1호의 잔류성유기오염물질
- 「인공조명에 의한 빛공해 방지법」 제2조 제1호의 인공조명에 의한 빛공해
- 「환경보건법」 제2조 제1호의 환경유해인자(유해화학물질은 제외)

시료를 수집할 때에는 대상 매체의 오염수준을 대표할 수 있도록 계획하는 것이 중요하며, 시료를 실험실로 이송하여 전처리를 수행하기 전까지 물질의 조성변화가 일어나지 않도록 해야 한다. 이러한 목적을 달성하기 위해 시료를 채취하기 전에 수집, 운반, 보존방법에 대한 계획을 세워야 한다.

1) 대기 시료의 수집 방법

대기 시료의 수집은 대기오염공정시험기준(국립환경과학원 고시 제2019-71호)의 ES 011115에 따라 수행하며, 본 교재에서는 환경 대기 시료에 초점을 맞추어 채취방법을 기술하였다.

(1) 입자상 물질의 수집 방법

대기 중에 부유하는 흄(fume), 미스트(mist), 먼지와 같은 입자상 물질은 공기채취기로 기류를 여과지에 통과시켜 수집한다. 공기채취기의 용량에 따라 저용량 공기채취(low volume air sampling)와 고용량 공기채취(high volume air sampling)로 구분된다(표 4-2).

(2) 가스상 물질의 포집 방법

측정하려고 하는 가스상 물질의 성상과 측정방법(표 4-3)을 고려하여 포집한다.

표 4-2. 저용량 및 고용량 공기채취의 비교

분류	특 징
저용량 공기시료채취 (Low volume air sampling)	• 대기 중에 부유하고 있는 입자상 물질을 저용량 에어 샘플러(low volume air sampler)를 이용하여 여과지 상에 포집하는 방법 • 입자상 물질의 질량 농도를 측정하거나 금속 성분의 분석에 이용 • 흡입 유량 : 10～30 L/min • 포집 입자의 입경 : 10 μm 이하
고용량 공기시료채취 (High volume air sampling)	• 대기 중에 부유하고 있는 입자상 물질을 고용량 에어 샘플러(high volume air sampler)를 이용하여 여과지 상에 포집하는 방법 • 입자상 물질의 질량 농도를 측정하거나 금속 성분의 분석에 이용 • 흡입 유량 : 1～2 m^3/min • 포집 입자의 입경 : 0.1～100 μm

※ 자료 : '대기오염공정시험기준(ES 011115)'을 참고하여 저자 재작성

표 4-3. 가스상 물질의 측정방법과 특징

분류	특 징
직접채취법	• 시료를 측정기에 직접 도입하여 분석하는 방법 • 채취관 – 분석장치 – 흡인펌프로 구성
용기채취법	• 시료를 일단 일정한 용기에 포집한 다음 분석에 이용하는 방법 • 채취관 – 용기 또는 채취관 – 유량조절기 – 흡인펌프 – 용기로 구성
용매채취법	• 측정대상 가스를 선택적으로 흡수 또는 반응하는 용매에 시료가스를 일정 유량으로 통과시켜 포집하는 방법 • 채취관 – 여과재 – 포집부 – 흡인펌프 – 유량계(가스미터)로 구성
고체흡착법	• 활성탄, 실리카겔과 같은 고체분말표면에 가스가 흡착되는 것을 이용하는 방법 • 흡착관 – 흡인펌프 – 유량계로 구성
저온농축법	• 탄화수소와 같은 가스성분을 냉각제로 냉각 응축시켜 공기로부터 분리 포집하는 방법 • 주로 GC, GC/MS 분석계에 이용 • 탄산가스 및 수분제거관 – 냉각농축관 – 흡인펌프 – 유량계로 구성
채취용 여과지에 의한 방법	• 여과지를 적당한 시약에 담갔다가 건조시키고 시료를 통과시켜 목적하는 가스성분을 포집하는 방법 • 주로 불소화합물, 암모니아, 트리메틸아민 등의 가스 포집에 이용

※ 자료 : '대기오염공정시험기준(ES 011115)'을 참고하여 저자 재작성

2) 수질 시료의 수집 방법

수질 시료의 수집은 수질오염공정시험기준(국립환경과학원 고시 제2019-63호)의 ES 04130.1e에 따라 수행하며, 본 교재에서는 산업폐수, 지표수, 지하수 등의 시료에 초점을 맞추어 채취방법을 기술하였다(표 4-4).

시료는 성상, 유량, 유속 등 시간에 따른 변화를 고려하여 현장물의 성질을 대표할 수 있도록 채취하여야 하며, 시료채취용기 또는 채수기를 사용하여 채취한다. 시료를 채우기 전에 시료로 3회 이상 씻은 다음 사용하며, 시료를 채울 때는 가능한 한 공기와 접촉하는 시간을 짧게 한다. 시료 채취량은 시험항목 및 시험횟수에 따라 차이가 있으나, 보통 3～5 L 정도이어야 한다. 시료를 즉시 실험할 수 없어 보존할 경우 또는 시험항목에 따라 각각 다른 채취용기를 사용해야 할 때 시료채취량을 적절히 증감할 수 있다. 다음에는 적절한 시료 수집 장소 및 지점 선택, 시료의 유형, 시료의 양, 시료의 수에 대해 나타내었다.

표 4-4. 산업폐수, 하천수, 지하수 등 수질 시료의 수집 방법

분류	특 징
배출허용기준 적합여부 판정을 위한 시료	• 복수 채취를 원칙으로 하며, 신속한 대응이 필요한 경우 등 복수 채취가 불합리한 경우에는 예외로 할 수 있음 • 수동으로 시료를 채취할 때는 30분 이상 간격으로 2회 이상 채취(composite sample)하여 일정량의 단일시료로 함 • 부득이한 사유로 6시간 이상 간격으로 채취한 시료는 각각 측정·분석한 후 산술평균하여 측정·분석값을 산출 • 자동시료채취기로 시료를 채취할 때는 6시간 이내에 30분 이상 간격으로 2회 이상 채취(composite sample)하여 일정량의 단일시료로 함
	• 환경오염사고 또는 취약시간대(일요일, 공휴일 및 평일 18:00～09:00 등)의 환경오염감시 등 신속한 대응이 필요한 경우, 사업장 내에서 발생하는 폐수를 회분식(batch 식) 등 간헐적으로 처리하여 방류하는 경우에는 복수 시료채취를 제외할 수 있음
하천수 등의 수질조사를 위한 시료	• 수질 또는 유량의 변화가 심하다고 판단될 때 오염상태를 잘 알 수 있도록 시료의 채취횟수를 늘려야 하며, 채취 시의 유량에 비례하여 시료를 서로 섞은 다음 단일시료로 함
지하수 수질조사를 위한 시료	• 침전물로부터 오염을 피하기 위해 보존 전에 현장에서 여과(0.45 μm)하는 것을 권장함 • 기타 휘발성 유기화합물과 민감한 무기화합물질을 함유한 시료는 그대로 보관

※ 자료 : '수질오염공정시험기준(ES 04130.1e)'을 참고하여 저자 재작성

(1) 시료의 수집 장소 및 지점(site)

환경 매체는 오염이 고르지 못하게 분포(heterogenous distribution)하는 경우가 많다. 이러한 이질성과 오염특성을 고려하지 않고 시료를 채취할 경우 분석과정과 비교되지 못할 정도로 측정 결과에 불확실성을 높일 수 있다. 따라서 해당 환경 매체의 평균 오염도를 과대 또는 과소평가하지 않도록 적절한 시료 수집 장소와 지점을 선택하고 균질화된(homogenous) 시료를 수집하는 것이 필요하다.

시료 수집 장소를 선정하는 방법에는 세 가지 기본 접근법이 있다.

- 작위적 접근(judgmental approach)
- 무작위적 접근(random approach)
- 체계적 접근(systematic approach)

작위적 접근은 지점(site)에 대해 알려진 것을 적용하고 오염되거나 관심이 있을 가능성이 가장 큰 영역에서 시료를 수집하는 것이다(Olin-Estes and Palermo, 2000). 체계적 접근은 관심 영역에 균일한 눈금(grid)을 적용하고, 각 눈금의 동일한 위치에서 시료를 수집하는 것이다. 무작위적 접근은 눈금 영역에서 난수 생성기(random number generator)를 사용하여 무작위로 수집하는 것이다. 무작위적 접근은 통계적 관점에서는 최적이지만, 환경 시료 수집에서는 최선의 선택이 아닐 수 있다. 넓은 지역에서 채취되는 시료의 수가 적으면, 무작위적 접근은 알려진 오염 영역을 놓칠 수 있다. 작위적 및 체계적인 접근 방식은 이를 보완하는 데 도움이 되지만, 통계 분석에 필요한 임의적 가정을 위반할 수 있다. 실제로는 환경 시료 수집에 사용되는 세 가지 주요 샘플링 접근법은 위의 요소들을 조합하여 아래와 같이 접근한다.

- 체계적 + 무작위적 접근(systematic random approach)
- 체계적 + 작위적 접근(systematic judgmental approach)
- 작위적 + 무작위적 접근(judgmenal random approach)

앞에서 언급했듯이, 체계적인 방법으로 샘플링할 영역에 균일한 눈금을 부과한다. 체계적 + 무작위적 접근방법(systematic random approach)에서는 난수 생성기를 사용하여 눈금 내에서 시작 지점을 무작위로 선택하고, 그 이후로 모든 n번째 지점이 선택되는 방식이다(Lubin et al., 1995; 그림 4-2).

체계적 + 작위적 접근방법(systematic judgmental approach)은 오염 가능성이 가장 큰 지역에 초점을 맞추고 눈금을 적용하여 각 눈금의 중심에서 시료를 채취하는 것이다(그림 4-3).

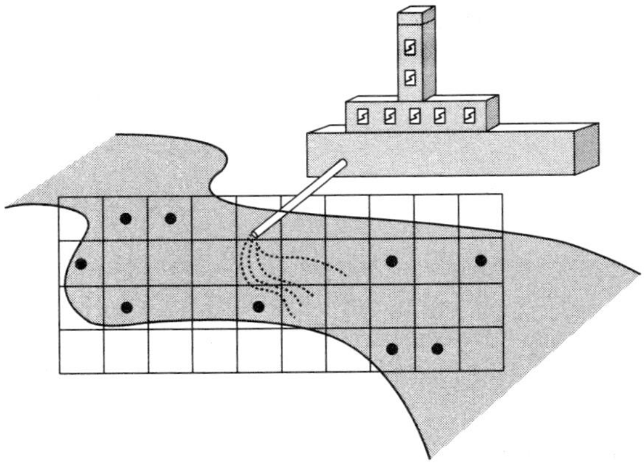

그림 4-2. 체계적 + 무작위적 접근(systematic random approach)
※ 자료 : 'Estes, 2005. p51'를 참고하여 재작성

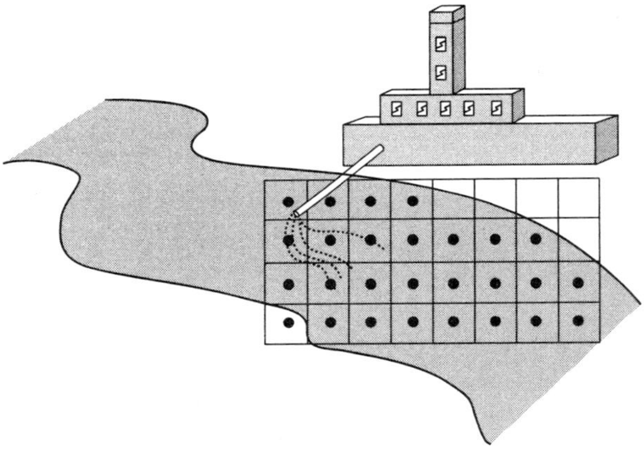

그림 4-3. 체계적 + 작위적 접근(systematic judgmental approach)
※ 자료 : 'Estes, 2005. p52'를 참고하여 재작성

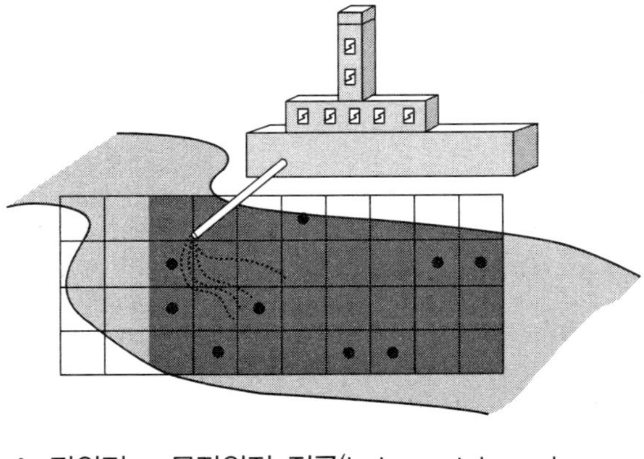

그림 4-4. 작위적 + 무작위적 접근(judgmental random approach)
※ 자료 : 'Estes, 2005. p52'를 참고하여 재작성

작위적 + 무작위적 접근방법(judgmenal random approach)은 관심 대상 영역을 유사한 수준의 오염물질을 포함할 것으로 예상하는 구역으로 분리한다. 이 영역에 눈금을 적용하고 시료 수집 지점은 각 구역 내에서 무작위로 선택되는 방식이다(그림 4-4). 이 방법을 층화된 무작위 시료 수집법(stratified random sampling)이라고도 한다(Lubin et al., 1995).

(2) 시료의 유형(type)

시료의 유형은 여러 가지로 분류될 수 있으나, 수집 시간에 따라 단일시료(grab sample), 혼합시료(composite sample), 연속시료(continuous sample)로 구분할 수 있다.

단일시료(grab sample)는 특정 장소에서 특정 시간에 포집된 개개의 시료를 의미한다. 시료 수집이 상대적으로 쉽고 모든 환경 매체에 적용이 가능하지만, 해당 매체의 단편적인 오염 정보를 제공한다는 단점이 있다. 즉, 수집한 시각의 조건에 따라 오염도가 다를 수 있어서 단일시료의 분석 결과를 오염의 증가 또는 감소를 판단하는 데 사용하는 것은 지양해서 한다. 단일시료를 수집할 때 용기는 폐수 표면 아래로 뒤집어 잠기게 한 뒤 가득 채취하며, 시료 수집시간은 15분을 넘지 않도록 한다.

혼합시료(composite sample)는 같은 장소에서 다른 시간대에 수집한 단일시료를 혼합하여 하나의 균질화된 시료로 만드는 것을 의미한다(그림 4-5). 시료 수집 기간 동안에 특정 공간에 대한 오염도의 평균값을 얻고자 할 때 사용할 수 있다. 방류되는 양에 관계없이 동일한 양으로 수집하는 방법(일정량 시료채취 방법)과 방류되는 양에 비례하여 채취하는 방법(유량비례 시료채취 방법)이 있으며, 유량에 비례하는 경우 더 좋은 대표성을 갖게 된다(국립환경과학원, 2005).

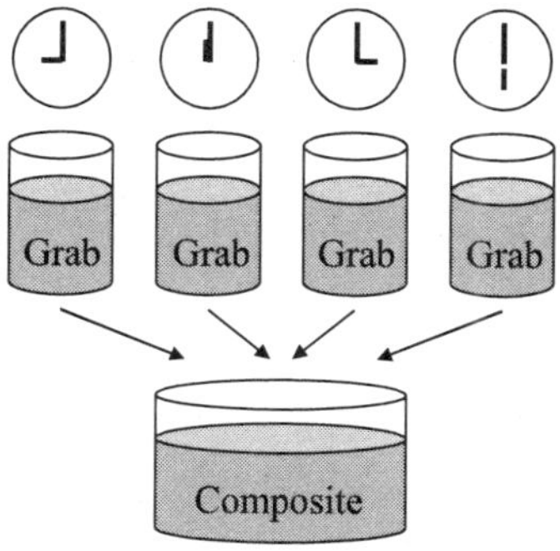

그림 4-5. 단일시료(grab sample)와 혼합시료(composite sample)의 예

연속시료(continuous sample)는 전극(electrodes)을 사용해서 실시간으로 오염도를 모니터링 하는 데 사용되는 시료를 의미한다(Natural Resoures Conservation Service, 2003). 주로 거동(fate)과 이동(transport)을 살펴보거나, 전극(electrodes)으로 측정할 수 있는 수질 항목(예 : 암모니아, 염소, 전기전도도, 용존산소량, 시안화물(cyanide), 불소화합물(fluoride), 질산염(nitrate), pH, 염도, 온도 등)을 모니터링할 때 사용된다. 그러나 이 방법은 유속이 빠를 경우 프로브(probe)에서 읽지 못하기 때문에 제한점이 있다.

(3) 시료의 양(volume)

시료 수집에 따른 시료 간의 편차(sampling variance)를 줄이기 위해서는 충분한 양의 시료가 수집되어야 한다. 예를 들어, 무작위적으로 오염도가 매우 높은 지점의 시료를 매우 적은 양으로 수집했을 경우 해당 매체에 대한 위해도가 필요이상으로 높게 평가될 수 있다. 그러나 너무 많을 양을 수집할 경우 보관 공간이 부족하거나, 전처리 및 분석에 시간과 비용이 소요되므로 환경 매체의 특성과 오염도를 고려하여 시료의 양을 결정해야 한다. 시료의 전처리와 분석방법에 따라 필요로 하는 시료의 양이 다를 수 있기 때문에, 시료를 수집하기 전에 분석법에 대한 확인이 이루어져야 한다. 분석하고자 하는 물질의 농도가 매우 낮을 것으로 예상될 경우에는 시료의 농축 등을 고려하여 충분한 양의 시료를 포집해야 한다.

(4) 시료의 수(number)

수집하는 시료의 수가 증가할수록 참값과 평균 측정값은 점점 가까워지나, 시료수를 과하게 늘리면 시간과 비용이 많이 소요되므로 시료의 특성과 분석 목적에 따라 적절한 시료의 수를 결정하는 것이 좋다. 「환경분야 시험・검사 등에 관한 법률」 제6조에 따른 공정시험기준에는 매체(공기, 물, 토양 등)에 따라 요구되는 적정시료수 또는 최소시료수가 제시되어 있다. 공정시험기준을 참고하여 시료수를 결정하는 것이 좋지만, 환경 매체의 노출경로와 예상되는 오염물질의 농도 등을 고려하여 최적의 시료수를 결정하는 것이 필요하다.

(5) 하천수 시료 수집

하천에서 수질 시료를 수집할 때에는 3～5곳에서 시료를 채취하는 것이 적당하고, 좁거나 얕은 곳에서는 그보다 적은 수로 채취해도 무방하다(국립환경과학원, 2005). 하천의 크기나 유속에 따른 시료채취 지점의 수를 표 4-5에 제시하였다. 하천 본류와 하천 지류가 합류하는 경우에는 합류 이전의 각 지점과 합류 이후 충분히 혼합된 지점에서 각각 채수한다(그림 4-6).

표 4-5. 하천의 크기 및 유속에 따른 시료채취 지점의 수

평균 유속(m^3/s)	하천의 유형	시료채취 지점 수	지점별 수심에 따른 시료채취 위치 수
< 5	작은 시내	2	1
5～140	시내	4	2
150～1,000	강	6	3
≥ 1,000	큰 강	≥ 6	4

※ 자료 : '환경 시험 · 검사 QA/QC 핸드북(국립환경과학원, 2005)'를 참고하여 저자 재작성

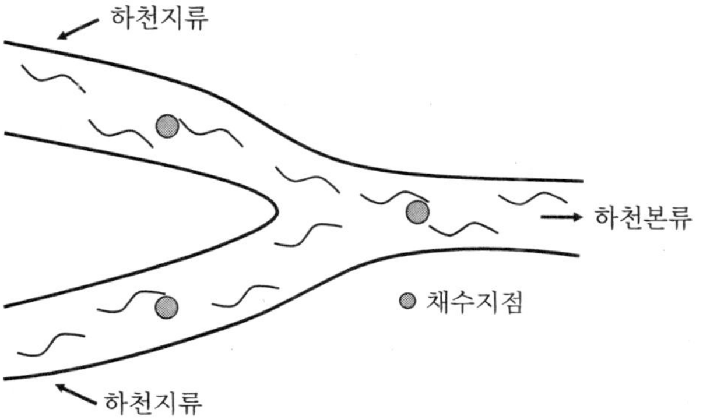

그림 4-6. 하천본류와 하천지류가 합류하는 경우 채수 지점
※ 자료 : '수질오염공정시험기준(ES 04130.1e)'을 참고하여 저자 재작성

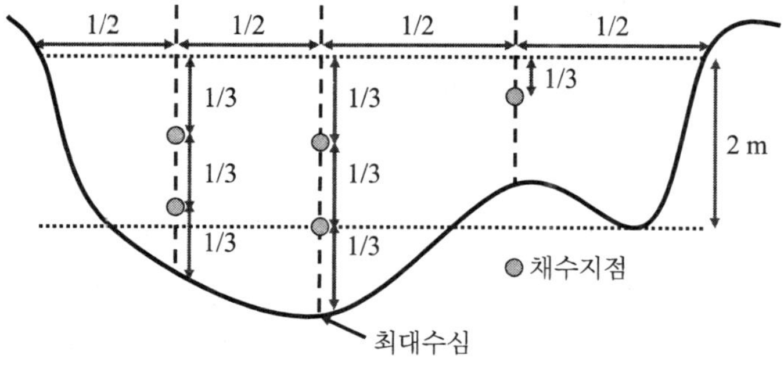

그림 4-7. 하천 단면에서의 수질 시료 수집 위치
※ 자료 : '수질오염공정시험기준(ES 04130.1e)'을 참고하여 저자 재작성

하천에서 조사 지점이 정해지면 그 지점에서의 구체적인 채수 위치는 하천의 구조 및 크기에 따라 별도로 정해진다. 하천의 단면에서 수심이 가장 깊은 수면의 지점과 그 지점을

중심으로 하여 좌우로 수면 폭을 2등분한 각각의 지점의 수면으로부터 수심 2 m 미만일 때에는 수심의 1/2에서, 수심이 2 m 이상일 때에는 수심의 1/3 및 2/3에서 각각 채수한다(그림 4-7). 각 위치에서 채취한 시료를 분석한 결과를 종합하여 그 지점의 수질로 하거나 각 위치에서 채취한 시료를 혼합하여 하나의 시료로서 그 지점의 수질을 분석할 수도 있다.

3) 토양 시료 수집 방법

토양 시료의 수집은 토양오염공정시험기준(국립환경과학원 고시 제2017-22호)의 ES 07130.b에 따라 수행한다. 농경지는 대상지역 내에서 지그재그 형으로 5～10개 지점을 선정하며, 공장지역, 매립지역, 시가지지역 등 농경지가 아닌 기타 지역의 경우에는 대상지역의 중심이 되는 1개 지점과 주변 4방위의 5～10 m 거리에 있는 1개 지점씩 총 5개 지점을 선정한다(그림 4-8). 만약 대상지역에 시설물 등이 있어 각 지점 간의 간격이 불충분할 때에는 간격을 적절히 조절할 수 있다.

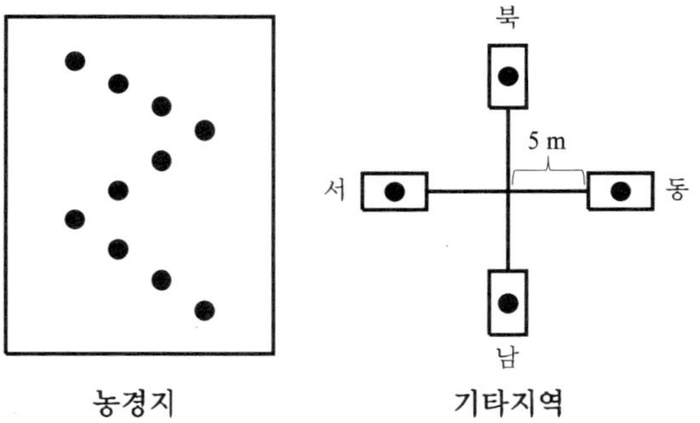

그림 4-8. 토양 시료 수집 위치

※ 자료 : '토양오염공정시험기준(ES 07130.b)'을 참고하여 저자 재작성

토양 오염도 검사를 위해서는 표토층(0～15 cm) 또는 필요에 따라 일정 깊이 이하의 토양시료를 채취할 수 있다. 토양시료 채취 시 토양 표면의 잡초나 유기물 등 이물질층을 제거한 후 그림 4-9(좌)와 같은 토양시료채취기(sampler)로 약 0.5 kg 채취한다. 토양시료채취기가 없을 때에는 조사대상 물질의 특성을 고려하여 결정한다. 유기물질을 조사할 때에는 스테인리스강 재질의 모종삽 또는 삽과 같은 기구를 사용하고, 중금속류의 경우는 플라스틱 재질이 적합하다. 그림 4-9(우)와 같이 A부분의 흙을 제거한 다음 B부분의 흙을 채취한다. 시료채취 시 토양에 직접 접촉하는 부분은 도색, 그리스 등의 화학약품이 처리되지 않은 기구를 사용한다.

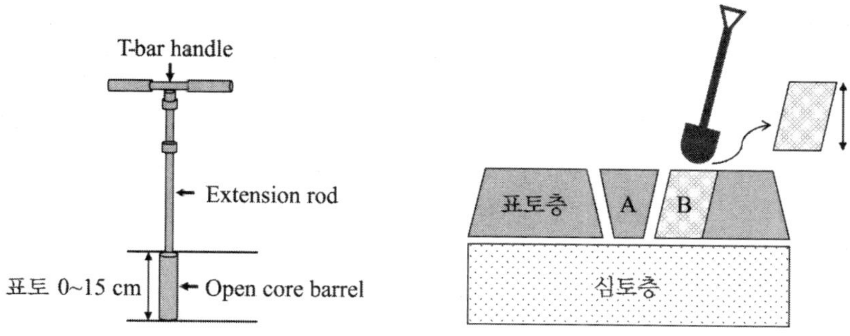

그림 4-9. 토양시료채취기(좌)와 토양시료채취법(우)의 예
※ 자료 : '토양오염공정시험기준(ES 07130.b)'을 참고하여 저자 재작성

4) 환경 시료의 운반 및 보관

환경 시료를 수집한 후에는 매체별, 물질별 보관 방법에 따라 보관하며, 규정된 시간 내에 분석해야 한다.

대기 시료의 운반과 보관은 대기오염공정시험기준(국립환경과학원 고시 제2019-71호)의 ES 01115에 따라 수행한다. 흡착관에 채취된 시료는 흡착관의 양쪽 끝을 마개로 단단히 막고 필름으로 밀봉하거나 마개가 달린 바이알 등에 넣어 외부공기와의 접촉을 차단한다. 분석 전까지 4℃ 이하 냉장실에 보관하여 가능한 한 빠른 시일 내에 분석한다.

수질 시료의 운반과 보관은 수질오염공정시험기준(국립환경과학원 고시 제2019-63호)의 ES 04130.1e에 따라 항목 및 물질별 보존기간을 참고하여 보존하고 반드시 보존기간 이내에 분석을 끝내야 한다(표 4-6).

토양 시료의 운반과 보관은 토양오염공정시험기준(국립환경과학원 고시 제2017-22호)의 ES 07130.b에 따라 시료를 보관한다. 채취한 토양시료 중 약 300 g을 분취하여 수소이온농도, 중금속 및 불소 시험용 시료는 폴리에틸렌 봉투에, 시안 및 유기물질 시험용 시료는 입구가 넓은 유리병에 넣고 마개로 막아 밀봉한 후 0～4℃의 냉장 상태로 실험실로 운반한다. 또한 벤조(a)피렌, 석유계총탄화수소, 벤젠, 톨루엔, 에틸벤젠, 크실렌 및 트리클로로에틸렌, 테트라클로로에틸렌 시험용 시료는 한쪽이 터진 10 mL 용량의 테플론, 알루미늄, 스테인리스 또는 유리 재질의 주사기 또는 코어샘플러를 사용하여 시료부위의 토양을 연이어 세 곳에서 2 mL씩 채취한 후 5～10 g의 토양을 미리 준비한 시험관에 넣고, 마개로 막아 밀봉 후 0～4℃의 냉장 상태로 실험실로 운반한다.

표 4-6. 수질 시료의 보관 방법

항목	시료 용기	보존방법	최대(권장) 보존기간
냄새	G	가능한 한 즉시 분석 또는 냉장보관	6시간
부유물질	P, G	4℃ 보관	7일
색도	P, G	4℃ 보관	48시간
생물화학적 산소요구량	P, G	4℃ 보관	48시간 (6시간)
화학적 산소요구량	P, G	4℃ 보관, H_2SO_4로 pH 2 이하	28일 (7일)
노말헥산 추출물질	G	4℃ 보관, H_2SO_4로 pH 2 이하	28일
수소이온농도	P, G	-	즉시 측정
온도	P, G	-	즉시 측정
용존산소(적정법)	BOD병	즉시 용존산소 고정 후 암소 보관	8시간
잔류염소	G(갈색)	즉시 분석	-
전기전도도	P, G	4℃ 보관	24시간
총 유기탄소	P, G	즉시 분석 또는 HCl, H_3PO_4, H_2SO_4로 가한 후($pH < 2$) 4℃ 냉암소에서 보관	28일 (7일)
클로로필 A	P, G	즉시 여과하여 –20℃ 이하에서 보관	7일 (24시간)
탁도	P, G	4℃ 냉암소에서 보관	48시간 (24시간)
불소	P	-	28일
브롬이온	P, G	-	28일
시안	P, G	4℃ 보관, NaOH로 pH 12 이상	14일 (24시간)
아질산성 질소	P, G	4℃ 보관	48시간 (즉시)
암모니아성 질소	P, G	4℃ 보관, H_2SO_4로 pH 2 이하	28일 (7일)
염소이온	P, G	-	28일
음이온계면활성제	P, G	4℃ 보관	48시간
인산염인	P, G	즉시 여과한 후 4℃ 보관	48시간
질산성 질소	P, G	4℃ 보관	48시간

항목	시료 용기	보존방법	최대(권장) 보존기간
총인	P, G	4℃ 보관, H_2SO_4로 pH 2 이하	28일
총질소	P, G	4℃ 보관, H_2SO_4로 pH 2 이하	28일 (7일)
퍼클로레이트	P, G	6℃ 이하 보관, 현장에서 멸균된 여과지로 여과	28일
페놀류	P	4℃ 보관, H_3PO_4로 pH 4 이하 조정한 후 시료 1 L당 $CuSO_4$ 1 g 첨가	28일
황산이온	P, G	6℃ 이하 보관	28일 (48시간)
금속류(일반)	P, G	시료 1 L 당 HNO_3 2 mL 첨가	6개월
비소	P, G	1 L 당 HNO_3 1.5 mL로 pH 2 이하	6개월
셀레늄	P, G	1 L 당 HNO_3 1.5 mL로 pH 2 이하	6개월
수은(0.2 μg/L 이하)	P, G	1 L 당 HCl (12 M) 5 mL 첨가	28일
6가 크롬	P, G	4℃ 보관	24시간
알킬수은	P, G	HNO_3 2 mL/L	1개월
다이에틸헥실프탈레이트	G(갈색)	4℃ 보관	7일 (추출 후 40일)
1,4-다이옥산	G(갈색)	HCl (1 + 1)을 시료 10 mL 당 1 ~ 2방울씩 가하여 pH 2 이하	14일
염화비닐, 아크릴로니트릴, 브로모폼	G(갈색)	HCl (1 + 1)을 시료 10 mL 당 1 ~ 2방울씩 가하여 pH 2 이하	14일
석유계총탄화수소	G(갈색)	4℃ 보관, H_2SO_4 또는 HCl로 pH 2 이하	7일 이내 추출, 추출 후 40일
유기인	G	4℃ 보관, HCl로 pH 5 ~ 9	7일 (추출 후 40일)
폴리클로리네이티드비페닐 (PCB)	G	4℃ 보관, HCl로 pH 5 ~ 9	7일 (추출 후 40일)
휘발성유기화합물	G	냉장보관 또는 HCl을 가해 pH < 2로 조정 후 4℃ 보관	7일 (추출 후 14일)

P : 폴리에틸렌(polyethylene), G : 유리(glass)

※ 자료 : '수질오염공정시험기준(ES 04130.1e)'을 참고하여 저자 재작성

2. 환경 시료의 전처리 방법

환경 시료에는 다양한 오염물질이 섞여 있으므로, 대상 물질을 분석하기 전에 전처리 과정을 통해 시료 내 표적물질과 간섭물질을 분리해야 한다. 표적물질의 예측되는 농도가 분석기기의 측정 범위를 벗어나면 전처리 과정 중에 시료를 농축 또는 희석할 수 있다.

대기 시료의 전처리는 대기오염공정시험기준(국립환경과학원 고시 제2019-71호)의 ES 01102에 따라 수행하며(표 4-7), 일반적으로 산분해법, 마이크로파 산분해법, 초음파 추출, 회화법, 용매추출법 등을 사용한다. 크로마토그래피로 분석하는 경우에는 시료 중에 포함된 입자들이 컬럼 수명에 나쁜 영향을 미치기 때문에 시료를 주입하기 전에 반드시 여과 과정을 거쳐야 한다. 시료의 농도가 묽어 분석기기의 검출한계를 벗어날 때에는 적절한 농도가 되도록 용매를 휘발시켜 농축을 해야 한다.

수질 시료의 전처리는 수질오염공정시험기준(국립환경과학원 고시 제2019-63호)의 ES 04150.1b에 따라 수행한다(표 4-8). 무색투명한 탁도 1 NTU 이하인 시료는 전처리 과정을 생략할 수 있으며, 그 외의 시료는 산분해법, 마이크로파 산분해법, 회화에 의한 분해, 용매추출법 등으로 전처리한다.

질량분석을 수행할 때에는 추출, 농축, 정제 등의 전처리를 수행한다. 추출(extraction)이란 시료 내 특정 물질을 용해할 수 있는 용매를 사용하여 표적물질을 분리해내는 방법이다. 용질과 용매의 용해도 차이를 이용하거나 산－염기 반응, 킬레이트 생성과 같은 화학반응

표 4-7. 대기 시료의 전처리 방법

분류	특 징
산분해법	필터에 채취한 무기질 시료를 용해시키기 위해 오픈형 열판에서 직접 가열하면서 단일산이나 혼합산(mixed acid)으로 시료를 분해하는 방법
마이크로파 산분해법	원자흡수분광법(AAS)이나 유도결합플라즈마방출분광법(ICP-AES) 등으로 무기물을 분석하기 위한 시료의 전처리 방법
초음파 추출	단일산이나 혼합산을 사용하여 가열하지 않고 시료 중 분석하고자 하는 성분을 초음파 추출기로 추출하는 방법
회화법	유기물 및 동식물 생체시료 중의 회분을 측정하기 위해 사용하는 방법
용매추출법	적당한 용매를 사용하여 액체나 고체 시료에 포함되어 있는 성분을 추출하는 방법

※ 자료 : '대기오염공정시험기준(ES 01102)'을 참고하여 저자 재작성

을 이용할 수도 있다. 고체에 있는 특정 성분을 용매로 추출할 때(예 : 토양 시료 중 유기화합물 추출)에는 속슬레 추출장치(soxhlet extraction device)를 이용하며, 액체 혼합물에 있는 특정 성분을 용매로 추출할 때에는 액－액 추출장치(liquid-liquid extraction device)를 사용한다. 고체상 추출법(solid phase extraction ; SPE)은 고형 흡착제에 표적물질을 흡착시키고 시료로부터 분리한 후 표적물질에 대한 용해도가 높은 용매로 흡착되어 있는 물질을 추출하는 방법이다. 이 방법은 수질 시료 내 비휘발성 유기화합물을 추출할 때 주로 사용하며, 보통 흡착제로 채워져 있는 카트리지 상에 액체 시료를 일정한 유량으로 흘려보낸 후 흡착제를 불활성 기체로 건조시키고 용매로 흡착되어있는 표적물질을 탈착하여 추출한다. 이러한 추출 전처리에는 물, 알코올, 에테르, 아세트산에틸, 클로로폼, 벤젠 등의 용매를 사용한다. 농축(concentration)은 용액 내 용매를 제거하여 용질(표적물질)의 농도를 높이는 과정으로, 가열 농축, 감압 농축, 통풍 농축, 냉동 농축 등의 방법을 적용한다. 정제(purification)는 추출이나 농축 과정을 거친 시료에서 불순물을 제거하는 과정으로, 활성탄, 실리카겔 등의 충진제가 들어있는 컬럼을 이용한다.

표 4-8. 수질 시료의 전처리 방법

분류	특 징
산분해법	• 질산법 : 유기함량이 비교적 높지 않은 시료에 사용 • 질산－염산법 : 유기물 함량이 비교적 높지 않고 금속의 수산화물, 산화물, 인산염 및 황화물을 함유하고 있는 시료에 적용 • 질산－황산법 : 유기물을 다량 함유하고 있는 시료에 사용 • 질산－과염소산법 : 유기물을 다량 함유하고 있으면서 산분해가 어려운 시료에 적용 • 질산－과염소산－불화수소산법 : 다량의 점토질 또는 규산염을 함유한 시료에 적용
마이크로파 산분해법	• 밀폐용기를 이용한 마이크로파 장치에 의한 방법에 적용
회화법	• 목적성분이 400℃ 이상에서 휘산되지 않고 쉽게 회화될 수 있는 시료에 적용
용매추출법	• 원자흡수분광광도법을 사용한 분석 시 목적성분의 농도가 미량이거나 측정에 방해하는 성분이 공존할 경우 시료의 농축 또는 방해물질을 제거하기 위한 목적으로 사용 • 디티존－메틸아이소부틸케톤(methyl isobutyl ketone) 추출법 : 시료 중 구리, 아연, 납, 카드뮴, 니켈, 코발트 등 측정에 적용 • 디티존－사염화탄소(5-amino-2-bennzimidazolethiol-carbon-tetra chloride) 추출법 : 시료 중 아연, 납, 카드뮴 등 측정에 적용 • 피로리딘다이티오카르바민산 암모늄(1-pyrrolidinecarbodithio acid, ammonium salt) 추출법 : 시료 중 구리, 아연, 납, 카드뮴, 니켈, 철, 망간, 6가 크롬, 코발트, 은 등 측정에 적용

※ 자료 : '수질오염공정시험기준(ES 04150.1b)'을 참고하여 저자 재작성

3. 환경 시료의 분석 방법

환경 시료 내의 오염물질을 분석할 때 분석의 통일성 및 정확성을 기하기 위해 「환경분야 시험·검사 등에 관한 법률」 제6조에 환경오염공정시험기준이 규정되어 있으며, 환경시료는 습식분석과 기기분석이 많이 이용된다.

1) 습식분석

습식분석(wet chemistry)은 용액을 이용하여 성분을 분해하여 분석하는 것을 의미하며, 산-염기 적정, 침전, 추출, 증류, 발색 등이 있다.

2) 기기분석

기기분석(instrumental analysis)은 환경 시료 내에 존재하는 화학물질의 물리화학적 성질을 이용하여 기기로 분석하는 것을 의미하며, 일반적으로 신호발생장치-검출기-신호처리기-출력장치 등으로 구성된다.

(1) 크로마토그래피

환경시료 안에는 분석하고자 하는 물질 뿐만 아니라 다양한 화학물질들이 포함되어 있어 이를 분리하는 것이 필요하다. 분리 기법(separation process)에서 가장 일반적으로 사용되는 기법이 크로마토그래피(chromatography)이다. 혼합물 시료를 이동상(mobile phase)에 포함시켜 고정상(stationary phase)에 흘려보내면 물질마다 이동상/고정상과의 친밀도(affinity)에 차이가 있기 때문에 고정상을 통과하는 시간이 다르게 된다. 물질이 고정상에 머무르는 시간(retention time)의 차이를 이용하여 혼합물 시료의 개별 물질을 분리한다(그림 4-10). 이동상으로 기체를 사용할 때에는 기체크로마토그래피(gas chromatography), 액체를 사용할 때에는 액체크로마토그래피(liquid chromatography)라고 한다.

(2) 질량분석법

질량분석법(mass spectroscopy)은 시료 안에 있는 화학물질을 여러 가지 방법으로 이온화시킨 뒤 물질의 질량을 질량 대 전하의 비(mass to charge, m/z)로 측정하는 방법이다. 질

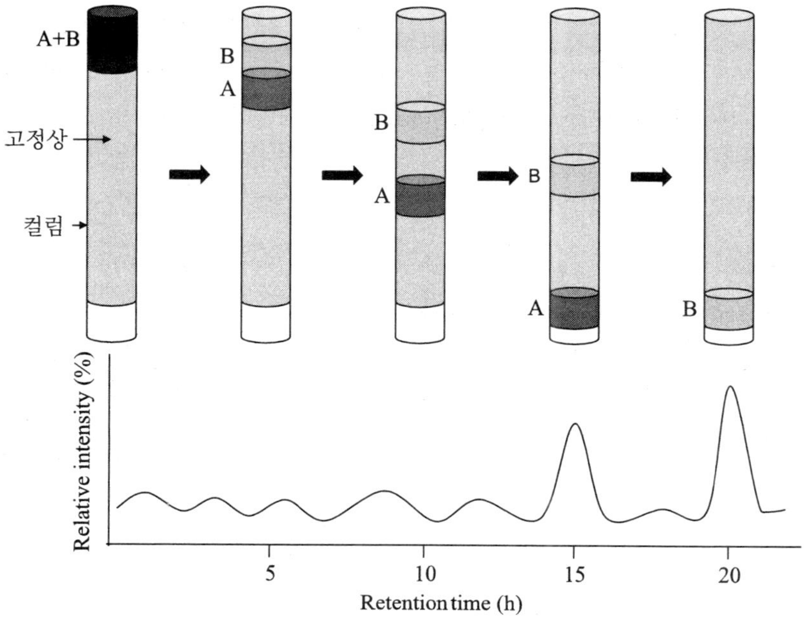

그림 4-10. 크로마토그래피의 분리 원리

량분석기는 시료 주입구, 이온화를 시키는 본체, 시료를 질량/이온화비(m/z)에 따라 분리하는 질량 측정기, 비전하의 값을 분석하는 검출기로 구성되어 있다.

질량분석기는 질량/이온화비(m/z) 값이 존재해야만 분석할 수 있으므로 시료를 이온화시키는 과정이 꼭 필요하다. 보통은 중성 상태에 있는 시료에 전자를 붙이는 전자 이온화 방법(electron ionization)을 이용하며, 화학반응을 통해서 MH^+와 같이 전하를 띄게 만드는 경우도 있다. 대기압 상태에서 이온화시키거나(atmospheric pressure ionization) 레이저로 시료의 흡착과 이온화를 동시에 시키기도 한다(matrix assisted laser desorption/ionization ; MALDI).

시료의 질량을 측정하는 방법은 사중극자 분석(quadrupole analyzer), 사중극자 이온 트랩(quadrupole ion trap), 자기영역 질량분석(magnetic sector mass spectrometer), 비행시간형 질량분석(time of flight mass spectrometer) 등이 있다.

(3) 분광분석법

분광분석법(spectroscopy)은 환경시료 내에 포함된 분자의 종류에 따라 전자기파(electromagnetic radiation)와의 상호작용이 다르다는 특성을 이용해 시료의 화학물질을 분석하는 방법이다(그림 4-11). 대표적으로 방사선 분광법(gamma-ray spectroscopy), X-ray

분광법(X-ray spectroscopy), 가시/적외선분광법(ultraviolet-visible spectroscopy ; UV-Vis), 적외선분광법(infrared spectroscopy), 원자흡수분광법(atomic absorption spectroscopy, AAS), 유도결합플라즈마(inductively coupled plasma ; ICP) 등이 있다.

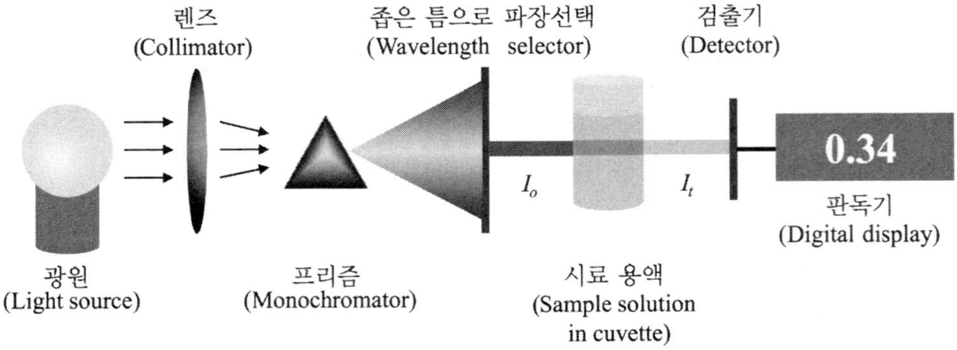

그림 4-11. 분광 분석법의 원리

※ 자료 : 'https://www.digikey.kr'를 참고하여 저자 재작성

(4) 혼성분석기법

혼성분석기법(hybrid analytical techniques)은 몇 가지 분석기법을 함께 사용하여 분석하는 것을 의미하며, 단일분석기법보다 높은 정확도와 신뢰도를 나타낸다. 예를 들어, 액체크로마토그래피－질량분석기(LC-MS), 기체크로마토그래피－질량분석기(GC-MS), 유도결합플라즈마－질량분석기(ICP-MS) 등이 흔히 사용된다. 액체크로마토그래피－질량분석기(LC-MS)는 비휘발성 및 친수성 유기화합물, 기체크로마토그래피－질량분석기(GC-MS)는 휘발성 유기화합물, 유도결합플라즈마－질량분석기(ICP-MS)는 중금속 분석에 주로 이용된다(표 4-9).

표 4-9. 유해화학물질 별 분석기기

번호	시험물질	시험방법
1	비휘발성 및 친수성 유기화합물	액체크로마토그래피/질량분석법(LC-MS)
2	휘발성 유기화합물	기체크로마토그래피/질량분석법(GC-MS)
3	중금속류	유도결합플라스마－원자발광분광법(ICP-AES) 유도결합플라스마－질량분석법(ICP-MS)

4. 환경 시료의 분석에 대한 정도관리

환경 시료를 분석할 때에는 정도보증/정도관리(quality assurance/quality control ; QA/QC)를 수행하여 측정·분석 결과의 정밀·정확도를 확보하는 것이 필요하다. 대기 시료의 QA/QC는 대기오염공정시험기준(국립환경과학원 고시 제2019-71호)의 ES 01001, 수질 시료의 QA/QC는 수질오염공정시험기준(국립환경과학원 고시 제2019-63호)의 ES 04001.b, 토양 시료의 QA/QC는 토양오염공정시험기준(국립환경과학원 고시 제2017-22호)의 ES 07001.a에 따라 수행한다.

1) 바탕시료의 설정

바탕시료(blank sample)는 실험과정의 바탕값(zero baseline 또는 background value)을 보정하고 실험과정 중 발생할 수 있는 오염을 파악하기 위해 사용하는 시료를 의미하며, 용도에 따라 다양한 바탕시료로 분류된다. 바탕시료는 크게 현장 바탕시료(field blank sample)와 실험실 바탕시료(laboratory blank sample)로 구분된다. 수질오염공정시험기준(환경부 고시 제2015-238호)에서는 정도보증/정도관리(QA/QC)에 따라 시료군마다 1개의 방법 바탕시료를 측정하고, 측정값은 방법 검출한계(method detection limit ; MDL) 이하로 유지되어야 함을 규정하고 있다.

(1) 현장 바탕시료

현장 바탕시료에는 현장 바탕시료(field blank sample), 세척/기구 바탕시료(rinsate/equipment blank sample), 운반 바탕시료(trip blank sample) 등이 있다.

현장 바탕시료(field blank sample)는 현장에서 만들어지는 깨끗한 시료로, 분석의 채취, 운송, 분석 과정에서 생기는 문제점을 찾는 데 사용된다. 예를 들어, 분석하고자 하는 물질이 없는 깨끗한 물이 채워진 시료 용기를 현장에 수송하고 같은 시료 용기를 준비하여 현장에서 채취된 시료를 채운다. 분석 결과에서 분석하고자 하는 물질이 없는 것으로 나타나야 한다.

세척/기구 바탕시료(rinsate/equipment blank sample)는 시료 채취 기구의 청결함을 확인하기 위하여 사용되는 깨끗한 시료로, 동일한 시료 채취 기구를 재사용하여 시료에 있던 오염물질이 시료 채취 기구에 남아 있는지를 평가한다. 시료 채취를 위한 도구 또는 장비를 표준작업 절차서에 따라 세척 후 측정 성분이 포함되지 않은 용매로 채취 기구를 씻어 낸다.

운반 바탕시료(trip blank sample)는 시료를 채취한 후 보관 용기에 담아 운송하는 중에 용기로부터 오염되는 것을 확인하기 위한 시료이다. 측정성분이 포함되지 않은 용매를 용기에 가득 담고 밀봉 후 시료 채취 지점을 방문하고, 모든 시료 채취가 완료된 후 실험실로 운반한 뒤에 일반시료와 같이 분석한다. 주로 휘발성 유기화합물 분석을 위한 시료의 교차 오염을 확인하기 위해 준비한다.

(2) 실험실 바탕시료

실험실 바탕시료에는 방법 바탕시료(method blank sample), 전처리 바탕시료(preparation blank sample), 매질 바탕시료(matrix blank sample), 시약 바탕시료(reagent blank sample), 검량선 바탕시료(calibration blank sample) 등이 있다.

방법 바탕시료(method blank sample)는 측정하고자 하는 물질이 전혀 포함되어 있지 않은 시료로 검사하는 시료의 시험방법과 동일한 전처리 및 시험절차를 진행하는 시료를 말한다. 방법 바탕시료로 분석 시료의 시험・검사 시 시약, 수행절차의 오염을 확인할 수 있다.

전처리 바탕 시료(preparation blank sample)는 교반(stirring), 혼합(mixing), 정제(purifying) 등 다양한 전처리 과정에서 발생할 수 있는 오염 여부를 확인하기 위한 시료이다. 교반기, 믹서기 등 전처리 기구를 사용한 후 표준작업 절차서에 따라 세척을 실시하고 측정성분이 포함되지 않은 용매로 헹구어 시료와 같은 방법으로 측정한다.

매질 바탕시료(matrix blank sample)는 시료 매질에 존재할 수 있는 물질을 평가하기 위한 시료로, 분석과정에서 구성물질이 존재하여 생기는 간섭 등 매질의 영향으로 회수율이나 정확도가 떨어질 때 수행한다.

시약 바탕시료(reagent blank sample)는 시료를 사용하지 않고 동일한 전처리 및 분석 과정에 따라 측정한 바탕시료를 의미한다. 방법 바탕시료는 매질의 영향까지 포함되지만, 시약 바탕시료에는 매질의 영향이 고려되지 않는다는 차이점이 있다.

검량선 바탕시료(calibration blank sample)는 검량선을 작성할 때마다 준비하여 분석장비의 바탕값을 평가하기 위한 시료로, 기기 바탕시료(instrument blank sample)라고도 한다. 검량선 바탕시료는 측정성분이 포함되지 않은 용매를 시료와 같은 조건으로 전처리하여 측정하며, 시료 분석 시 분석장비의 오염과 잔류량을 평가할 때에도 사용할 수 있다.

2) 검량선의 설정과 직선성 확인

검량선(calibration curve)은 분석대상물질의 농도와 측정값과의 상관성을 식으로 나타낸 것으로, 크게 외부 검정곡선법(external standard method), 표준물질 첨가법(standard addition method), 내부 표준법(internal standard method)로 구분된다.

일반적으로 정량범위 내에서 바탕시료를 포함해 4개 이상의 농도로 검량선을 작성하고, 얻어진 검량선의 상관계수(correlation coefficient ; R^2)가 0.99 이상 또는 감응계수(response ratio)의 상대표준편차가 20% 이내여야 한다. 만약 결정계수나 감응계수의 상대표준편차가 허용범위를 벗어나면 재작성해야 한다.

(1) 외부 검정곡선법

외부 검정곡선법(external standard method)은 '절대검정곡선법'으로도 불리며, 농도를 알고 있는 표준용액을 기기로 분석한 후, 시료의 농도와 지시값의 상관성을 검량선 식에 대입하여 검증하는 방법이다.

- 직선성이 유지되는 농도범위 내에서 검량선 작성용 표준용액을 제조하고, 이 시료를 기기로 분석하여 지시값의 자료를 얻는다.
- n개의 표준시료에 대해 농도와 지시값 쌍을 각각 (x_1, y_1), ⋯ , (x_n, y_n)이라 하고, 농도에 대한 지시값의 검량선을 그린다(그림 4-12).

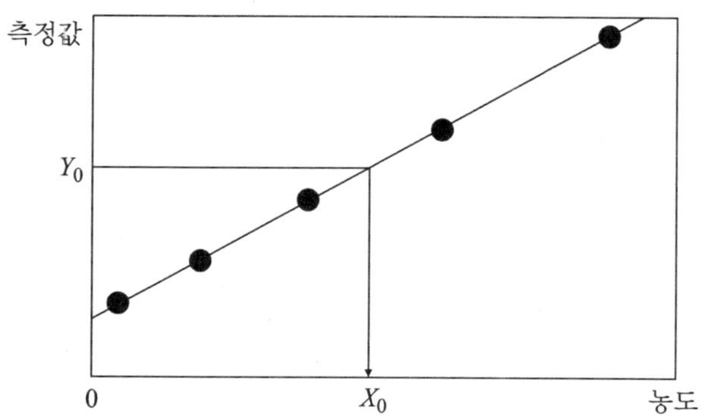

그림 4-12. 외부 검정곡선법을 이용한 검량선

※ 자료 : '수질오염공정시험기준(ES 04001.b)'을 참고하여 저자 재작성

- 검량선 작성용 표준용액의 농도와 지시값의 상관성을 1차식으로 표현하면 식 (4-1)과 같으며, 시료의 농도는 시료의 지시값을 검량선 식에 대입하여 구한다.

$$y = a_0 + a_1 \times x \qquad (4\text{-}1)$$

여기서, y : 지시값

x : 표준용액의 농도

a_0, a_1 : 계수

(2) 표준물 첨가법

표준물 첨가법(standard addition method)은 시료와 동일한 매질에 일정량의 표준물질을 첨가하여 검량선을 작성하는 것이다. 매질효과가 큰 시험 분석 방법에서 분석 대상 시료와 같은 매질의 표준시료가 없는 경우 매질효과를 보정하여 분석할 수 있는 방법이다.

- 분석대상 시료를 n개로 나눈 후 분석하려는 대상 성분의 표준물질을 0배, 1배, … , n－1배로 각각의 시료에 첨가한다.
- n개의 첨가시료를 분석하여 첨가 농도와 지시값의 자료를 각각 얻는다.
- n개의 시료에 대해 첨가농도와 지시값 쌍을 각각 (x_1, y_1), … , (x_n, y_n)이라 하고, 첨가농도에 대한 지시값의 검량선을 그려(그림 4-13) 시료의 농도 $|x_0|$를 산출한다.

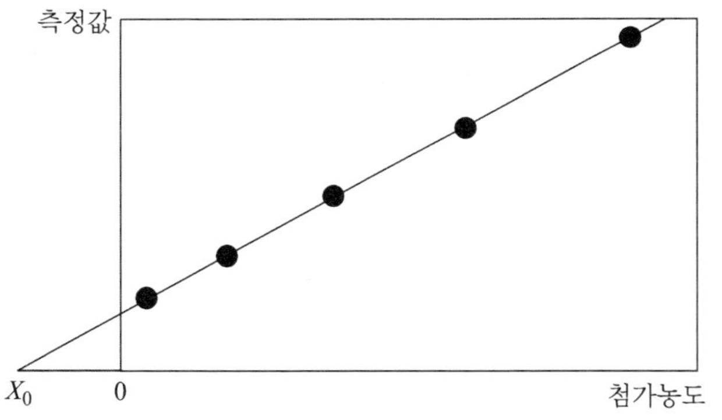

그림 4-13. 표준물 첨가법을 이용한 검량선

※ 자료 : '수질오염공정시험기준(ES 04001.b)'을 참고하여 저자 재작성

(3) 내부 표준법

내부 표준법(internal standard method)은 검량선 작성용 표준용액과 시료에 동일한 양의 내부표준물질을 첨가하여 시험분석 절차, 기기 또는 시스템의 변동으로 발생하는 오차를 보정하기 위해 사용하는 방법이다. 내부표준물질은 시험·분석하려는 성분과 물리화학적 성질은 유사하나 시료에는 없는 순수 물질로 선정하며, 일반적으로는 분석하려는 성분에

동위원소가 치환된 물질을 사용한다.

- 동일한 양의 내부표준물질을 분석 대상 시료와 검량선 작성용 표준용액에 각각 첨가한다. 내부표준물질의 농도는 분석대상 성분의 기기 지시값과 비슷한 수준이 되도록 한다.
- 분석기기를 이용하여 시료와 검량선 작성용 표준용액의 내부표준물질과 측정 성분의 지시값을 각각 구한다.
- 검량선 작성을 위해 가로축에 성분 농도(C_x)와 내부표준물질 농도(C_s)의 비(C_x / C_s)를 취하고, 세로축에는 분석 성분의 지시값(R_x)과 내부표준물질 지시값(R_s)의 비(R_x / R_s)를 취하여 검량선을 그린다(그림 4-14).
- 시료를 분석하여 얻은 분석 성분의 지시값(R_x')과 내부표준물질 지시값(R_s')의 비(R_x'/R_s')를 구한 후 검량선에 대입하여 분석 성분 농도(C_x')와 내부표준물질 농도(C_s')와의 비(C_x'/C_s')를 구한다.
- 분석 성분 농도(C_x')와 내부표준물질 농도(C_s')의 비(C_x'/C_s')에 첨가한 내부표준물질 농도(C_s')를 곱하여 시료의 농도(C_x')를 구한다.

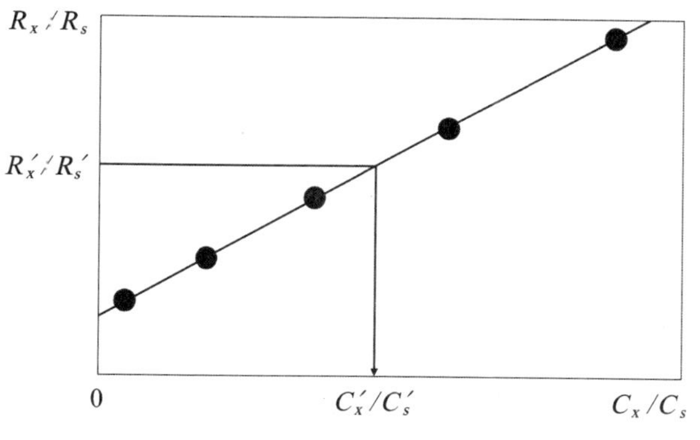

그림 4-14. 내부 표준법을 이용한 검량선
※ 자료 : '수질오염공정시험기준(ES 04001.b)'을 참고하여 저자 재작성

3) 검출한계 및 정량한계의 설정

검출한계(limit of detection ; LOD)란 시험분석 대상을 검출할 수 있는 최소 농도로, 기기 검출한계(instrument detection limit ; IDL)와 방법 검출한계(method detection limit ; MDL)로 구분한다. 기기 검출한계(IDL)는 시험분석 대상물질을 기기가 검출할 수 있는 최소한의 농도 또는 양으로서, 일반적으로 S/N 비의 2∼5배 농도 또는 바탕시료를 반복 측정한 결과의 표준편차에 3배한 값 등을 말한다. 방법 검출한계(MDL)는 시료와 비슷한 매질

중에서 시험분석 대상을 검출할 수 있는 최소한의 농도로서, 제시된 정량한계 부근의 농도를 포함하도록 준비한 n개의 시료를 반복 측정하여 얻은 결과의 표준편차(s)에 99% 신뢰도에서의 t-분포값을 곱한 것이다(식 4-2). $t\ (n-1,\ \alpha = 0.01)$는 표 4-10을 참고하여 구한다.

$$\text{방법검출한계} = t_{(n-1,\alpha=0.01)} \times s \tag{4-2}$$

여기서, t : 분포값
n : 시료의 수
s : 표준편차

표 4-10. 방법검출한계(MDL) 산출을 위한 자유도($n-1$)와 t-분포값

자유도($n-1$)	2	3	4	5	6	7	8	9
t-분포값(α = 0.01)	6.96	4.54	3.75	3.36	3.14	3.00	2.90	2.82

정량한계(limit of quantification ; LOQ)란 시험분석 대상을 정량화할 수 있는 측정값으로서, 제시된 정량한계 부근의 농도를 포함하도록 시료를 준비하고 이를 반복 측정하여 얻은 결과의 표준편차(s)에 10배한 값을 사용한다(식 4-3).

$$\text{정량한계} = 10 \times s \tag{4-3}$$

4) 정밀도와 정확도

정밀도(precision)란 시험분석 결과의 반복성을 나타내는 것으로, 반복시험하여 얻은 결과를 상대표준편차(relative standard deviation ; RSD)로 나타낸다. 연속으로 n회 측정한 결과의 표준편차(s)를 평균값(x)로 나누고 100을 곱하여 산출한다(식 4-4).

$$\text{정밀도(\%)} = \frac{s}{x} \times 100 \tag{4-4}$$

정확도(accuracy)란 시험분석 결과가 참값에 얼마나 근접하는가를 나타내는 것으로, 동일한 매질의 인증시료를 확보할 수 있는 경우에는 표준절차서(SOP)에 따라 인증표준물질을 분석한 결과값(C_M)과 인증값(C_C)과의 상대백분율로 구한다(식 4-5). 인증시료를 확보할 수 없는 경우에는 해당 표준물질을 첨가하여 시료를 분석한 분석값(C_{AM})과 첨가하지 않은 시료의 분석값(C_S)과의 차이를 첨가 농도(C_A)의 상대백분율 또는 회수율로 구한다(식 4-5).

$$정확도(\%) = \frac{C_M}{C_C} \times 100 = \frac{C_{AM} - C_S}{C_A} \times 100 \tag{4-5}$$

5. 생태 위해성평가에 환경 노출평가의 활용

노출평가에서 산출된 노출량은 독성평가에서 얻어진 독성값과 비교하여 위해성을 평가하는 데 활용된다. 환경 노출평가에서 확보한 대기, 물, 토양 환경 중 오염물질의 농도는 환경매체를 통한 인체노출과 위해성을 평가(5장에서 자세히 설명)하는 데 사용될 뿐만 아니라, 생태계의 생물에 미치는 노출과 위해성을 평가하는 데에도 활용된다. 4～5절에서는 생태 위해성을 평가하는 데 환경 노출평가에서 확보한 자료가 어떻게 활용되는지 설명하고자 한다.

일반적으로 생태 위해성평가에서는 예측무영향농도(predicted no effect concentration ; PNEC)와 예측환경농도(predicted environmental concentration ; PEC)를 비교하여 위해성을 평가한다. 환경 중 유해인자의 농도를 직접 측정한 농도(measured environmental concentration ; MEC)는 예측환경농도(PEC) 대신 활용할 수 있으며, 예측무영향농도(PNEC)는 독성자료의 양에 따라 결정론적 방법 또는 확률론적 방법으로 산출할 수 있다. 환경 중 유해인자의 측정농도는 위에서 언급했으므로, 아래에는 담수 환경의 예측무영향농도(PNEC)를 산출하는 방법과 생태 위해성을 평가하는 방법을 기술하고자 한다.

1) 예측무영향농도(PNEC) 산출

(1) 생태독성자료의 정리 및 요약

우선 기존의 생태독성 문헌 정보를 수집하여 평가할 대상물질에 대한 독성정보를 확인하는 것이 필요하다. 이 단계는 인체 위해성평가 단계 중 유해성 확인 및 독성평가 단계와 동일하다. 생태독성자료를 요약할 때에는 공신력 있는 독성 데이터베이스를 이용하여 검색하는 것이 좋다. 예를 들어, 국가 정부기관(예 : 미국 환경보호청(US EPA), 유럽화학물질청(ECHA), 일본 환경청(NITE) 등)에서 발간한 보고서 및 데이터베이스를 검색하거나(그림 4-10), 국내 화학물질 유관 정부부처 및 산하기관들의 보고서, 국내 GLP 기관의 관련 자료, 최근의 학술지에 게재된 자료를 검토할 수 있다. 경제협력개발기구(OECD)에서는 생태독성시험의 설계와 수행에 필요한 최소기준에 관한 표준지침(OECD Guidelines for the Testing of Chemicals)을 제공하고 있으므로 이를 참고해도 좋다(표 4-11).

그림 4-15에는 미국 환경보호청의 ECOTOX knowledgebase에 화학물질명(또는 CAS 번호)을 입력하여 대상물질의 물환경 생태독성시험 결과를 수집한 예시를 나타내었다. 가급적 OECD 시험지침에 명시된 생물종이나 국내 서식 생물종을 이용하여 얻은 값을 사용하며, 독성자료가 부족할 경우 독성실험을 통해 독성자료를 생산할 수도 있다. 문헌에서 확보한 독성자료를 정리한 표의 예시를 표 4-12에 제시하였다.

표 4-11. 생태독성평가에 활용할 수 있는 경제협력개발기구(OECD)의 시험지침(TG) 목록

시험지침(연도)	설 명
TG 201(2011)	담수조류 생장저해시험(Freshwater alga and cyanobacteria, growth inhibition test)
TG 202(2004)	물벼룩류 급성독성시험(*Daphnia* sp. acute immobilisation test)
TG 203(2019)	어류 급성독성시험(Fish, acute toxicity test)
TG 207(1984)	지렁이 급성독성시험(Earthwarm, acute toxicity test)
TG 208(2006)	육생식물 생장시험(Terrestrial plant test: seedling emergence and seedling growth test)
TG 209(2010)	활성슬러지 호흡저해 시험[Activated sludge, respiration inhibition test (carbon and ammonium oxidation)]
TG 210(2013)	어류 초기생장단계 독성시험(Fish, early-life stage toxicity test)
TG 211(2012)	물벼룩 생식능 시험(*Daphnia magna* reproduction test)
TG 212(1998)	어류배아 및 난황단계 치어 독성시험(Fish, short-term toxicity test on embryo and sac-fry stages)
TG 215(2000)	어류 유생성장시험(Fish, juvenile growth test)
TG 218(2004)	깔따구 독성시험(퇴적물에 시험물질을 첨가하는 시험)(Sediment-water chironomid toxicity using spiked sediment)
TG 219(2004)	깔따구 독성시험(물에 시험물질을 첨가하는 시험)(Sediment-water chironomid toxicity using spiked water)
TG 221(2006)	개구리밥류 생장저해시험(*Lemna sp*. growth inhibition test)
TG 222(2016)	지렁이 번식독성시험[Earthworm reproduction test (*Eisenia fedita / Eisenia andrei*)]
TG 229(2012)	어류 단기 번식독성시험(Fish short term reproduction assay)
TG 230(2009)	어류 21일 시험(21-day fish assay)
TG 236(2013)	어류배아 급성독성시험(Fish embryo acute toxicity (FET) test)

※ 자료 : https://www.oecd-ilibrary.org/environment/oecd-guidelines-for-the-testing-of-chemicals-section-2-effects-on-biotic-systems_20745761을 참고하여 저자 재작성

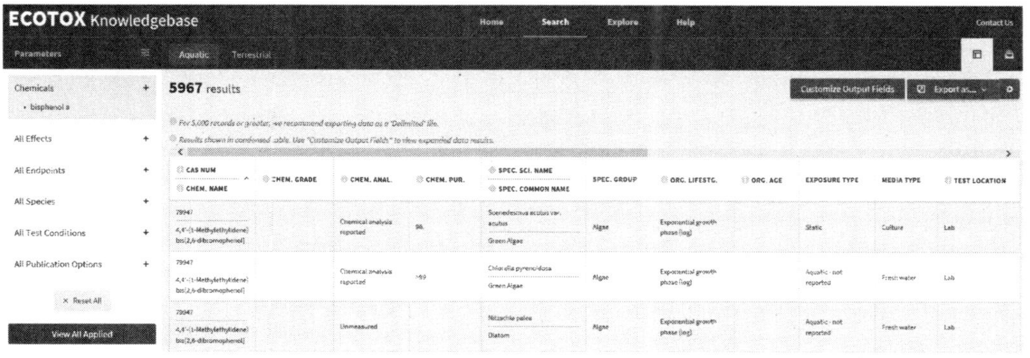

그림 4-15. ECOTOX knowledgebase를 활용한 생태독성자료 수집의 예

※ 자료 : 'ECOTOX database (https://cfpub.epa.gov/ecotox/search.cfm)'를 참고하여 저자 재작성

표 4-12. 비스페놀 A에 대한 문헌 독성자료의 정리 예시

분류	시험종(학명)	시험기간/종말점	시험 종류	농도 (mg/L)	참고문헌
Algae	*Desmodesmus subspicatus*	72시간/생장저해 EC_{50}	급성	19.6	Tišler et al., 2016
Algae	*Selenastrum capricornutum*	96시간/생장저해 EC_{50}	급성	2.5	Staples et al., 1998
Algae	*Selenastrum capricornutum*	96시간/생장저해 NOEC	만성	1.2	Alexander and Dill, 1988
Invertebrate	*Daphnia magna*	48시간/유영저해 EC_{50}	급성	7.75	Brennan et al., 2006
Invertebrate	*Daphnia magna*	21일/번식 NOEC	만성	1	Brennan et al., 2006
Fish	*Danio rerio*	96시간/치사 LC_{50}	급성	8.04	Chan and Chan, 2012
Fish	*Danio rerio*	180일/성장 NOEC	만성	0.4	Keiter et al., 2012
Fish	*Oncorhynchus mykiss*	96시간/치사 LC_{50}	급성	3.0	Staples et al., 1998
Fish	*Oryzias latipes*	60일/성장 NOEC	만성	0.355	Yokota et al., 2000
Fish	*Pimephales promelas*	96시간/치사 LC_{50}	급성	4.6	Alexander and Dill, 1988
Fish	*Pimephales promelas*	444일/F_2세대 생존 NOEC	만성	0.016	Sohoni et al., 2001

※ 자료 : 'Park et al., 2019'를 참고하여 저자 재작성

(2) 결정론적(deterministic) 예측무영향농도(PNEC) 산출

최종 독성종말점(endpoint)이 확인된 독성시험 연구가 어느 정도 정리가 되면 예측무영향농도(PNEC)를 결정할 수 있다. 국립환경과학원 고시 제2014-48호(화학물질 위해성평가의 구체적 방법 등에 관한 규정)에 따르면 예측무영향농도(PNEC)는 우선적으로 종민감도분포를 이용하여 확률론적으로 산출하게 되어 있다. 그러나 가용한 독성정보가 부족하거나 민감군을 보호하기 위한 보수적인 값을 산출할 때는 결정론적 방법을 사용한다. 앞서 정리된 생태독성자료 중에서 중요한 생태독성 분류군과 독성종말점[급성독성은 반수치사농도(LC_{50}), 반수영향농도(EC_{50}), 만성독성은 무영향관찰농도(NOEC), 10% 영향농도(EC_{10}) 등]을 고려하여 독성자료를 재정리하고, 정리된 독성값 중 가장 낮은 농도의 독성값(가장 민감한 값)을 평가계수(assessment factor ; AF)로 나누어 예측무영향농도($PNEC_{AF}$)를 산출하게 된다(식 4-6). 평가계수는 각 영양단계별로 존재하는 독성값의 수에 따라 10～1,000까지 차등 부여하며(표 4-13), 대표적인 영양단계는 조류(1단계), 물벼룩(2단계), 어류(3단계)이다.

$$\text{예측무영향농도}\,(PNEC_{AF}) = \frac{\text{가장 낮은 } LC_{50} \text{ 또는 NOEC (mg/L)}}{\text{평가계수}} \tag{4-6}$$

예를 들어, 표 4-12의 독성자료에서는 어류(*Pimephales promelas*)의 2세대 만성노출 무영향관찰농도(NOEC)인 16 μg/L가 가장 민감한 독성값이고, 3개 영양단계 각각 만성독성값이 존재하여 평가계수(AF)는 10을 적용한다. 산출된 예측무영향농도($PNEC_{AF}$)는 16 μg/L ÷ 10 = 1.6 μg/L이다.

표 4-13. 이용가능한 독성자료 수에 따른 평가계수

평가계수	근 거
1,000	급성독성값 1개(1개 영양단계)
100	급성독성값 3개(3개 영양단계 각각)
100	만성독성값 1개(1개 영양단계)
50	만성독성값 2개(2개 영양단계 각각)
10	만성독성값 3개(3개 영양단계 각각)

※ 자료 : '국립환경과학원 고시 제2014-48호(화학물질 위해성평가의 구체적 방법 등에 관한 규정) 별표 3'을 참고하여 저자 재작성

(3) 확률론적(probabilistic) 예측무영향농도(PNEC) 산출

대상물질의 생태독성 시험결과가 국립환경과학원 고시 제2014-48호(화학물질 위해성평가의 구체적 방법 등에 관한 규정)에서 제시한 기준에 따른 최소요구조건[적어도 4개의 분류군(taxonomic groups), 5개의 생물종(species) ; 표 4-14]을 만족한 경우 종민감도분포(species sensitivity distribution ; SSD)를 이용하는 확률론적 방법을 적용할 수 있다.

대상물질의 생태독성정보로 종민감도분포곡선(확률밀도함수 ; SSD curve)을 구하고, 특정 %의 생물종을 보호하기 위한 수질 기준(hazardous concentration x %, HC_x)에 적절한 평가계수(AF)를 적용하여 예측무영향농도($PNEC_{SSD}$)를 설정한다(식 4-7). 일반적으로는 만성노출 시 5%의 생물종이 영향을 받을 가능성이 있는 유해농도(HC_5), 즉 해당 매체 내에서 95% 정도의 생물종을 보호하기 위한 농도를 사용한다. 만일 동일한 생물종에 대해 다양한 독성자료가 있으면 그 독성값들의 기하 평균을 대푯값으로 사용한다. HC_5 계산에 사용된 독성자료는 Anderson-Darling 적합도 검정 또는 Kolmogorov-Smirnov 시험으로 종민감도분포곡선이 정규성을 지니는지 확인해야 한다. 미국 환경보호청에서는 SSD generator 프로그램을 제공하여 종민감도분포곡선 및 HC_5를 쉽게 산출할 수 있도록 도움을 준다. 예측무영향농도를 산출하기 위한 평가계수(AF)는 독성자료의 양과 질에 따라 1～5로 적용한다. 예를 들어, 그림 4-16의 종민감도분포곡선에서는 5% 생물종이 영향을 받을 가능성이 있는 유해농도(HC_5)가 22.8 μg/L로 산출되었고, 독성자료의 양과 질을 고려하여 평가계수(AF)는 2를 적용하였다. 산출된 예측무영향농도($PNEC_{SSD}$)는 22.8 μg/L ÷ 2 = 11.4 μg/L이다.

$$\text{예측무영향농도}\,(PNEC_{SSD}) = \frac{HC_5\,(mg/L)}{\text{평가계수}} \tag{4-7}$$

표 4-14. 종민감도분포 이용을 위한 최소자료 요건

매체	최소자료 요건
물	4개 분류군에서 최소 5종 이상(조류, 무척추동물 2개 분류군*, 어류 등)
토양	4개 분류군에서 최소 5종 이상(미생물, 식물류, 톡토기류, 지렁이류 등)
퇴적물	4개 분류군에서 최소 5종 이상(미생물, 빈모류, 깔따구류, 단각류 등)

* 갑각류, 연체류 등

※ 자료 : '국립환경과학원 고시 제2014-48호(화학물질 위해성평가의 구체적 방법 등에 관한 규정) 별표 4'를 참고하여 재작성

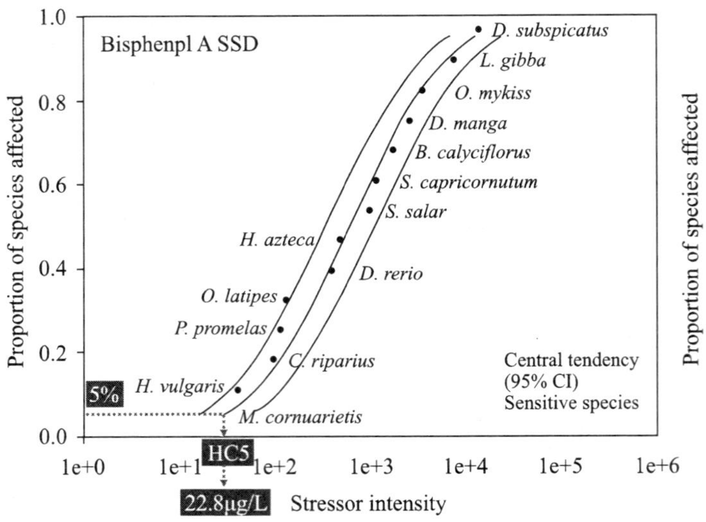

그림 4-16. 비스페놀 A 종민감도분포곡선의 예

※ 자료 : 'Park et al., 2019'를 참고하여 저자 재작성

2) 예측환경농도(PEC) 산출

위해성평가의 대상 물질이 현재 생태계 내의 생물들에게 어느 정도 노출되고 있는지 정량적으로 파악하기 위해 예측환경농도(PEC) 또는 실측환경농도(MEC)를 구한다. 실측환경농도(MEC)는 전국의 노출수준을 반영할 수 있는 대표성 있는 자료가 존재하거나, 좁은 범위의 지역을 대상으로 위해성평가를 할 때 활용할 수 있다. 그러나 일반적으로 실측환경농도(MEC)는 전국의 모든 매체 내의 노출량을 대표하기 어렵고 특히 물환경 중 화학물질의 검출 수준은 계절적 변이나 주변 오염원의 변화 등 다양한 변수에 영향을 받기 때문에 보수적인 예측환경농도(PEC)를 결정하여 위해성평가에 활용하는 것이 좋다.

보수적인 예측환경농도(PEC)는 환경 매체에서 측정된 오염물질의 농도 분포를 고려하여 결정할 수 있다. 우선 오염물질의 검출 수준을 최저부터 최고 농도까지 나열하고 검출수준별로 검출된 빈도수를 입력한 후, 농도별 누적검출빈도율(cumulative detection frequency)을 구해야 한다(표 4-15). 농도별 누적검출빈도율(%)은 각 검출 수준의 구간별로 검출빈도를 누적검출빈도로 나누어 백분율로 나타낸 값을 의미한다. 산출된 농도별 누적검출빈도율은 그림 4-17과 같이 나타낼 수 있으며, 평균 예측환경농도(평균값 또는 중앙값을 사용), 보수적 예측환경농도(평균 PEC의 95% 신뢰구간 상한값), 고노출 예측환경농도(상위 95% 값을 사용)를 산출할 수 있다. 모델링을 통한 예측 기법이 증가하면서 다양한 추정 모델을 활용하여 예측환경농도(PEC)를 산출할 수 있으며, EUSES가 많이 활용되고 있다.

표 4-15. 농도별 누적검출빈도율 계산 예시

검출수준(μg/L)	검출빈도	누적검출빈도	누적검출빈도율(%)
1～5	3	3	3 / 82 × 100 = 3.6
6～10	8	11	11 / 82 × 100 = 13.4
11～15	29	40	40 / 82 × 100 = 48.7
16～20	31	71	71 / 82 × 100 = 86.5
20～25	9	80	80 / 82 × 100 = 97.5
26～30	2	82	82 / 82 × 100 = 100

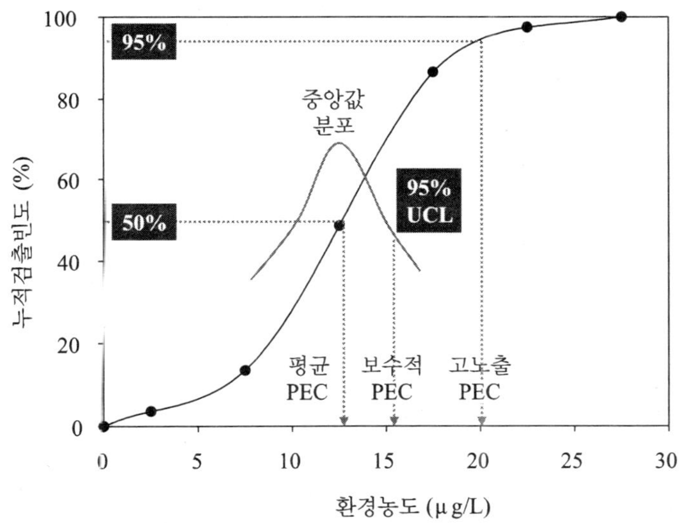

그림 4-17. 평균, 보수적, 고노출(상위 95%) 예측환경농도(PEC) 결정의 예

3) 위해지수 산출

생태 위해성평가에 구동할 수 있는 예측환경농도(PEC)와 예측무영향농도(PNEC) 값을 확보했다면, 식 (4-8)에 따라 유해지수(hazard quotient ; HQ)를 산출할 수 있다. 예측환경농도(PEC)를 예측무영향농도(PNEC)로 나눈 유해지수(HQ) 값이 1 이상일 경우에는 환경 중 유해물질의 오염수준이 생태계의 생물에 부정적인 영향을 미칠 가능성이 있다고 간주한다.

$$\text{환경 유해지수(HQ)} = \frac{\text{예측환경농도 또는 측정환경농도(mg/L)}}{\text{예측무영향농도(mg/L)}} \qquad (4\text{-}8)$$

여기서, 환경 유해지수(HQ) ≥ 1 : 위해함

환경 유해지수(HQ) < 1 : 위해가 우려되지 않음

4) 생태 위해성평가 예시

생태 위해성평가에 대한 몇 가지 예시 문항과 풀이 방법을 제시하였다.

예시 문항 1) A 물질의 물환경 중 예측환경농도(PEC)가 0.1 mg/L이고, 독성시험의 결과가 다음 표와 같을 때 예측무영향농도($PNEC_{AF}$)와 환경 유해지수(HQ)를 산출하시오.

분류	시험종(학명)	시험기간/종말점	시험 종류	농도 (mg/L)	참고문헌
조류	*P. subcapitata*	72시간/생장 저해 EC_{50}	급성	3	AB et al., 2019
조류	*P. subcapitata*	72시간/생장 저해 NOEC	만성	0.2	AB et al., 2019
물벼룩류	*D. magna*	48시간/유영저해 EC_{50}	급성	40	DE et al., 2008
물벼룩류	*D. magna*	21일/번식 NOEC	만성	4	BC et al., 2010
물벼룩류	*M. macrocopa*	48시간/유영저해 EC_{50}	급성	30	GH et al., 2007
물벼룩류	*M. macrocopa*	7일/번식 NOEC	만성	2	HI et al., 2009
어류	*D. rerio*	96시간/치사 LC_{50}	급성	10	OP et al., 2014
어류	*D. rerio*	33일/성장 NOEC	만성	1	OP et al., 2014
어류	*O. latipes*	96시간/치사 LC_{50}	급성	15	QR et al., 2012
어류	*O. latipes*	120일/번식 NOEC	만성	0.1	RS et al., 2013

A 물질의 환경 유해지수(HQ)를 진행하기 위해서는 예측환경농도(PEC)와 예측무영향농도(PNEC)에 대한 자료가 필요하며[식 (4-3) 참고], 예측환경농도(PEC)는 문제에 제시되어 있으므로 예측무영향농도(PNEC)를 먼저 산출한다. 생태독성자료 중 어류(*O. latipes*)의 120일 만성노출 무영향관찰농도(NOEC)인 0.1 mg/L가 가장 민감한 독성값이고, 3개 영양단계 각각 만성독성값이 존재하여 평가계수(AF)는 10을 적용할 수 있다. 이를 토대로 산출한 예측무영향농도($PNEC_{AF}$)는 0.01 mg/L이다.

$$\text{예측무영향농도}(PNEC_{AF}) = \frac{\text{가장 낮은 NOEC(mg/L)}}{\text{평가계수}}$$

$$= \frac{0.1\,\text{mg/L}}{10} = 0.01\,\text{mg/L}$$

환경 유해지수(HQ)는 예측환경농도(PEC)를 예측무영향농도(PNEC)로 나누어 산출할 수 있으며, 산출된 유해지수(10)가 1보다 크므로 생태 위해성이 우려된다고 판단한다.

$$\text{환경 유해지수(HQ)} = \frac{\text{예측환경농도(mg/L)}}{\text{예측무영향농도(mg/L)}} = \frac{0.1\,\text{mg/L}}{0.01\,\text{mg/L}} = 10$$

6. 환경 노출평가 모델

1) EUSES

노출량을 결정하기 위해서는 일반적으로 실제 농도나 노출량에 대한 측정값을 사용하지만, 이러한 실측값이 없을 때는 추정값(estimation)이나 예측값(prediction)을 사용한다. 노출 모델(exposure model)은 '이론적 또는 경험적 관계식을 통해 가용한 입력 자료로부터 개인 또는 집단의 노출량을 추정하기 위한 도구'를 의미하며, 실측자료가 없거나 실측이 불가능한 상황에서 노출평가에 활용된다.

EUSES는 네덜란드 국립환경보건연구원(RIVM)에서 개발한 위해성평가 도구로 작업자, 소비자, 환경 노출에 대한 예측 평가가 가능한 모델이다. EUSES 모델을 활용하기 위해서는 입력 변수로 환경 거동에 영향을 주는 요인(예 : 대상물질의 물리화학적 상태, 풍향·풍속 등의 기상 인자), 화학물질의 배출량 자료 등이 필요하다. 이에 대한 자료를 수집한 후 모델에 입력하면, 물질의 이동, 확산, 분해, 생물 축적 등이 계산되어 최종적으로 환경 중 화학물질의 농도 또는 양을 얻을 수 있다.

EUSES는 다중 매질(대기, 물, 퇴적물, 토양), 다중 경로(경구, 흡입, 경피)에 따른 평가가 가능하며, EU에서 환경 농도 스크리닝을 위해 추천하는 모델이다. 계산속도가 빨라 스크리닝 모델로 적합하나, 시간별, 지역별 농도변화는 관찰하기 어렵다. EUSES는 EC 홈페이지에서 다운로드 받아 사용할 수 있으며(open access), 초기 노출 시나리오를 사용하여 노출 및 위해성평가를 수행한다(그림 4-18). EUSES는 크게 9가지 항목[연구 확인(study identification), 평가 종류(assessment type), 기본값(defaults), 물질 정보(substance), 배출량 예측(release estimation), 분포(distribution), 노출(exposure), 독성영향(effects), 위해성평가(risk characterization)]으로 구성되어 있다.

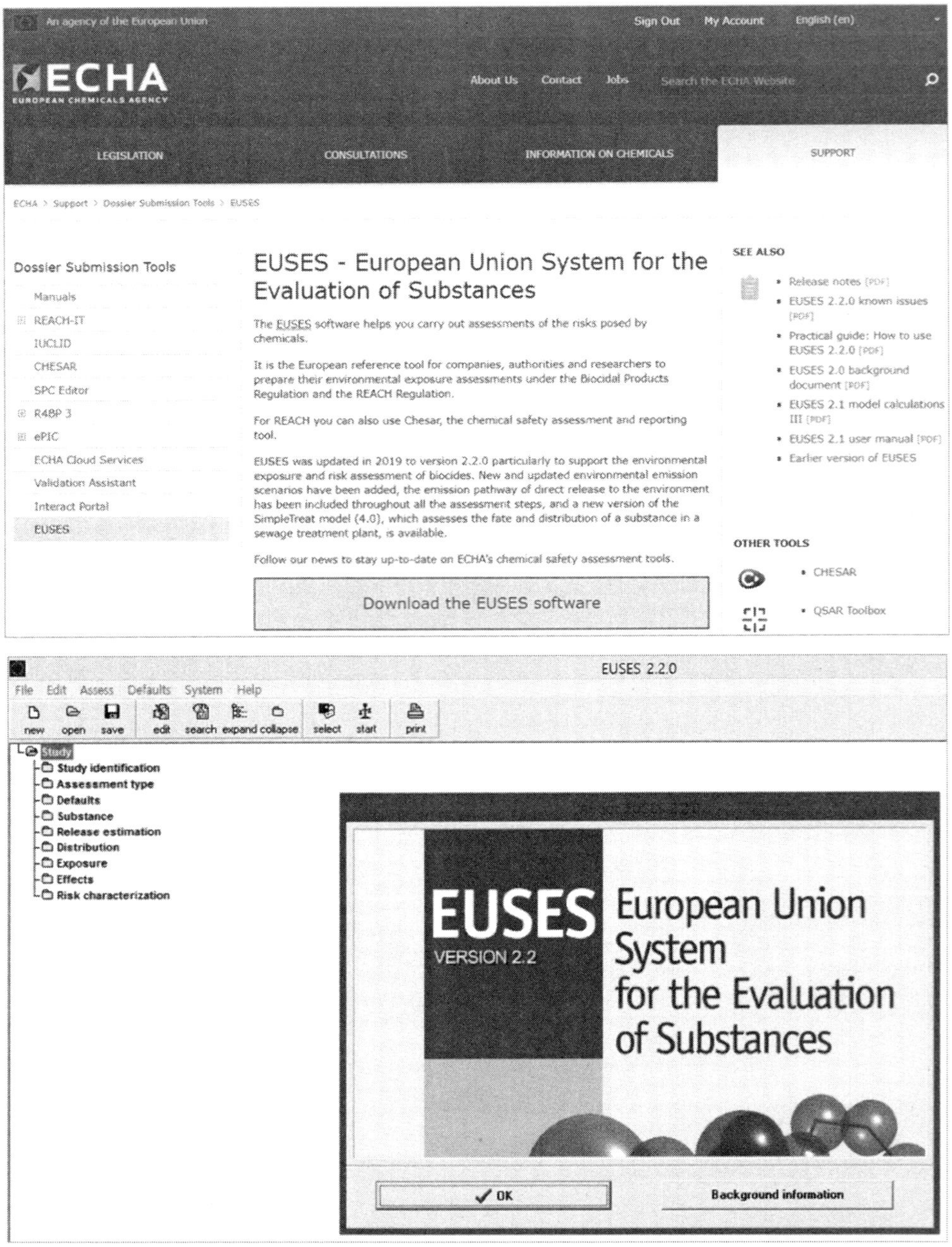

그림 4-18. EUSES version 2.2.0

※ 자료 : https://echa.europa.eu/support/dossier-submission-tools/euses

평가의 목적에 따라 EUSES 모델의 평가 종류를 선택할 수 있으며(그림 4-19), 대상물질의 물리화학적 특성, 매체 간 분배 및 분해계수, 국내 및 대상 지역 또는 대상 사업장의 배출량 정보 등을 입력하면 예측환경농도가 산출된다. 다음에는 임의의 대상지역 ○○사업장에서 배출되는 벤젠에 대해 특성 값을 확보하고, EUSES 모델을 통해 환경 중 농도를 예측해 보고자 한다.

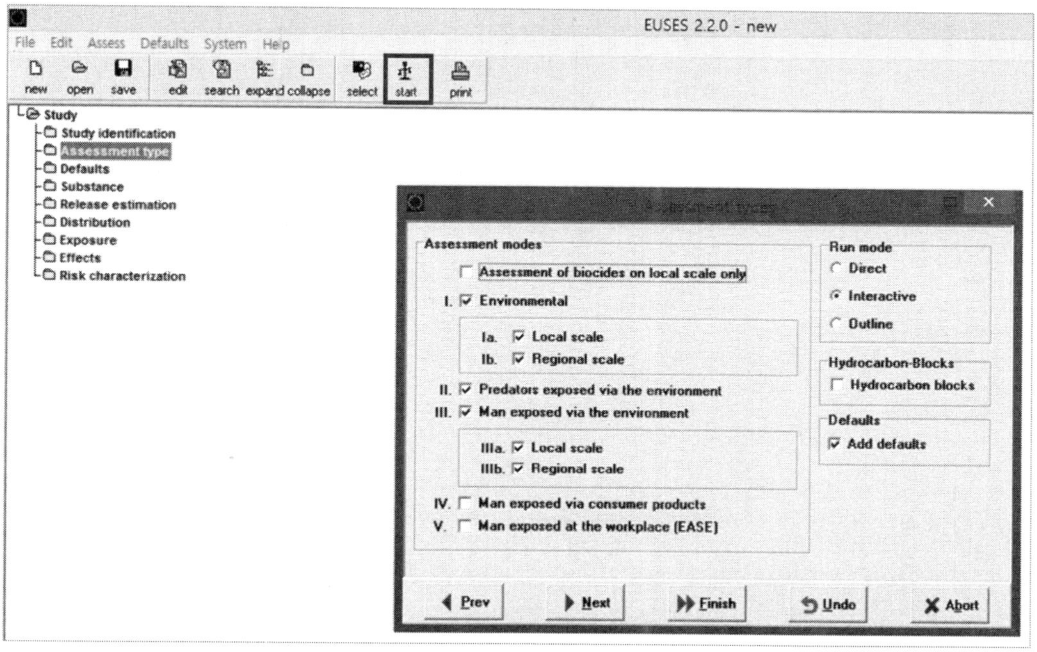

그림 4-19. EUSES의 assessment types 화면

※ 자료 : 'EUSES version 2.2.0'을 사용하여 저자 재작성

(1) 지역특성 값 입력

우리나라 전역(continental), 대상지역(regional), 해당지역(local)에 위치한 사업장에 대한 지역 특성, 기상인자, 인구 자료는 국토해양부, 기상청, 국가통계포털(인구 총 조사 부문) 등 국내 통계자료를 활용할 수 있으며, 면적, 면적비율, 연 평균 기온 · 풍속 · 강우량, 인구 수 등을 입력한다(그림 4-20).

(2) 대상 화학물질에 대한 물리화학적 특성

미국 NIH의 PubChem, European Union Risk Assessment Report (RAR), OECD Existing Chemicals Database 등에서 물리화학적 특성 자료를 확보할 수 있으며(그림 4-21, 표 4-16), 분자량, 녹는점, 끓는점, 증기압, 수용해도, 옥탄올-물 분배계수 등에 대한 변수 값들을 입력한다(그림 4-22).

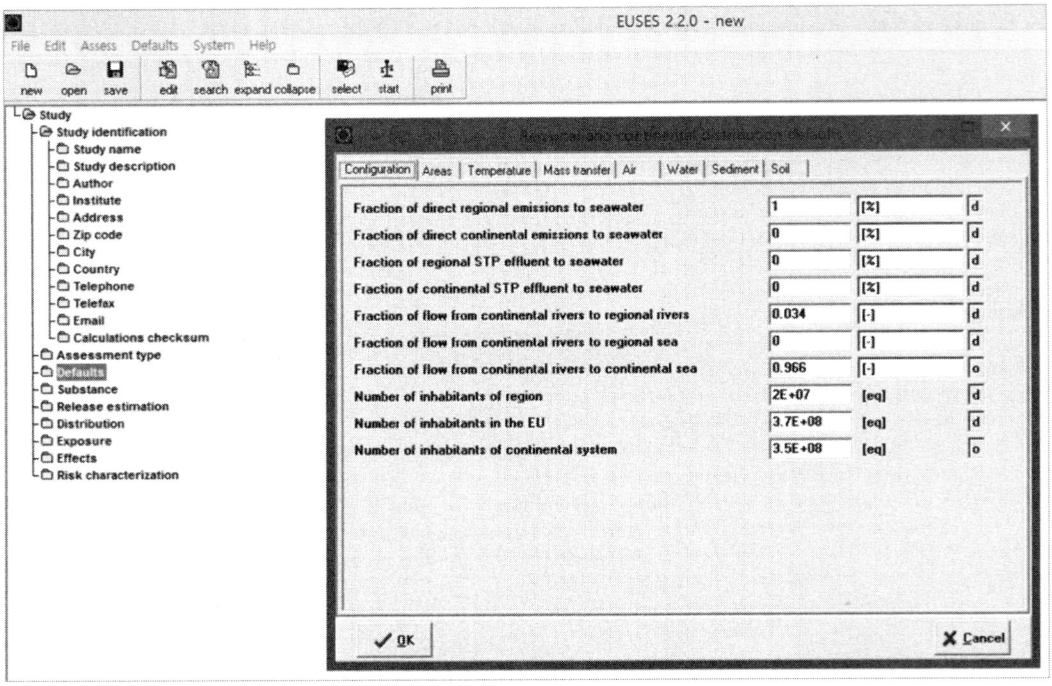

그림 4-20. EUSES의 지역특성값 입력 화면

※ 자료 : 'EUSES version 2.2.0'을 사용하여 저자 재작성

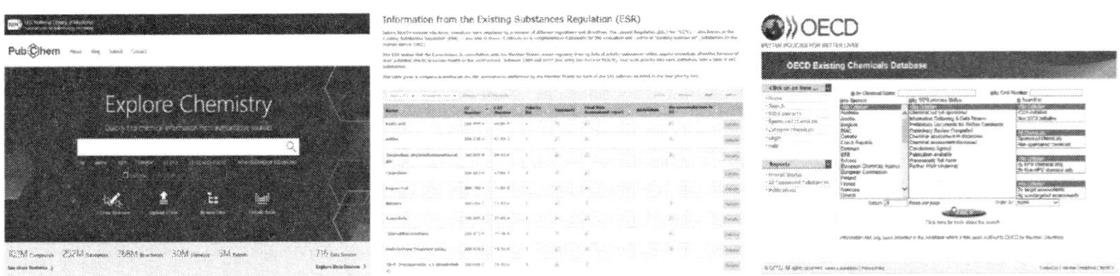

PubChem | European Union Risk Assessment Report | OECD Existing Chemicals Database

그림 4-21. EUSES 내 물리화학적 특성에 대한 입력자료 확보를 위한 참고 홈페이지

※ 자료 : PubChem (https://pubchem.ncbi.nlm.nih.gov/), European Union Risk Assessment Report (https://echa.europa.eu/information-on-chemicals/information-from-existing-substances-regulation), OECD Existing Chemicals Database (https://hpvchemicals.oecd.org/ui/Search.aspx)

표 4-16. EUSES 모델에 입력한 물리화학적 특성 값

물리화학적 특성값	벤 젠
분자량(g/mol)	78.11
녹는점(℃)	5.5
끓는점(℃)	80.1
시험온도에서의 증기압 25℃에서의 증기압	20℃ − 75 mmHg 1.41E + 04 Pa
시험온도에서의 물에 대한 용해도 25℃에서의 물에 대한 용해도	25℃ − 1.78E + 03 mg/L 1.78E + 03 mg/L
옥탄올−물 분배계수($\log K_{ow}$)	2.13
Koc-QSAR에 의한 화학물질 분류	non-hydrophobics
헨리상수(Pa · m^3/mol)	557.288
생분해능 외 특성	Readily biodegradable
OH^-의 특정 분해율 상수	1.23E − 12

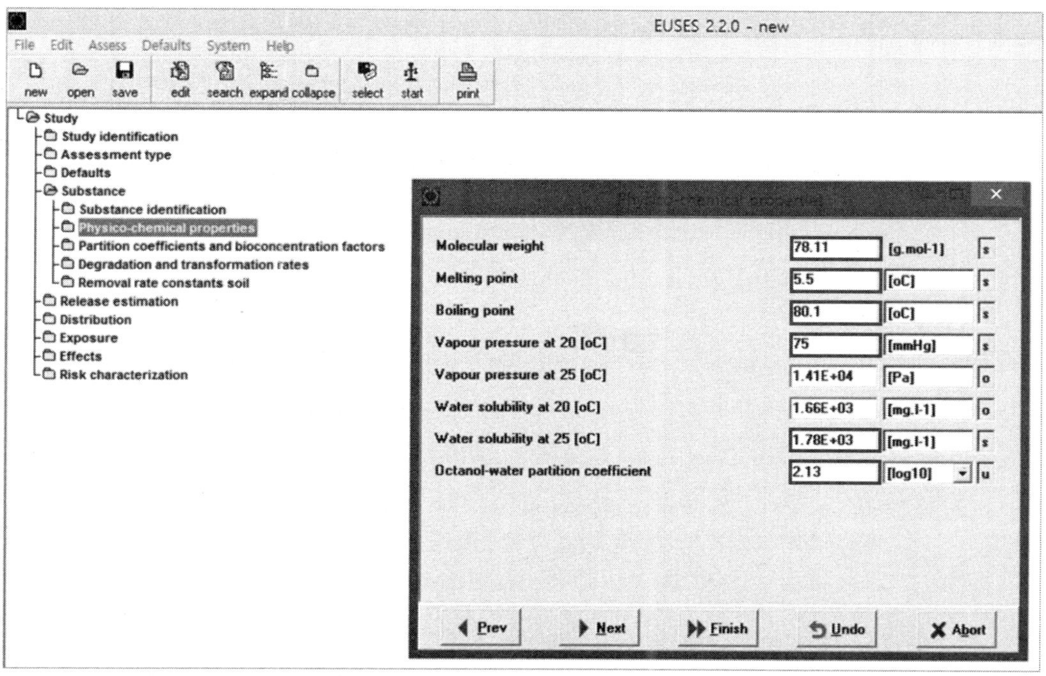

그림 4-22. EUSES의 물리화학적 특성 입력 화면

※ 자료 : ‘EUSES version 2.2.0’을 참고하여 저자 재작성

(3) 대상 화학물질의 매체 간 분배 및 분해계수 입력

수집된 물리화학적 특성에 대한 자료에서 각 매체에서의 분배 및 분해에 대한 값 (Henry's law constant, air-water partitioning coefficient, biodegradable, specific degradation rate constant with OH-radicals)을 입력한다(그림 4-23).

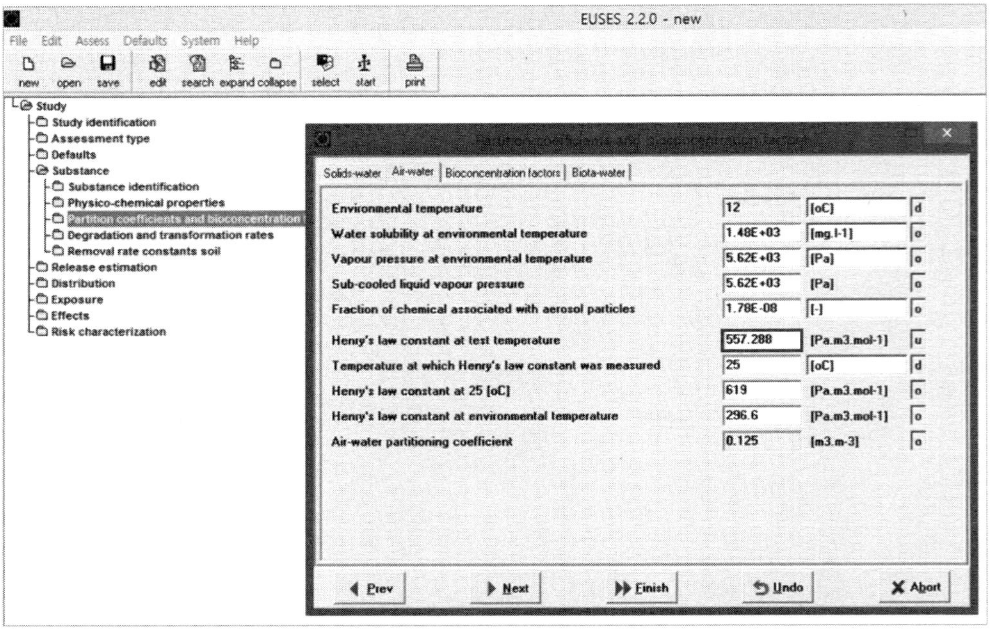

그림 4-23. EUSES의 매체 간 분배 및 분해계수 입력 화면

※ 자료 : 'EUSES version 2.2.0'을 참고하여 저자 재작성

(4) 배출량 정보 입력

EUSES에 continental, regional, local scale에 따라 매체별로 예측환경농도 값을 산출하기 위해서는 배출량 정보를 입력해야 한다. 화학물질 배출량 조사, 비점오염원 화학물질 배출량 조사를 참고하여 continental (국내 점배출량 + 비점배출량), regional (대상지역 점배출량 + 비점배출량), local (대상 사업장 점배출량 + 비산배출량)에 입력할 수 있는 정보를 확보하고(표 4-17) 모델에 값을 입력한다(그림 4-24).

표 4-17. EUSES 모델에 입력할 배출량 정보

구분	매체	점원 (Point source)	비점원 (Non-point source)	합계	단위
전국	대기	1,137.10	5,328.73	6,465.83	kg/y
	폐수	0.2	0	0.2	kg/y
	공업토양	0	0	0	kg/y
대상지역	대기	197.91	258.27	456.18	kg/y
	폐수	0	0	0	kg/y
	공업토양	0	0	0	kg/y
대상사업장	대기	15.04	0	15.04	kg/y

배출량 자료	전국	대상지역	대상사업장
대기로 배출(kg/day)	6,465.83	456.18	15.04
폐수로 배출(kg/day)	0.2	0	0
지표수로 배출(kg/day)	0	0	0
산업토양으로 배출(kg/day)	0	0	0
농경토양으로 배출(kg/day)	0	0	0

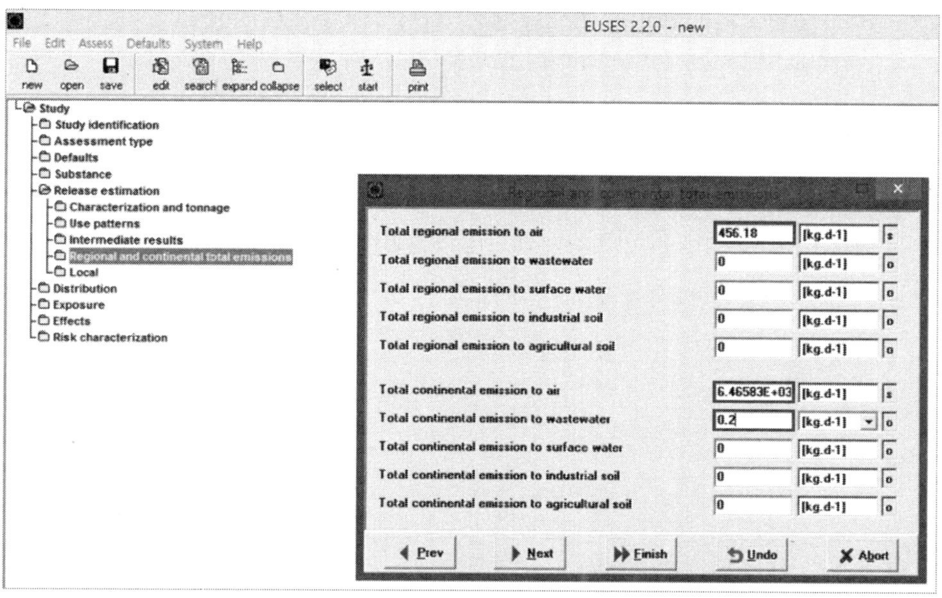

그림 4-24. EUSES의 배출량 정보 입력 화면

※ 자료 : ‘EUSES version 2.2.0’을 참고하여 저자 재작성

(5) 각 scale에서 매체별 예측농도 산출

EUSES 모델에서 산출되는 사업장의 예측농도는 배출원으로부터 100 m에 위치한 지점에서의 평균 농도로, 대기, 지표, 토양, 퇴적물에 대해 제시한다(그림 4-25).

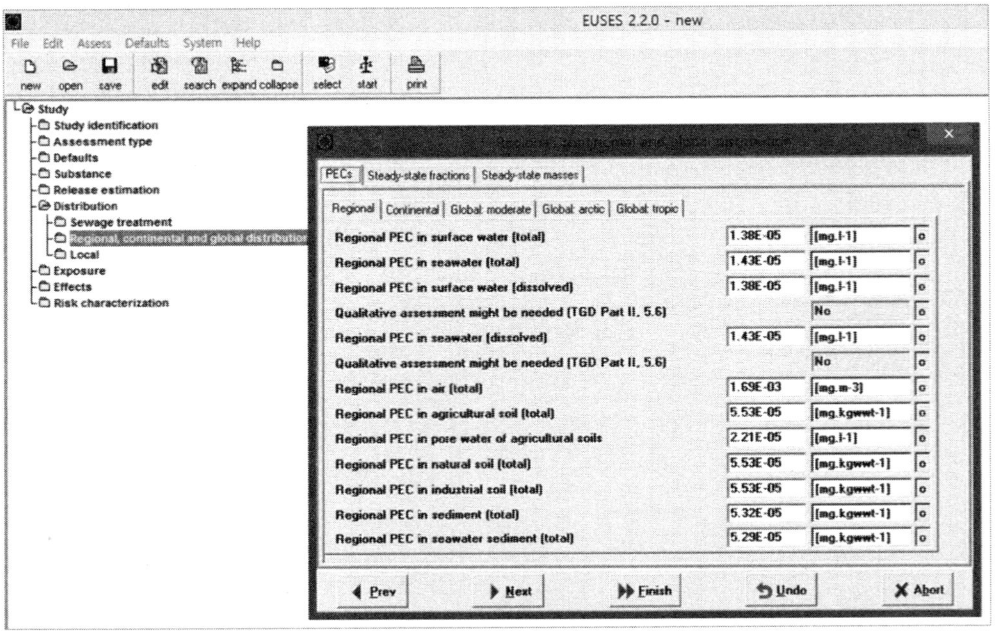

그림 4-25. EUSES 모델을 통한 예측환경농도 확보 화면

※ 자료 : 'EUSES version 2.2.0'을 참고하여 저자 재작성

모델을 활용하여 환경 중 농도를 추정하는 경우, 입력 변수에 따라 산출되는 결과가 크게 달라질 수 있으므로 실측값과 비교하여 계산 결과의 타당성을 검증할 필요가 있다. 또한 모델은 실제 일어나고 있는 현상을 가정하여 수식으로 표현한 것이므로 모델에 적용되고 있는 가정과 한계점을 이해하는 것이 필요하다.

예상문제

1. 가스상 물질의 수집방법으로 옳지 않은 것은?

① 고용량 공기채취법 ② 직접채취법
③ 고체흡착법 ④ 용매채취법

해설 고용량 공기채취법은 입자상 물질의 수집방법이다.

2. 배출허용기준 적합여부 판정을 위한 수질시료를 채취할 때 복수채취를 제외할 수 있는 상황으로 옳지 않은 것은?

① 환경오염사고가 발생했을 때
② 평일 오전시간(09:00 ~ 12:00)에 방류수를 채취할 때
③ 취약시간대(공휴일, 일요일)에 환경오염감시가 필요할 때
④ 회분식(batch식)으로 폐수를 처리하여 방류할 때

해설 환경오염사고 또는 취약시간대(일요일, 공휴일 및 평일 18:00 ~ 09:00 등)의 환경오염감시 등 신속한 대응이 필요한 경우, 사업장 내에서 발생하는 폐수를 회분식(batch 식) 등 간헐적으로 처리하여 방류하는 경우에는 복수시료채취를 제외할 수 있다.

3. 특정 시간과 장소에서 환경 시료를 여러 개 채취한 후 혼합해서 하나의 시료로 균질화하는 방법으로 옳은 것은?

① 무작위시료(random sampling) ② 용기채취시료(grab sampling)
③ 복합시료(composite sampling) ④ 현장측정시료(In situ sampling)

해설 ① 무작위시료 : 환경 매체 내 시료의 채취 지점을 무작위적으로 선정하여 시료를 수집하는 방법
② 용기채취시료 : 특정 시간과 장소에서 일회적으로 환경시료를 수집하는 방법
④ 현장측정시료 : 현장에서 분석 센서 등을 해당 매체에 직접 설치하여 실시간으로 시료를 채취하여 오염도를 관찰하는 방법

4. 토양시료 수집에 대한 설명으로 옳지 않은 것은?

① 농경지는 대상지역 내에서 지그재그형으로 5~10개 지점을 선정한다.
② 공장지역은 대상지역의 중심이 되는 1개 지점과 주변 4방위의 5~10 m 거리에 있는 1개 지점씩 총 5개 지점을 선정한다.
③ 토양시료채취기로 심토층의 토양을 약 0.5 kg 채취한다.
④ 유기물질을 조사할 때에는 스테인리스강 재질의 모종삽을 이용한다.

해설 표토층(0~15 cm)을 채취한다.

5. 환경시료를 분석하기 위한 분광분석법(spectroscopy)의 종류로 옳지 않은 것은?

① 유도결합플라즈마(ICP)
② 원자흡수분광법(AAS)
③ 가시/적외선분광법(UV-Vis)
④ 액체크로마토그래피(LC)

해설 액체크로마토그래피(LC)는 분리 기법(separation process)의 일종이다.

6. 전처리 과정을 통해 수질시료 내 비휘발성 유기화합물(예 : 의약물질)을 추출할 때 사용하는 장치로 가장 적합한 것은?

① 속슬레 추출장치(soxhlet extraction device)
② 액-액 추출장치(liquid-liquid extraction device)
③ 고체상 추출장치(solid phase extraction)
④ 산-염기 반응장치

7. 환경시료 분석의 정도관리(QA/QC)에 대한 설명 중 옳은 것은?

① 시료군마다 1개의 방법 바탕시료(method blank sample)를 측정하고, 측정값은 방법검출한계(MDL) 이상으로 유지되어야 한다.
② 검량선(calibration curve)은 분석대상 물질의 농도와 측정값과의 상관성을 식으로 나타낸 것이다.
③ 검출한계(limit of detection)는 시험분석 대상을 정량화할 수 있는 최소 농도를 의미한다.
④ 정확도(accuracy)란 시험분석 결과의 반복성을 나타내는 것이다.

해설 ① 방법 바탕시료(method blank)는 측정하고자 하는 물질이 전혀 포함되어 있지 않은 시료로 검사하는 시료의 시험방법과 동일한 전처리 및 시험절차를 진행하는 시료를 의미하며, 방법 검출한계 이하로 유지되어야 한다.
③ 검출한계(detection limit)는 시험분석 대상을 검출할 수 있는 최소 농도를 의미하며, 정량한계(limit of quantification)는 시험분석 대상을 정량화할 수 있는 최소 농도를 의미한다.
④ 정밀도란 시험분석 결과의 반복성을 나타내는 것이며, 정확도(accuracy)란 시험분석 결과가 참값에 얼마나 근접하는가를 나타내는 것이다.

8. 생태 위해성평가 시 1개 영양단계에 대한 만성생태독성 값이 존재할 때 적용하는 평가계수(AF)로 옳은 것은?

① 10
② 50
③ 100
④ 1,000

해설 평가계수(AF)는 만성독성값이 1개일 때 100, 2개일 때 50, 3개일 때 10을 사용한다(표 4-6 참고)

9. 대상 물질의 물환경 중 예측환경농도(PEC)가 0.05 mg/L이고, 독성시험의 결과가 다음 표와 같을 때 다음의 설명 중 옳은 것은?

분류	시험종(학명)	시험기간/종말점	시험 종류	농도 (mg/L)	참고문헌
조류	*P. subcapitata*	72시간/생장 저해 EC_{50}	급성	2	AB et al., 2019
물벼룩류	*D. magna*	48시간/유영저해 EC_{50}	급성	30	DE et al., 2008
물벼룩류	*D. magna*	21일/번식 NOEC	만성	3	BC et al., 2010
물벼룩류	*M. macrocopa*	48시간/유영저해 EC_{50}	급성	20	GH et al., 2007
물벼룩류	*M. macrocopa*	7일/번식 NOEC	만성	1	HI et al., 2009
어류	*D. rerio*	96시간/치사 LC_{50}	급성	15	OP et al., 2014
어류	*D. rerio*	33일/성장 NOEC	만성	0.3	OP et al., 2014
어류	*O. latipes*	96시간/치사 LC_{50}	급성	22	QR et al., 2012
어류	*O. latipes*	120일/번식 NOEC	만성	0.5	RS et al., 2013

① 가장 낮은 독성값은 *D. rerio*의 33일 성장 NOEC인 0.5 mg/L이다.
② 평가계수(AF)는 10을 사용한다.
③ 유해지수(HQ)는 예측무영향농도(PNEC)를 예측환경농도(PEC)로 나누어 산출한다.
④ 산출된 유해지수(HQ)는 1 이상이므로 생태 위해성이 우려된다고 판단한다.

해설 ① 가장 낮은 독성값은 *D. rerio*의 33일 성장 NOEC인 0.3 mg/L이다.
② 평가계수(AF)는 만성독성값이 2개 영양단계(물벼룩류, 어류)에 각각 존재하므로 50을 사용한다.
③ 유해지수(HQ)는 예측환경농도(PEC)를 예측무영향농도(PNEC)로 나누어 산출한다.
④ 산출된 유해지수(HQ)는 예측환경농도(0.05 mg/L)를 예측무영향농도(0.3 mg/L ÷ 50 = 0.006 mg/L)로 나누어 8.3이 되며, 이 값은 1 이상이므로 생태 위해성이 우려된다고 판단한다.

10. EUSES에 대한 설명으로 옳지 않은 것은?

① 다중 매질(대기, 물, 토양) 및 다중 경로(경구, 흡입, 경피)에 대한 평가가 불가능하다.
② EU에서 환경농도 스크리닝을 위해 추천하는 모델이다.
③ 네덜란드 국립환경보건연구원(RIVM)에서 개발한 노출 및 위해성평가 모델이다.
④ 작업자, 소비자, 환경 노출에 대한 Tier 1 수준의 예측이 가능하다.

해설 다중매질(대기, 물, 토양) 및 다중경로(경구, 흡입, 경피)에 대한 평가가 가능하다.

정답 1. ① 2. ② 3. ③ 4. ③ 5. ④ 6. ③ 7. ② 8. ③ 9. ④ 10. ①

Exposure assessment

5 장

위해성평가와의 연계성

1. 위해성평가에 노출평가의 활용

최근 분석방법의 발달로 인해 환경이나 제품에서 매우 낮은 수준으로도 화학물질을 검출할 수 있으며, 이러한 물질의 잠재적인 인체 위해성에 대한 평가가 요구되고 있다. 제1장에서 언급했듯이 노출평가에서 산출된 노출량은 독성평가에서 얻어진 독성값과 비교하여 위해성을 평가하는 데 활용된다.

위해성평가(risk assessment)를 원활하게 진행하려면 평가를 시작하기 전에 몇 가지 준비할 사항이 있다. 우선, 평가의 목적과 대상 물질(또는 제품) 등 평가의 범위를 명확히 하고, 평가 범위의 선정 이유를 분명히 해야 한다. 또한 위해성평가에 필요한 기반 정보(예 : 유

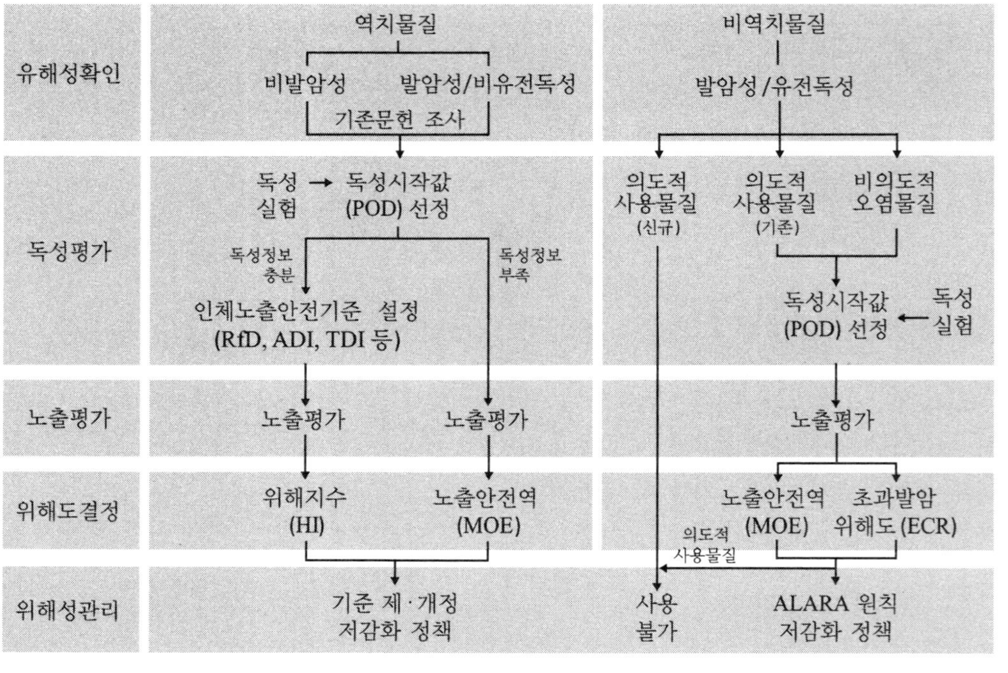

그림 5-1. 역치물질 및 비역치물질의 인체 위해성평가 절차

* ADI : Acceptable daily intake(식품 첨가물과 같이 의도적으로 사용되는 화학물질의 일일섭취허용량), ALARA : As low as reasonably achievable(유해성 및 사회적, 경제적, 기술적, 공공 정책적 이득과 손실을 고려하여 합리적으로 달성 가능한 수준까지 노출량을 낮게 유지해야 한다는 개념), ECR : Excess cancer risk(초과발암위해도), HI : Hazard index(위해지수), MOE : Margin of exposure(노출안전역), POD : Point of departure(독성시작값), RfD : Reference dose(독성참고치), TDI : Tolerable daily intake(비의도적 화학물질의 일일섭취한계량)

※ 자료 : '인체적용제품 위해성평가 공통지침서(식품의약품안전처, 2019)'를 참고하여 저자 재작성

해요인 모니터링 자료, 인체노출안전기준 설정 여부 등)를 파악하고, 필요한 시간을 고려하여 위해성평가 계획을 수립해야 한다. 일반적으로 인체 위해성평가는 역치(threshold)를 가지는 물질(=비발암성, 발암성/비유전독성 물질)과 역치를 가지지 않는 물질(=발암성/유전독성 물질)로 구분하여 평가가 진행되며(그림 5-1), 다음에 '인체적용제품 위해성평가 공통 지침서(식품의약품안전처, 2019)'를 참고하여 방법을 기술하였다.

1) 유해성 확인

유해성 확인 단계에서는 기존의 문헌 정보를 수집하여 평가할 대상물질에 대한 독성정보를 확인한다. 국내・외에서 개발되어 현재 독성연구기관 및 독성학자들이 보편적으로 이용하는 독성 데이터베이스를 이용하여 검색하고 자료를 선별하는 것이 좋다. 예를 들어, 국제기구[예 : 경제협력개발기구(OECD), 유엔환경계획(UNEP), 세계보건기구(WHO) 등]에서 발간한 화학물질 위해성평가 보고서나 국가 정부기관[예 : 미국 환경보호청(US EPA), 유럽 화학물질청(ECHA), 일본 환경청(NITE) 등]에서 발간한 보고서 및 데이터베이스를 검색하여 해당 자료를 수집할 수 있다(그림 5-2). 또한 국내 화학물질 유관 정부부처 및 산하기관들의 보고서, 국내 GLP 기관의 관련 자료, 최근의 학술지에 게재된 유해성에 관한 연구자료를 검토할 수 있다(그림 5-3).

독성정보는 질적 수준(quality)을 판단하는 기준이 있으며(표 5-1), Klimisch et al. (1997)을 토대로 마련한 국제기구 및 독성평가기관에서 제시하고 있는 지침서를 참고하여 위해성평가자가 결정한다. 경구, 흡입, 피부 노출 등 경로별 모든 독성정보를 종합적으로 고려하되, 필요 시 위해성평가 대상 및 목적에 따라 독성정보를 선택하여 활용할 수 있다. 흡수・분포・대사・배설(ADME) 자료는 흡수된 물질이 체내 순환계로 들어가 배설되기까지의 정보를 의미하며, 물질마다 소화기관, 기도, 피부에서의 흡수율이나 생체이용률(bioavailability)이 다르므로 실제 인체 노출경로를 고려하여 확인하는 것이 좋다. 표 5-2에 유해성확인 단계에서 검토해야 할 사항을 정리하였다.

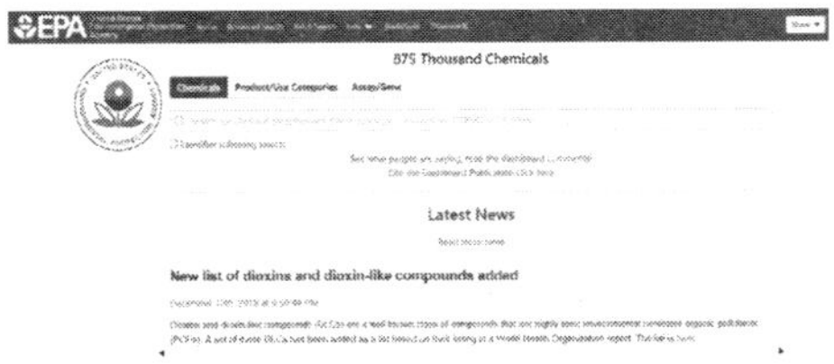

미국 환경보호청(US EPA)의
Chemistry dashboard

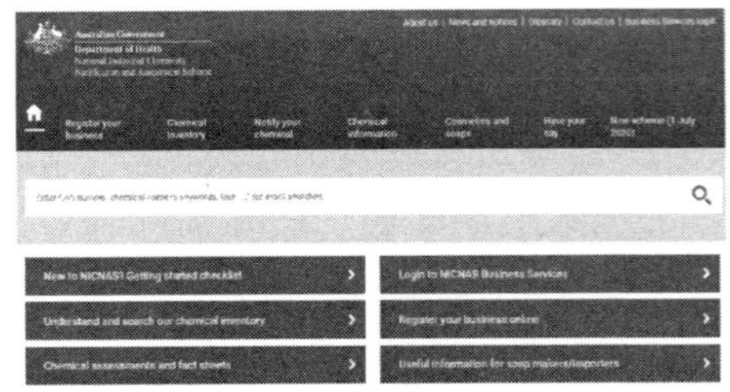

호주 보건부(Australian government
department of health)의 NICNAS

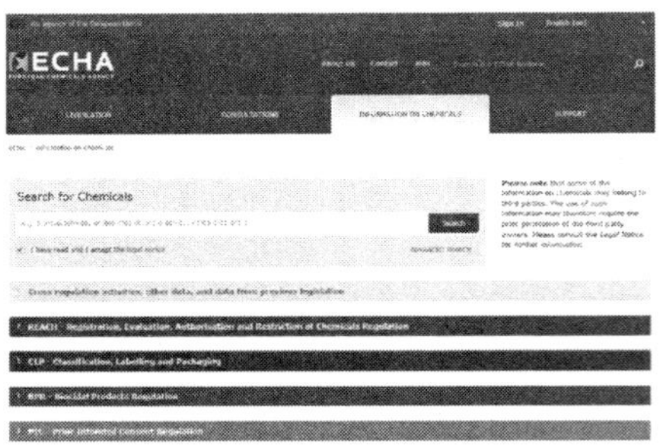

유럽화학물질청(ECHA)의
Information on Chemicals

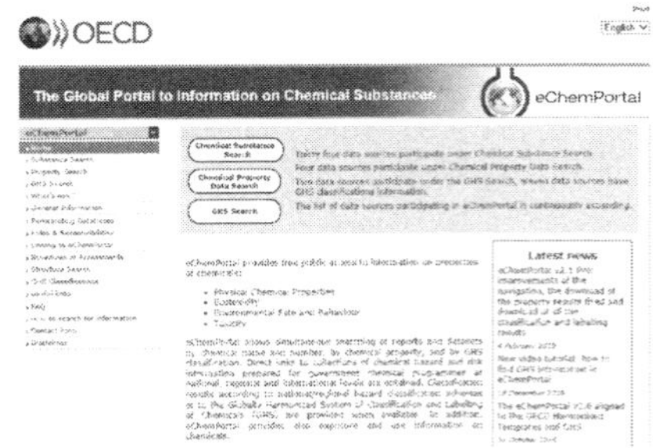

경제협력개발기구(OECD)의
eChemPortal

그림 5-2. 국외 정부기관의 유해성 확인 데이터베이스

※ 자료 : US EPA의 Chemistry dashboard (https://comptox.epa.gov/dashboard), 호주 보건부의 NICNAS (https://www.nicnas.gov.au/), ECHA의 Information on Chemicals (https://echa.europa.eu/information-on-chemicals), OECD의 eChemPortal (https://www.echemportal.org/echemportal/index.action)

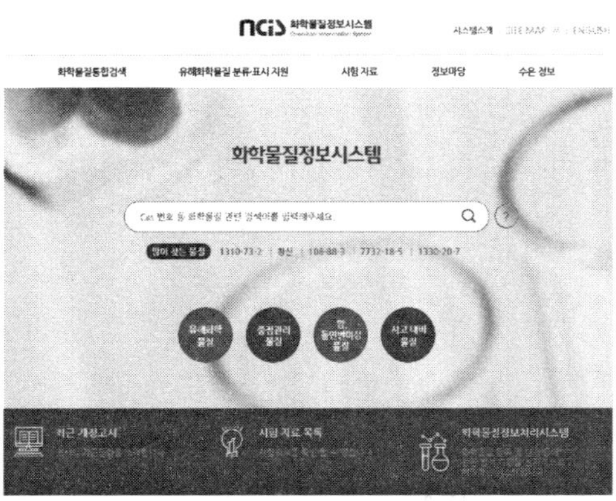

국립환경과학원(NIER)의
화학물질정보시스템(NCIS)

식품의약품안전평가원(NIFDS)의
독성정보제공시스템(Tox-Info)

그림 5-3. 국내 화학물질 유관 정부부처의 유해성 확인 데이터베이스

※ 자료 : 국립환경과학원의 화학물질정보시스템(http://ncis.nier.go.kr/main.do), 식품의약품안전평가원의 독성정보제공시스템(https://www.nifds.go.kr/toxinfo)

표 5-1. 독성실험 자료의 신뢰성에 따른 구분

구분	내 용
1. Reliable without restriction	국제적으로 공인된 시험법에 따라 (가급적) GLP 인증기관에서 생산된 독성자료
2. Reliable with restrictions	국제적으로 공인된 시험법을 완전하게 따르지 않았으나, 과학적으로 인정될만한 수준의 독성자료
3. Not reliable	시험물질이 측정 시스템을 간섭하거나, 노출 가능성이 희박한 시험생물을 사용한 독성자료
4. Not assignable	상세한 실험내용에 대한 설명이 없고, 짧은 초록으로 제시되거나 책 또는 review 논문에 이중 참고문헌으로 언급된 독성자료

※ 자료 : 'Klimisch et al., 1977'을 참고하여 저자 재작성

표 5-2. 유해성확인 단계에서 검토해야 할 사항

번호	내 용
1	물질에 대한 일반적 정보(예 : 물질명, 순도, 규격 등)
2	물리화학적 특성에 관한 자료
3	흡수 · 분포 · 대사 · 배설 등에 관한 자료
4	인체 유해성에 관한 자료 • 급성독성(경구, 흡입, 경피) • 반복투여독성(설치류 28일, 90일 독성 등) • 유전독성(*In vitro* 박테리아 내 유전자 돌연변이, 염색체 이상, *in vivo* 시험동물을 이용한 유전독성 등) • 발암성 • 생식발달독성 • 기타 독성(피부 및 눈 자극성/부식성, 최기형성독성, 신경독성, 면역독성 등) 환경 유해성에 관한 자료 • 수서생태계(조류, 갑각류, 어류, 저서생물 등에 대한 급 · 만성독성) • 육상생태계[토양 내 서식하는 동물, 미생물, 식물, 조류(avian) 등에 대한 급 · 만성독성] • 생물축적성(생물농축성, 생물확장성)
5	독성작용기전에 관한 시험
6	인체 역학적 연구

※ 자료 : '인체적용제품 위해성평가 공통지침서(식품의약품안전처, 2019)', '국립환경과학원 고시 제2018-70호(생활화학제품 위해성평가 대상 및 방법 등에 관한 규정)의 별표 1'을 참고하여 저자 재작성

2) 독성평가

독성평가 단계에서는 유해요인 노출 시 인체에 유해한 영향(critical effect)의 발생 가능성을 결정하는 데 필요한 용량－반응 시험자료를 우선 선정해야 한다. 시험동물 또는 인체 역학 연구의 시험자료를 이용하며, 연구의 설계와 수행과정이 적절한지 검토해야 한다. 경제협력개발기구(OECD)에서는 독성시험의 설계와 수행에 필요한 최소기준에 관한 표준지침(OECD Guidelines for the Testing of Chemicals)을 제공하고 있으므로 이를 참고해도 좋다(표 5-3).

표 5-3. 독성평가에 활용할 수 있는 경제협력개발기구(OECD)의 시험지침(TG) 목록

시험지침(연도)	설 명
TG 401(1987)	급성 경구독성(acute oral toxicity)
TG 402(2017)	급성 경피독성(acute dermal toxicity)
TG 403(2009)	급성 흡입독성(acute inhalation toxicity)
TG 404(2015)	급성 피부자극성/부식성(acute dermal irritation/corrosion)
TG 405(2017)	급성 눈자극성/부식성(acute eye irritation/corrosion)
TG 406(1992)	피부감작성(skin sensitisation)
TG 407(2008)	반복투여독성_28일 설치류 경구독성(repeated dose 28-day oral toxicity in rodents)
TG 408(2018)	반복투여독성_90일 설치류 경구독성(repeated dose 90-day oral toxicity in rodents)
TG 409(1998)	반복투여독성_90일 비설치류 경구독성(repeated dose 90-day oral toxicity in non-rodents)
TG 410(1981)	반복투여독성_28일 경피독성(Repeated dose dermal toxicity: 28-day)
TG 411(1981)	아만성 경피독성_90일(subchronic dermal toxicity: 90-day)
TG 412(2018)	아급성 흡입독성_28일(subacute inhalation toxicity: 28-day)
TG 413(2018)	아만성 흡입독성_90일(subchronic inhalation toxicity: 90-day)
TG 414(2018)	태아 발달독성(prenatal developmental toxicity)
TG 415(2019)	1세대 생식독성(one-generation reproduction toxicity)
TG 416(2001)	2세대 생식독성(two-generation reproduction toxicity)
TG 421(2016)	생식/발달독성 스크리닝(reproduction/developmental toxicity screening)
TG 424(1997)	설치류 신경독성(neurotoxicity study in rodents)
TG 426(2007)	발달신경독성(developmental neurotoxicity)
TG 451(2018)	발암성(carcinogenicity)

시험지침(연도)	설 명
TG 452(2018)	만성독성(chronic toxicity)
TG 471(1997)	박테리아 복귀돌연변이(bacterial reverse mutation)
TG 473(2016)	시험관 내 포유동물 세포 염색체 이상(*In vitro* mammalian chromosomal aberration)
TG 475(2016)	생체 내 포유동물 골수 염색체 이상(*In vitro* mammalian bone marrow chromosomal aberration)
TG 476(2016)	시험관 내 포유동물 세포 유전자 돌연변이(*In vitro* mammalian cell gene mutation)
TG 479(1986)	시험관 내 포유동물 세포의 염색분체교환(*In vitro* sister chromatid exchange in mammalian cells)
TG 482(1986)	시험관 내 포유동물 세포의 DNA 손상 및 복구, 미예정 DNA 합성(DNA damage and repair, unscheduled DNA synthesis in mammalian cells *in vitro*)
TG 487(2016)	시험관 내 포유동물 세포 소핵시험(*In vitro* mammalian cell micronucleus test)
TG 489(2016)	생체 내 포유동물 알칼리성 코멧시험(*In vitro* mammalian alkaline comet assay)

※ 자료 : https://www.oecd-ilibrary.org/environment/oecd-guidelines-for-the-testing-of-chemicals-section-4-health-effects_20745788/titleasc?componentsLanguage=en#collectionsort을 참고하여 저자 재작성

최근에 실시된 독성시험의 결과는 비임상시험관리기준(good laboratory practice ; GLP) 준수 여부를 검토하고, 인체가 유해요인에 노출되는 가장 유사한 노출경로와 노출기간이 적용된 독성시험 결과를 우선 선정하는 것이 좋다. 대체물질과 같이 최근에 알려진 물질은 적절한 독성자료가 없는 경우가 있는데, 유사 구조를 가진 물질의 독성값을 활용하거나 새로운 독성시험을 통해 독성값을 확보할 수 있다.

최종 독성종말점이 확인된 독성시험 연구가 어느 정도 정리가 되면 최적의 독성시작값(point of departure ; POD)을 결정할 수 있다. 독성값은 독성시험 연구자가 제시한 무영향관찰용량(no observed adverse effect level ; NOAEL), 최소영향관찰용량(lowest observed adverse effect level ; LOAEL) 등으로 결정하거나 독성시험의 용량－반응 자료를 이용하여 통계모델로 최종 독성값($BMDL_{10}$ 등)을 산출할 수 있다. 다음에는 이해를 돕기 위해 비발암성 물질의 독성평가에서 사용되는 용어의 정의를 나타내었다.

- 최소영향관찰용량(lowest observed adverse effect level ; LOAEL)이란 일정한 시험기간 동안 노출군과 대조군 간 유해영향의 빈도나 심각성이 통계적으로($p < 0.05$) 또는 생물학적으로 유의성 있는 증가를 보이는 노출량 중 처음으로 관찰되기 시작하는 가장 최소의 노출량을 말한다(그림 5-4).

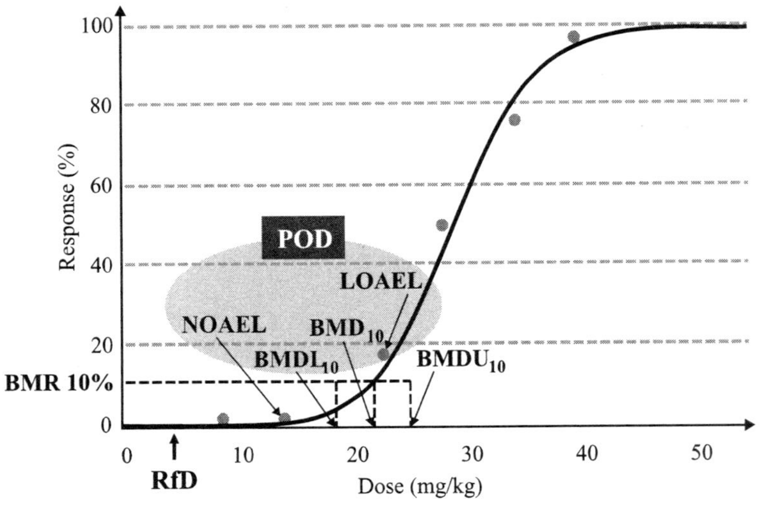

그림 5-4. 기준용량(benchmark dose)의 설정

※ 자료 : ‘Use of the benchmark dose approach in risk assessment (European Food Safety Authority, 2009)’를 참고하여 저자 재작성

- 무영향관찰용량(no observed adverse effect level ; NOAEL)이란 일정한 시험기간 동안 노출군과 대조군 간 유해영향의 빈도나 심각성이 통계적으로 또는 생물학적으로 유의한 차이가 없는 노출량 또는 노출농도를 말한다(그림 5-4).
- 기준용량(benchmark dose ; BMD)이란 독성영향이 대조군에 비해 특정 증가분이 발생했을 때 이에 해당되는 노출량을 추정한 값을 말한다. 일반적으로 대조군과 비교해 10% (=BMD_{10})의 유해한 영향을 나타내는 용량이 사용된다. 그림 5-4의 용량－반응곡선에서 BMD_{10}은 생물학적 영향(benchmark response) 10% (y축)에 대응하는 용량(x축)을 말한다. ‘기준용량 하한값(Benchmark dose lower bound ; BMDL)’이란 기준용량의 95% 신뢰구간 하한값을 나타내며, 주로 대조군과 비교해 10% (=$BMDL_{10}$)의 반응이 나타나는 용량이 사용된다.
- 독성시작값(point of departure ; POD)이란 아주 낮은 농도에서 독성이 시작되는 지점으로 정의되며(그림 5-4), 독성참고치(RfD)로 외삽하는 데 사용된다. 실험에서 관찰된 무영향관찰용량(NOAEL), 최소영향관찰용량(LOAEL)과 같은 독성값이나 수학적 모델을 활용하여 산출된 기준용량(BMD) 등의 독성값을 활용할 수 있다.

인체노출안전기준(health based guidance value ; HBGV)을 설정하기 위해서는 유해요인에 대한 독성영향, 독성시작값 선정 등이 적절한지 검토하고, 이 기준을 설정할 때 불확실성은 어떠한지 판단해야 한다. 인체노출안전기준은 농약(pesticides), 동물용 의약품(veterinary drugs), 식품 첨가물(food additives)과 같이 의도적 사용이 허가된 물질에 대해서는 일일섭취허용량(acceptable daily intake ; ADI)로 표현하며, 중금속 등 비의도적 환경 유래 오염물질의 경우에는 일일섭취한계량(tolerable daily intake ; TDI)로 표현한다(식품의약품안전처, 2019; 표 5-4).

표 5-4. 인체노출안전기준의 종류와 의미

종류	제시기관	의미
독성참고치 (Reference dose or concentration ; RfD or RfC)	US EPA	평가대상 물질에 평생 노출되어도 유해영향 등이 발생되지 않는다고 판단되는 일일섭취량
일일섭취한계량 (Tolerable daily intake ; TDI)	Joint FAO/WHO Expert Committee on Food Additives (JECFA)	
잠정주간섭취한계량 (Provisional tolerable weekly intake ; PTWI)	Joint FAO/WHO Expert Committee on Food Additives (JECFA)	
일일섭취허용량 (Acceptable daily intake ; ADI)	Joint FAO/WHO Expert Committee on Food Additives (JECFA)	의미는 위와 동일하나, 의도적 사용이 허가된 물질에 대해 적용

용량-반응 평가에서 확인된 유해영향의 종간 차이, 개체 간 차이 등을 고려하여 안전계수(assessment factor ; AF) 또는 불확실성계수(uncertainty factor ; UF)를 결정하고(표 5-5) 식 (5-1)에 따라 인체노출안전기준을 설정한다. 안전계수(또는 불확실성계수)는 유해영향에 민감한 인구집단을 고려하여 적용하는 계수로, 평가물질에 노출되는 인구집단에 충분한 안전역을 제공해야 한다. 안전계수는 일반적으로 100을 기본 계수(default value ; UF_A와 UF_H 고려)로 적용하되, 만성독성시험의 자료가 부족하거나(UF_S) 최소영향관찰용량(NOAEL) 등이 정해지지 않은 경우(UF_L), 또는 자료가 부족한 경우(UF_D)에는 추가적인 계수를 적용한다. 유해요인에 대한 독성 정보가 부족하여 인체노출안전기준을 설정할 수 없는 물질들은 추가적인 정보를 확보한 후에 평가한다.

$$\text{인체노출안전기준}(\mathrm{mg/kg\,bw \cdot day}) = \frac{\text{독성시작값}(\mathrm{mg/kg\,bw \cdot day})}{\text{안전계수 또는 불확실성계수}} \quad (5\text{-}1)$$

표 5-5. 불확실성계수(uncertainty factor)

	내 용	상수
UF_A	Animal to Human 사람에 대한 자료가 유용하지 않아 동물만성독성연구의 결과를 이용할 경우, 동물에서 사람으로의 종간 외삽과정에서 불확실성 보정	1 ~ 10
UF_H	Human susceptibility 인구집단 내 개인 간의 민감성에 대한 불확실성 보정	1 ~ 10
UF_S	Subchronic to chronic extrapolation 아만성 독성자료를 이용한 경우 만성 독성으로의 외삽과정에서 불확실성 보정	1 ~ 10
UF_L	Use of a LOAEL in absence of a NOAEL 무영향관찰용량 대신 최소영향관찰용량을 사용했을 때의 불확실성 보정	1 ~ 10
UF_D	Database incomplete 자료의 부적절함(예 : single animal study)에 따르는 불확실성 보정	1 ~ 10

※ 자료 : 'Schwab et al., 2005'를 참고하여 저자 재작성(단, 총 불확실성계수는 10,000을 넘지 않는다)

표 5-6. 무영향도출수준(DNEL)에 사용되는 평가계수 기본값

평가 계수		전신독성(systemic effect)을 위한 기본값	국소독성(local effect)을 위한 기본값
종간 (Interspecies)	• 체중 당 대사율의 차이에 대한 보정(상대성장)		
	- 랫드	4	-
	- 마우스	7	-
	- 햄스터	5	-
	- 기니피그	3	-
	- 토끼	2.4	-
	- 원숭이	2	-
	- 개	1.4	-
	• 다른 차이점에 대한 보정	2.5	1[a], 2.5[b]
종내 (Intraspecies)	• 작업자	5	5
	• 일반인구	10[c]	10[c]
노출 기간 (Exposure duration)	• 아급성에서 아만성	3	3[d]
	• 아만성에서 만성	2	2[d]
	• 아급성에서 만성	6	6[d]
용량-반응 관계 (Dose-response)	• 용량-반응 관계의 신뢰성		
	- LOAEL로 DNEL 산출 시	3(대부분) ~ 10(극단적)	-
	- NOAEL로 DNEL 산출 시	≥ 1	≥ 1

전체 데이터베이스의 품질 (Quality of whole database)	• 사용 가능한 자료의 완결성, 일관성	≥ 1	≥ 1
	• 대체 자료의 신뢰성	≥ 1	≥ 1

a 간단한 막 파괴로 피부, 눈, 위장관에 영향을 미치는 경우
b 국소 대사를 통해 피부, 눈, 위장관에 영향을 미치거나 호흡기에 영향을 미치는 경우
c 아주 어린 아이들까지 보호되는 수준은 아님.
d 호흡기에 영향을 미치는 경우

※ 자료 : 'Guidance on Information Requirements and Chemical Safety Assessment (ECHA, 2012)'를 참고하여 저자 재작성

유럽연합(EU)에서는 신 화학물질 관리제도(REACH)에 따라 연간 10톤 이상의 화학물질을 제조 또는 수입하는 화학물질에 대해 위해도 결정(risk characterization)에 입력할 무영향도출수준(derived no effect level ; DNEL)을 설정하도록 권고하고 있다(ECHA, 2012). 작업자(worker) 또는 일반인구(general population)의 무영향도출수준(DNEL)을 산출하기 위해서는 무영향관찰용량(NOAEL)과 같은 기준용량 값(dose descriptor ; DD)에 실험조건에 따른 여러 가지 평가계수(assessment factor ; AF)를 적용한다(표 5-6).

국제적으로 유전독성이 있는 발암물질은 비역치의 개념을 적용하여 평가하며, 인체노출안전기준을 설정하지 않고 있다(식품의약품안전처, 2019). 그 대신 다양한 독성값(BMDL, LOAEL, T_{25}, T_{50} 등)과 인체 노출수준 사이의 노출안전역(margin of exposure ; MOE)을 산출하거나, 초과발암위해도(excess cancer risk ; ECR)를 구하여 위해 여부를 판단한다. 아래에는 이해를 돕기 위해 발암성 물질의 독성평가에서 사용되는 용어의 정의를 나타내었다.

- T_{25}란 특별한 종양의 발생이 자연발생수준(background level)에 비해서 25% 증가되는 용량으로 정의된다(식품의약품안전청, 2011). T_{25}는 한 독성시험의 용량－반응 곡선 상에서 단일 포인트로 결정되지만, 기준용량(BMD)은 이용 가능한 모든 독성시험의 용량－반응 곡선을 모두 고려한 모델링 과정을 거쳐 산출된다는 측면에서 T_{25}와 기준용량(BMD)의 차이가 있다. T_{25}는 단회 투여로 인해 나타나는 종양 발생 정도를 통해 산출되며, 수행된 연구의 질, 종양이 발생한 최초 시간, 종양 생성 원인, 실험결과의 통계적 분석 등에 영향을 받는다. 이 값은 동물실험 결과로부터 발암잠재력을 평가하기 위해 사용되나, 실험동물과 사람과의 종간 차이, 민감도 차이 등으로 불확실성이 발생할 수 있다. 유전독성 발암물질의 발암잠재력 순위를 결정할 때 T_{25}를 사용할 수 있다.
- T_{50}이란 실험동물의 수명이 종료되는 시점에서 대조군에서는 종양 발생이 관찰되지 않

으며, 실험군에서는 표적장기에서 50% 정도의 종양이 발생되는 만성적인 용량으로 정의된다(식품의약품안전청, 2011). 그러나 일부 대조군에서 종양이 발생될 수 있으므로 T_{50}은 표준 수명이 다하는 시점에 종양 발생 없이 생존하는 가능성을 절반으로 낮추기 위해 요구되는 용량으로 정의되기도 한다(식품의약품안전청, 2011).

- 발암잠재력(cancer slope factor ; CSF)이란 발암성 화학물질에 노출되었을 때 용량-반응 곡선의 95% 상한값에 해당하는 기울기를 나타내며, $(mg/kg \cdot day)^{-1}$의 단위를 사용한다. 즉, 평균 체중의 건강한 성인이 어떤 화학물질의 단위 노출량(mg/kg · day)에 오염된 환경 매체(예 : 공기, 물, 토양 등)를 평생 접촉하고 살 때 그로 인해 발생이 가능한 초과발암확률의 95% 상한값을 의미한다(안전보건공단, 2015).
- 단위위해도(unit risk ; UR)란 흡입 노출 시 발암잠재력을 의미하는 것으로, 단위 용량(mg/kg · day)이 아니라 단위 농도(예 : $\mu g/m^3$, mg/L 등) 당 발암 확률로 나타낸 것이다(안전보건공단, 2015). 단위는 주로 $(mg/m^3)^{-1}$를 사용한다. 체중 70 kg을 지닌 성인이 70년 동안 20 m^3/day의 호흡률로 발암물질에 노출되었을 때를 나타내기에, 식 (5-2)와 같이 단위위해도에 호흡률과 체중을 보정하여 발암잠재력으로 나타낼 수 있다.

$$\text{발암잠재력}(mg/kg \cdot day)^{-1} = \frac{\text{단위위해도}(mg/m^3)^{-1} \times \text{체중}(kg)}{\text{호흡률}(20\,m^3/day)} \tag{5-2}$$

- 초과발암위해도(excess cancer risk ; ECR)란 발암성 화학물질에 노출되었을 때 추가적인 발암 발생확률을 의미하며, 일일노출량에 발암잠재력(cancer slope factor)을 곱하여 산출한다.
- 노출안전역(margin of exposure ; MOE)이란 독성이 관찰되지 않는 독성값(예 : BMDL, T_{25} 등)을 인체 노출량으로 나눈 값을 의미한다. 노출안전역은 안전 여부를 판단하는 기준이 아니며, 현재의 노출수준이 충분한 안전역을 확보하고 있는지 판단하거나 여러 가지 화학물질 중 우선관리 대상을 선정하는 등의 위해관리를 지원할 때 사용한다.

3) 노출평가

노출평가에서는 우선 유해요인의 함량, 노출경로, 노출기간 및 빈도 등 노출과 관련된 요인을 검토하고, 노출평가 목적에 적합한 노출 시나리오를 작성하여야 한다. 초기에는 보수적인 노출 상황을 가정한 시나리오를 적용하여 평가하며, 보수적인 노출 상황에서 안전성이 확인되면 이후 실제 상황을 반영한 노출평가는 생략할 수 있다. 만약 보수적 노출상황을 가정한 상황에서 위해 발생이 우려되면 실제 있음직한 노출상황을 가정한 노출 시나리오를 적용하여 평가한다.

제품 사용에 관한 정보, 평가대상 물질의 체내 흡수율 등 노출계수에 관한 정보가 부족할 경우에는 보수적인 노출 시나리오를 가정하여 평가한다. 단, 보수적인 노출 시나리오에서 사용되는 노출계수는 극단값(체내 흡수율 100%, 90th 제품사용량, 95th 식품섭취량, 최대 검출값 등)을 적용하기 때문에 위해영향의 발생 가능성을 과대평가하였을 우려가 있음을 명시해야 한다. 또한 노출 시나리오는 위해요인에 민감하거나 취약한 집단에 대해서도 충분히 고려해야 한다.

노출평가에 사용하는 노출계수는 국내 자료를 우선적으로 적용하되, 자료가 없는 경우 외국의 평가기관에서 발표된 자료, 공개된 학술 문헌 자료를 활용할 수 있다. 인체의 표준 체중은 국립환경과학원 고시 제2014-48호(성인 평균 64.2 kg, 성인남성 평균 70.6 kg, 성인 여성 평균 57.8 kg), 국민건강영양조사 결과(전체 연령의 평균 체중 55 kg, 성인 평균 체중 60 kg) 등 체중의 실측값을 근거로 산출된 값을 사용할 수 있다. 식품 섭취량, 제품 사용량 등의 계수는 국내 정부 기관에서 제공하는 기본값을 사용하되, 국내 노출계수가 없을 경우에는 외국의 규제기관 드는 발표된 문헌의 계수값을 활용하거나 실제 시험을 통해 확보된 노출계수 값을 적용할 수 있다.

제품 노출평가를 실시할 때 모니터링 자료는 시료 수집, 분석 방법, 분석 결과값, 검출한계 등의 기본적인 내용을 확인할 수 있는 자료를 우선적으로 사용해야 한다. 최대검출치 또는 최대허용치(예 : 0.1%) 등의 값은 보수적인 노출평가를 위해 활용할 수 있으나, 항상 최대검출치, 최대허용치의 화학물질이 포함된 제품만 사용하는 것이 아니므로 정확한 노출량 추정을 위해서는 제품 중 화학물질의 실제 농도에 대한 대표성 있는 분석값이 필요하다. 경우에 따라서는 대상물질이 분석기기의 검출한계(LOD) 또는 정량한계(LOQ)보다 낮은 수준의 농도로 제품 내에 존재할 수 있다. 이 농도를 '0'으로 적용할 경우 노출량을 과소평가할 수 있고, 검출한계(LOD) 또는 정량한계(LOQ)로 적용할 경우에는 노출량을 과대평가할 우려가 있기 때문에 정량한계를 최대한 낮게 하여 두 가지 경우의 차이를 줄일 필요가 있다.

불검출 자료를 포함한 모니터링 자료에서 평균 등 통계값을 산출할 경우에는 위해성평가의 목적에 따라 분야별 세부 지침에서 정한 대체값 사용 원칙에 따라 처리하는 것이 좋다. 일반적으로 모니터링 결과의 80% 이상이 불검출 자료인 경우에는 평균 등 통계적 수치를 산출해도 집단 간 유의미한 차이를 관찰하기는 어렵다. 최소 25개 제품을 분석한 모니터링에서 불검출 자료 비율이 60∼80%일 경우에는 해당 자료에 0과 검출한계(또는 정량한계)를 각각 적용하여 통계값의 하한값과 상한값으로 제시할 수 있다. 불검출 자료의 비율이 60% 이하인 경우에는 해당 자료에 검출한계의 1/2(또는 정량한계의 1/2) 값을 적용하여 통계값을 구할 수 있다. 모니터링 결과 모두 검출한계 이상으로 정량이 잘 된 경우에는 모든 실제값을 활용하여 통계값을 산출한다.

노출평가에는 결정론적(점추정) 접근법 또는 확률론적 접근법을 사용할 수 있다. 결정론적 접근법의 경우 만성적 노출을 가정하면 전체 자료원에서 산술평균 또는 중간값을 추출하여 사용하되, 대상물질의 검출 분포나 자료의 특성 등을 고려하여 적절한 값을 적용한다. 인체시료 생체모니터링의 경우에는 검출 분포를 고려하여 기하평균 등을 사용할 수 있다. 결정론적 접근법에서 노출량 산출을 위해 사용되는 일반 산출식은 2장에 제시한 식 (2-2)～(2-4)와 같다. 확률론적 접근법은 노출량을 하나의 값이 아닌 분포로 표현하는 방법이다. 이 방법은 과도한 가정과 예측을 하지 않아 현실성에 가깝다는 장점이 있으나, 통계적으로 적절한 분포도를 확인할 수 있도록 양적, 질적으로 우수한 매개변수 자료가 필요하다. 노출평가에는 사용된 모델, 자료 출처, 노출가설, 노출 시나리오, 제한점 및 불확실성을 기록하여야 한다.

$$\text{Oral ADD}\,(\text{mg/kg}\cdot\text{day}) = \frac{C_{\text{medium}}\times IR\times EF\times ED}{BW\times AT} \qquad (2\text{-}2)$$

여기서, C_{medium} (concentration) : 특정 매체의 오염도(μg/L [물], mg/kg [토양, 식품])
IR (intake rate) : 섭취율(mg/day [식품], L/day [물])
EF (exposure frequency) : 노출 빈도(days/year)
ED (exposure duration) : 노출 기간(years)
BW (body weight) : 평균 체중(kg)
AT (averaging time) : 평균 노출시간(days)

$$\text{Inhalation ADD}\,(\text{mg/kg}\cdot\text{day}) = \frac{C_{\text{air}}\times RR\times IR\times EF\times ED}{BW\times AT} \qquad (2\text{-}3)$$

여기서, C_{air} (concentration) : 입자상 물질 또는 가스상 물질의 오염도($\mu g/m^3$)
RR (retention rate) : 폐에 남아있는 정도(보수적으로 1을 가정)
IR (inhalation rate) : 호흡률(m^3/day)
EF (exposure frequency) : 노출 빈도(days/year)
ED (exposure duration) : 노출 기간(years)
BW (body weight) : 평균 체중(kg)
AT (averaging time) : 평균 노출시간(days)

$$\text{Dermal contact ADD}\,(\text{mg/kg}\cdot\text{day}) = \frac{DA_{event}\times EV\times SA\times EF\times ED}{BW\times AT} \quad (2\text{-}4)$$

여기서, DA_{event} (absorbed dose per event) : 1회 노출에 흡수된 용량(mg/cm^3-event)

EV (event frequency) : 사건 빈도(events/day)

SA (skin surface area available for contact) : 피부 접촉 면적(cm^2)

EF (exposure frequency) : 노출 빈도(days/year)

ED (exposure duration) : 노출 기간(years)

BW (body weight) : 평균 체중(kg)

AT (averaging time) : 평균 노출시간(days)

4) 위해도 결정

위해도 결정은 대상물질의 역치(threshold) 유무에 따라 다른 방법으로 위해도를 결정하게 되며, 다음의 두 가지로 구분하여 진행하는 방법을 설명하였다.

(1) 역치가 있는 물질

일반적으로 비발암성 물질 또는 발암성은 지니나 *in vitro* 및 *in vivo* 유전독성시험을 근거로 유전독성이 없다고 알려진 물질(발암성/비유전독성 물질)은 일정 용량 이하로 노출될 경우 체내 유해영향을 나타내지 않는 역치를 결정할 수 있다고 알려져 있다. 비발암성 물질, 발암성/비유전독성 물질은 인체노출안전기준(HBGV)을 설정하고, 이를 근거로 위해 여부를 판단할 수 있다(식품의약품안전처, 2019).

비발암성, 발암성/비유전독성 물질의 위해성평가를 진행하려면, 우선 기존의 문헌자료를 토대로 독성자료를 수집하고 필요하면 독성실험을 진행하여 대상물질의 독성시작값(POD)을 선정하게 된다(그림 5-1). 만일 독성정보가 충분하면 인체노출안전기준(예 : RfD, ADI, TDI 등)을 설정한 후 위해지수(HI) 산출로 위해도를 결정할 수 있으며, 독성정보가 부족할 경우에는 노출안전역(MOE) 산출로 위해도를 결정할 수 있다(그림 5-1).

인체노출안전기준(HBGV)을 이용한 위해여부의 판단은 평가대상 물질의 일일평균노출량(average daily dose ; ADD)을 인체노출안전기준(HBGV)으로 나누어 위해지수(hazard index ; HI)를 산출하여 결정한다. 위해지수(HI)는 다양한 경로별로 산출한 유해지수(HQ)의 합이다. 위해지수(HI)는 1을 기준으로 1 이상일 경우 위해하다고 판단하며 1보다 작을 경우에는 안전하다고 판단한다. 인체노출안전기준(예 : RfD, ADI, TDI 등)은 국내 기준을 우선 적용하되, 이 기준이 없는 경우에는 국제기구(예 : US EPA, JECFA, EFSA 등), 제외국(독일, 미국, 프랑스 등) 등의 기준을 준용할 수 있다. 위해지수(HI)의 산출식은 식 (5-3)과 같다.

$$\text{위해지수(HI)} = \frac{\text{일일평균노출량(mg/kg · day)}}{\text{인체노출안전기준(mg/kg · day)}} \tag{5-3}$$

위해지수(HI) ≥ 1 : 위해함

위해지수(HI) < 1 : 위해가 우려되지 않음

독성자료가 충분하지 않을 경우에는 평가대상 물질의 독성시작값(POD)을 일일평균노출량(ADD)으로 나누어 노출안전역(MOE)을 산출할 수 있다. 노출안전역(MOE)은 100을 기준으로 100보다 작거나 같을 경우 위해하다고 판단하며 100보다 클 경우에는 안전하다고 판단한다. 독성시작값(예 : NOAEL, LOAEL, BMDL 등)은 독성전문가의 검토를 통해 국내·외 전문기관 등에서 제시한 값을 비교·검토하여 적절한 독성값을 선정한다. 노출안전역(MOE)의 산출식은 식 (5-4)와 같다.

$$\text{노출안전역(MOE)} = \frac{\text{독성시작값(mg/kg · day)}}{\text{일일평균노출량(mg/kg · day)}} \tag{5-4}$$

노출안전역(MOE) ≤ 100 : 위해함

노출안전역(MOE) > 100 : 위해가 우려되지 않음

(2) 역치가 없는 물질

일반적으로 유전독성 발암물질의 경우는 내성용량(역치)이 없다고 가정하여 인체노출안전기준(HBGV)을 설정하지 않는다(식품의약품안전처, 2019). 발암성/유전독성 물질의 위해성평가를 진행하려면, 우선 기존의 문헌자료를 토대로 독성자료를 수집하고 필요하면 독성실험을 진행하여 대상물질의 독성시작값(POD)을 선정하게 된다. 만일 독성정보가 충분하면 초과발암위해도(excess cancer risk ; ECR)로 위해도를 결정할 수 있으며, 독성정보가 부족할 경우에는 노출안전역(MOE) 산출로 위해도를 결정할 수 있다(그림 5-1).

초과발암위해도(ECR)는 유전독성 발암물질에 평생 노출되었을 때 특정 암의 초과 발생 확률을 정량적으로 계산한 것으로, 발암잠재력(cancer slope factor ; CSF)과 일일평균노출량(ADD)을 곱하여 산출한다. 초과발암위해도(ECR)는 10^{-4}을 기준으로 10^{-4}을 초과할 경우 위해하다고 판단하며, 10^{-6}(인구 백만 명 당 1명) 이하이면 국내 자연재해로 인한 연간 사망률과 유사하거나 더 낮은 수준이라고 판단한다. 일반적으로 $10^{-4} \sim 10^{-6}$ 수준은 국민

건강을 보호하기에 적절하다고 평가한다(식품의약품안전처, 2019). 초과발암위해도(ECR)의 산출식은 식 (5-5)와 같다.

$$\text{초과발암위해도(ECR)} = \text{일일평균노출량(mg/kg · day)} \times \text{발암력(mg/kg · day)}^{-1} \tag{5-5}$$

초과발암위해도(ECR) > 10^{-4} : 위해함
초과발암위해도(ECR) ≤ 10^{-6} : 위해가 우려되지 않음

노출안전역(MOE)은 현재의 노출수준이 충분한 안전역을 확보하고 있는지를 정책적으로 판단할 수 있는 기준을 의미한다. 유전독성 발암물질의 독성자료가 충분하지 않을 경우에는 평가대상 물질의 독성시작값(POD)을 일일평균노출량(ADD)으로 나누어 노출안전역(MOE)을 산출할 수 있다. 노출원별로 충분한 안전역을 확보하는 기준은 다를 수 있고, 이는 최종 위해성 판단 시 위해성평가 과정의 적절성 및 현실적인 실행 가능성을 고려하여 결정해야 한다. 일반적으로 동물 독성시험에서 산출된 기준용량 하한값(BMDL)을 독성시작값(POD)으로 활용한 경우에는 노출안전역(MOE)이 1×10^4 이상이면 위해 우려가 낮다고 판단하며, 1×10^6 이상을 확보하면 충분히 적은 위해(무시할 수준의 위해)로 판단할 수 있다. 만약 동물독성시험에서 산출된 T_{25}값을 독성시작값(POD)으로 활용한 경우에는 노출안전역(MOE)이 2.5×10^4 이상이면 위해 우려가 낮다고 판단한다. 독성시작값(예 : BMDL, T_{25}, T_{50} 등)은 독성전문가의 검토를 통해 국내·외 전문기관 등에서 제시한 값을 비교·검토하여 적절한 독성값을 선정한다. 노출안전역(MOE)의 산출식은 식 (5-6)과 같다.

$$\text{노출안전역(MOE)} = \frac{\text{독성시작값(mg/kg · day)}}{\text{일일평균노출량(mg/kg · day)}} \tag{5-6}$$

노출안전역(MOE) < 1×10^4 : 위해함(BMDL값을 POD로 활용한 경우)
노출안전역(MOE) ≥ 1×10^6 : 위해가 우려되지 않음(BMDL값을 POD로 활용한 경우)
노출안전역(MOE) ≥ 2.5×10^4 : 위해가 우려되지 않음(T_{25}값을 POD로 활용한 경우)

2. 인체 위해성평가 예시

인체 위해성평가에 대한 몇 가지 예시 문항과 풀이 방법을 제시하였다.

> 예시 문항 1) 신축 아파트의 실내 공기를 포집해서 분석한 결과 벤젠(유전독성 발암물질)이 0.1 mg/m^3, 톨루엔(비유전독성/비발암물질)이 0.02 mg/m^3 검출되었다. 이 아파트에서 1년간 거주한 남자 어린이(호흡량 5 m^3/d, 평균체중 16 kg 가정)에 대하여 벤젠과 톨루엔의 인체 위해성을 평가하시오.
>
> 1) 벤젠의 발암잠재력(CSF)을 1.5×10^{-2} (mg/kg · day)$^{-1}$이라고 할 때, 초과발암위해도(ECR)를 구하시오.
> 2) 톨루엔의 RfC에 대한 자료가 없고 $BMDL_{10}$이 1 mg/kg · day라고 할 때, 비발암 위해도를 평가하시오.

1) 벤젠의 발암 위해성평가를 진행하기 위해서는 일일평균노출량(ADD)과 발암잠재력(CSF)에 대한 자료가 필요하며(식 5-5 참고), 발암잠재력은 문제에 제시되어 있으므로 일일노출량을 먼저 산출한다.

$$\text{일일평균노출량(ADD)} = \frac{0.1\,\text{mg/m}^3 \times 5\text{m}^3/\text{d}}{16\,\text{kg}}$$

$$= 3.125 \times 10^{-2}\,\text{mg/kg} \cdot \text{day}$$

초과발암위해도(ECR)는 일일평균노출량(ADD)과 발암잠재력(CSF)을 곱해 산출할 수 있으며, 4.68×10^{-4}은 10^{-4}보다 크므로 발암 위해성이 우려된다.

$$\text{초과 발암위해도(ECR)}$$

$$= \text{일일평균노출량(mg/kg} \cdot \text{day)} \times \text{발암력(mg/kg} \cdot \text{day)}^{-1}$$

$$= (3.125 \times 10^{-2}\text{mg/kg} \cdot \text{day}) \times [1.5 \times 10^{-2}(\text{mg/kg} \cdot \text{day})^{-1}]$$

$$= 4.68 \times 10^{-4}$$

2) 톨루엔의 비발암 위해성평가는 위해지수(HI) 또는 노출안전역(MOE)을 산출하여 진행할 수 있으며, RfC에 대한 자료가 없고 $BMDL_{10}$이 존재하기 때문에 노출안전역(MOE)을 산출하여 진행한다.

$$\text{노출안전역(MOE)} = \frac{\text{BMDL}}{\text{일일평균노출량(ADD)}}$$

$$= \frac{1\,\text{mg/kg} \cdot \text{day}}{3.125 \times 10^{-2}\,\text{mg/kg} \cdot \text{day}}$$

$$= 312.5$$

산출된 노출안전역이 100 이상이므로 비발암 위해가 크지 않다고 판단한다.

> 예시 문항 2) 퍼클로레이트(perchlorate)가 수돗물에 함유되어 있다. 이 물질의 RfD가 0.03 mg/kg · day라고 할 때, 이 물질의 수돗물 기준치를 최대 얼마(mg/L)로 설정하여야 하는가? 단, 음용수 1일 섭취량은 2 L이며, 체중은 60 kg으로 가정한다.

유해지수(HQ)는 일일평균노출량(ADD)을 독성참고치(RfD)로 나누어 산출할 수 있으며, 일일평균노출량(ADD)은 농도와 섭취량의 곱을 체중으로 나누어주어 산출할 수 있다.

유해지수(HQ)를 1로 가정할 때의 퍼클로레이트의 농도를 X로 가정하여 풀면, 최대 0.9 mg/L로 기준치를 설정해야 한다.

$$\text{유해지수(HQ)} = \frac{\text{일일평균노출량(ADD)}}{\text{RfD}}$$

$$= \frac{\dfrac{\text{농도} \times \text{섭취량}}{\text{체중}}}{\text{독성참고치(RfD)}}$$

$$= \frac{\dfrac{X \times 2\text{L/d}}{60\,\text{kg}}}{0.03\,\text{mg/kg} \cdot \text{d}} = 1$$

$$0.03\,\text{mg/kg} \cdot \text{d} = \frac{X \times 2\text{L/d}}{60\,\text{kg}}$$

$$X = 0.9\,\text{mg/L}$$

예시 문항 3) A 물질의 랫드 경구 반복투여독성(90일) 시험 결과 무영향관찰용량(NOAEL)이 5 mg/kg · day이었다. 실험조건에 따른 평가계수 및 노출 특성을 반영하기 위한 보정값이 다음과 같을 때 작업자를 대상으로 한 흡입노출의 무영향도출수준(DNEL)을 구하시오.

내용	값
체중 당 대사율 차이에 대한 보정	4
표준 체중	70 kg
작업자의 호흡량	10 m^3/d
흡입에 대한 생체이용율	50%
평가계수(AF)	100

무영향도출수준(DNEL)을 산출하기 위해서는 작업자 노출 특성을 반영하여 독성값을 보정해주어야 한다($NOAEL_{corr}$). 무영향관찰용량(NOAEL)이 흡입독성 값일 경우 작업자의 1일 작업 시 8시간 호흡량(6.7 m^3)으로 보정해주며, 문제와 같이 경구독성 값을 인용할 경우 작업자의 표준체중과 경작업 시 작업자의 호흡량(10 m^3)으로 보정해주어야 한다(ECHA, 2012).

$$NOAEL_{corr} = 5\,mg/kg \cdot day \times \frac{1}{4} \times 70\,kg \times \frac{1\,day}{10\,m^3} \times \frac{50}{100} = 4.375\,mg/m^3$$

$$DNEL = \frac{NOAEL_{corr}}{AF} = \frac{4.375\,mg/m^3}{100} = 0.004375\,mg/m^3$$

3. 권고치와 참고치 설정

생체모니터링(biomonitoring)을 통해 측정되는 유해물질의 농도 기준으로 권고치(guidance value)와 참고치(reference value)가 있다.

1) 권고치

권고치(guidance value)는 일정 농도 이상으로 유해요인에 노출되었을 때 건강에 나쁜 영향이 나타나는 농도를 의미한다. 이러한 권고치의 대표적인 예로는 미국의 biomonitoring equivalents (BE)와 독일의 human biomonitoring (HBM)이 있다.

(1) 미국의 biomonitoring equivalents

미국의 biomonitoring equivalents (BE)값은 국가연구의회(National Research Council ; NRC)의 권고에 따라 인체노출안전기준(예 : RfD, ADI, TDI 등)을 생체지표(=생체 시료에서의 유해물질이나 대사체의 농도) 값으로 환산한 값이다. BE값은 독성실험을 통해 설정한 무영향관찰용량(NOAEL), 최소영향관찰용량(LOAEL) 등을 독성시작값(POD)으로 놓고, 여기에 생리학 기반 약물동태 모형(PBPK model)을 활용하여 내적 노출량을 추산함으로써 도출할 수 있다.

그림 5-5에는 미국 NHANES 연구의 참여자로부터 측정한 2,4-디클로로페녹시아세트산(2,4-dichlorophenoxyacetic acid)의 소변 농도와 미국 환경보호청의 독성참고치(RfD)에 근거하여 산출한 BE값을 비교한 것이다. 그림에 낮음(low), 중간(medium), 높음(high)으로 표시된 영역은 위해성평가가 필요한 우선순위를 나타낸다. 그림에서 볼 수 있듯이 참가자의 2,4-디클로로페녹시아세트산 소변 농도는 BE값(200 μg/L)보다 훨씬 낮다. 이러한 결과를 바탕으로 저자는 현재 2,4-디클로로페녹시아세트산의 평균 노출수준이 독성참고치보다 훨씬 아래 수준으로 위해성이 잘 관리되고 있다고 결론을 지었다. BE값으로 생체모니터링 결과를 해석하는 접근법을 통해 오염물질의 현재 수준을 확인할 뿐만 아니라 위해성 관리를 위한 노력이 일반인구를 보호할 수준으로 적절하게 유지되는지 살펴볼 수 있다.

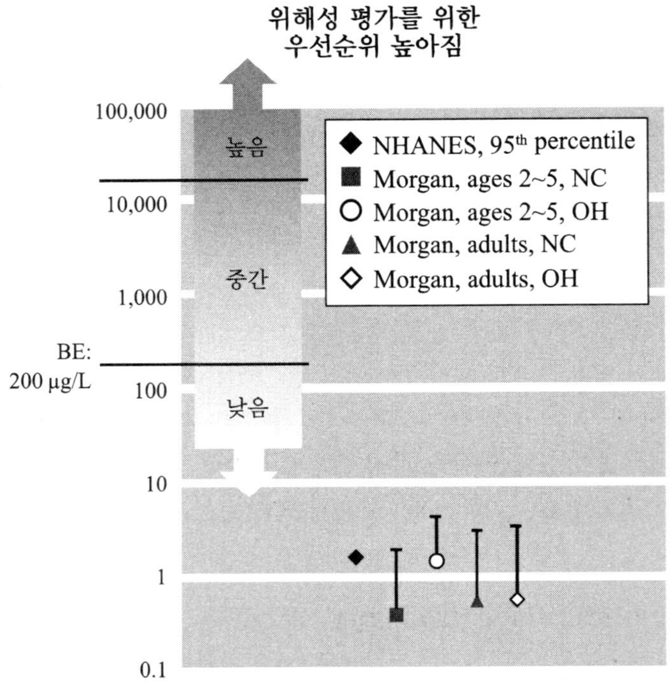

그림 5-5. Biomonitoring equivaluent의 예(2,4-디클로로페녹시아세트산)

※ 자료 : 'Aylward et al., 2010'을 참고하여 저자 재작성

(2) 독일의 human biomonitoring (HBM)

독일의 human biomonitoring (HBM)값은 인체 생체모니터링 위원회(HBM Commission)에서 독성학 및 역학 연구에 근거해 설정한 생체지표 농도로, HBM-I과 HBM-II로 구분된다. HBM-I은 인체 생체모니터링 위원회의 지식과 판단에 따라 건강에 악영향을 미칠 위해가 없으며 결과적으로 조치가 필요하지 않은 수준으로 정의된다(그림 5-6). HBM-I보다 높고 HBM-II보다 낮은 농도에서는 추가적인 측정으로 분석 결과를 재검증하고, 정확한 노출원을 확인하며, 노출을 최소화하거나 제거하는 적절한 조치가 필요하다. HBM-II는 인체 생체모니터링 위원회의 지식과 판단에 따라 건강에 악영향을 미칠 위해가 증가하고 결과적으로 노출을 저감하기 위한 즉각적인 조치가 필요한 수준을 의미한다. HBM-I값은 검증(verification) 또는 제어수준(control value)로 간주하며, HBM-II값은 개입(intervention) 또는 조치수준(action level)으로 간주한다. 현재 독일환경청(German Environment Agency)의 인체 생체모니터링 위원회에서 도출한 HBM값은 표 5-7과 같다.

건강 위해(Damage to health)	권고사항 (Recommendation)
• 위해 가능성 있음	• 환경의학 전문가의 보살핌 필요 • 노출을 줄이기 위한 즉각적 조치 필요
HBM - II	
• 충분한 확신을 갖고 위해 가능성을 배제할 수 없음	• 분석결과의 검증 필요 • 정확한 노출원 확인 필요 • 노출을 줄이기 위한 적절한 조치 필요
HBM - I	
• 현재 지식을 바탕으로 할 때 위해 가능성이 예견되지 않음	• 권고 조치가 필요하지 않음

그림 5-6. Human biomonitoring (HBM) – I, HBM – II에 따른 건강 위해와 권고사항

※ 자료 : 'https://www.umweltbundesamt.de/en/topics/health/commissions-working-groups/human-biomonitoring-commission/reference-hbm-values'을 참고하여 저자 재작성

표 5-7. 독일환경청(German Environment Agency)에서 도출한 주요 유해물질의 HBM값(2017년 2월)

분석물질과 시료(연도)	인구그룹	HBM-I값	HBM-II값
혈중 납(1996, 2002, 2009)	-	일시 중지 (suspended)	일시 중지 (suspended)
요중 카드뮴(1998, 2011)	어린이, 청소년	0.5 μg/L	2 μg/L
	성인	1 μg/L	4 μg/L
요중 수은(1999)	어린이, 성인	7 μg/L (=5 μg/g creatinine)	25 μg/L (20 μg/g creatinine)
혈중 수은(1999)	어린이, 성인	5 μg/L	15 μg/L
요중 탈륨(2011)	일반인구	5 μg/L	-
혈청 중 펜타클로로페놀(1997)	일반인구	40 μg/L	70 μg/L
요중 펜타클로로페놀(1997)	일반인구	25 μg/L (20 μg/g creatinine)	40 μg/L (30 μg/g creatinine)
요중 DEHP 대사체인 5-oxo-MEHP와 5-OH-MEHP의 합(2007)	6~13세 어린이	500 μg/L	-
	임산부	300 μg/L	-
	14세~남성, 그 외 일반인구	750 μ/L	-
요중 비스페놀 A(2012, 2015)	어린이	0.1 mg/L	-
	성인	0.2 mg/L	-
혈청 내 PCB138, PCB153, PCB180의 합(2012)	영유아, 임산부	3.5 μg/L	7 μg/L

분석물질과 시료(연도)	인구그룹	HBM-I값	HBM-II값
2-메톡시아세트산(MAA)으로 대사되는 요중 글리코에테르(2014)	일반인구	0.4 mg MAA/g creatinine	1.6 mg MAA/g creatinine
2-에톡시아세트산(EAA)으로 대사되는 요중 글리코에테르(2014)	성인	5 mg EAA/L	-
요중 DINCH 대사체인 OH-MINCH와 cx-MINCH의 합(2014)	어린이	3 mg/L	-
	성인	4.5 mg/L	-
요중 DPHP 대사체인 OH-MPHP와 oxo-MPHP의 합(2015)	어린이	1 mg/L	-
	성인	1.5 mg/L	-
헥사브로모사이클로도데칸 (HBCD(D))(2015)	일반인구	0.3 μg/g fett (1.6 μg/L 혈장)	-
요중 트리클로산	어린이	2 mg/L	-
	성인	3 mg/L	-
요중 2-머캅토벤조티아졸 (2-MBT)(2015)	어린이	4.5 mg/L	-
	성인	7 mg/L	-
요중 N-메틸-2-피롤리돈(NMP)의 대사체인 5-하이드록시-NMP와 2-하이드록시-N-메틸석신이미드의 합(2015)	어린이	10 mg/L	30 mg/L
	성인	15 mg/L	50 mg/L
요중 N-에틸-2-피롤리돈(NEP)의 대사체인 5-하이드록시-NEP와 2-하이드록시-N-에틸석신이미드의 합(2015)	어린이	10 mg/L	25 mg/L
	성인	15 mg/L	40 mg/L
요중 3-(4-메틸벤질리덴)-캄퍼(4-MBC)의 대사체인 3-4CBHC와 3-4CBC의 합	어린이	0.3 mg/L	-
	성인	0.5 mg/L	-
혈장 중 PFOA(2016)	일반인구	2 μg/L	-
혈장 중 PFOS	일반인구	5 μg/L	-
요중 DEHTP 대사체인 5cx-MEPTP	어린이	1.8 mg/L	-
	성인	2.8 mg/L	-

※ 자료 : 'https://www.umweltbundesamt.de/en/topics/health/commissions-working-groups/human-biomonitoring-commission/reference-hbm-values'을 참고하여 저자 재작성

2) 참고치

참고치(reference value)는 일반인구 집단의 기준 인구(reference population)에서 생체시료(예 : 혈액, 소변) 내 유해물질의 농도를 측정하고, 정상범위의 상위 한계(농도 분포의 90% 또는 95%)를 통계적인 방법으로 추정한 값을 의미한다. 만약 특정한 인구 집단이 일반인구와 노출수준이 다를 것으로 기대된다면 이 인구집단을 따로 정의하여 별도의 참고치를 도출할 수 있다. 환경 조건이 변함에 따라 참고치는 계속 달라질 수 있으므로 지속적으로 확인하고 새로운 정보가 제공되면 갱신해야 한다.

가능하다면 참고치는 미국 국민건강영양조사(NHANES), 독일환경조사(GerES)와 같이 국가 단위 연구의 집단에서 얻은 자료로 도출하는 것이 좋다. 예를 들어, 미국 질병관리본부에서는 국민건강영양조사(NHANES) '07～'08, '09～'10에서 얻은 1～5세 어린이의 혈중 납 농도 분포에서 97.5% 값인 5μg/dL를 참고치로 제안하였으며, 이 값을 사용하여 대부분의 어린이들보다 혈중 납 농도가 훨씬 높은 어린이를 식별한다(https://www.cdc.gov/nceh/lead/prevention/blood-lead-levels.htm). 또한 독일 인체 생체모니터링 위원회(German HBM Commission)에서는 참고치(RV95)를 '기준 모집단의 관련 매트릭스에서 측정된 오염물질 농도 수준의 95%'로 정의하고 있다.

예상문제

1. 위해도 결정에 대한 다음의 설명 중 옳지 않은 것은?

① 인체노출안전기준이 설정된 비발암성 물질은 위해지수(HI)를 산정하여 위해도를 결정한다.
② 비의도적으로 오염된 발암성/유전독성 물질의 가용 독성자료가 풍부하지 않으면 노출안전역(MOE) 방법으로 위해도를 결정한다.
③ 독성시작값(POD)을 선정하기에 독성정보가 부족한 물질은 추가 독성실험을 통해 자료를 확보할 수 있다.
④ 독성정보는 Klimisch 신뢰도 기준 3 이하의 자료로 확보하는 것이 필요하다.

해설 독성정보는 Klimisch 신뢰도 기준 2 이상의 자료를 확보하는 것이 필요하다.

2. 역치가 있는 물질(＝비발암성)과 역치가 없는 물질(＝발암성)의 위해성을 평가하고자 한다. 다음의 설명 중 옳지 않은 것은?

① 비발암물질의 노출안전역(MOE)이 100 이하이면 위해가 있다고 간주한다.
② 발암물질의 초과발암위해도(ECR)가 10^{-4} 이상이면 위해가 있다고 간주한다.
③ 발암물질의 노출안전역(MOE)이 10^4 이상이면 위해가 있다고 간주한다.
④ 비발암물질의 위해지수(HI)가 1보다 큰 경우 위해가 있다고 간주한다.

해설 발암물질은 노출안전역(MOE)이 10^4 이하이면 위해가 있다고 간주한다.

3. 불확실성 계수로 간주하는 사항에 대한 설명으로 옳지 않은 것은?

① 인구집단 내 개인 간의 민감성에 대한 불확실성 보정
② 최소영향관찰용량(LOAEL) 대신 무영향관찰용량(NOAEL)을 사용했을 때의 불확실성 보정
③ 동물의 만성독성 연구결과를 이용해서 사람으로 종간 외삽할 때의 불확실성 보정
④ 자료의 부적절함에 따르는 불확실성 보정

해설 무영향관찰용량(NOAEL) 대신 최소영향관찰용량(LOAEL)을 사용했을 때의 불확실성을 보정한다.

4. 역치가 존재하지 않는 유전독성/발암성 물질의 위해도를 결정할 때 사용하는 용어로 옳지 않은 것은?

① 경구 발암잠재력(oral cancer slope factor)
② 흡입 단위위해도(inhalation unit risk)
③ 흡입 독성참고치(inhalation reference concentration)
④ 경피 발암잠재력(dermal cancer slope factor)

해설 독성참고치는 비유전독성/비발암성 물질의 위해도 결정 시 사용되는 용어이다.

5. 벤젠의 단위위해도(unit risk)가 $7.8 \times 10^{-3}\,(mg/m^3)^{-1}$일 때, 발암잠재력(cancer slope factor)으로 옳은 것은?

① $0.0002\,(mg/kg \cdot day)^{-1}$
② $0.0007\,(mg/kg \cdot day)^{-1}$
③ $0.0022\,(mg/kg \cdot day)^{-1}$
④ $0.0273\,(mg/kg \cdot day)^{-1}$

해설 단위위해도는 체중 70 kg을 지닌 성인이 70년 동안 $20\,m^3/day$의 호흡률로 발암물질에 노출되었을 때를 나타내며, 다음 식과 같이 단위위해도에 호흡률과 체중을 보정하여 발암잠재력으로 나타낼 수 있다.

$$\text{발암잠재력}\,(mg/kg \cdot day)^{-1} = \frac{\text{단위위해도}\,(mg/m^3)^{-1} \times \text{체중}\,(kg)}{\text{호흡률}\,(20\,m^3/day)}$$

$$= \frac{7.8 \times 10^{-3}\,(mg/m^3)^{-1} \times 70\,(kg)}{20\,m^3/day}$$

$$= 0.0273\,(mg/kg \cdot day)^{-1}$$

6. 사업장에서 특정 발암물질에 노출된 작업자의 위해성평가를 위해 수집한 자료가 다음과 같을 때 초과발암위해도(ECR)로 옳은 것은?

- 발암물질의 사업장 평균 농도 : $0.04\,mg/m^3$
- 호흡률 : $20\,m^3/day$
- 체중 : 70 kg
- 발암잠재력(CSF) : $0.01\,(mg/kg \cdot day)^{-1}$

① 1.14×10^{0} ② 8.7×10^{-1}
③ 2.85×10^{-3} ④ 1.14×10^{-4}

해설
$$\text{일일노출량(ADI)} = \frac{0.04\,\text{mg/m}^3 \times 20\,\text{m}^3/\text{day}}{70\,\text{kg}} = 0.0114\,\text{mg/kg} \cdot \text{day}$$

$$\text{초과발암위해도(ECR)} = 0.0114\,\text{mg/kg}\cdot\text{day} \times 0.01\,(\text{mg/kg} \cdot \text{day})^{-1} = 1.14 \times 10^{-4}$$

7. 위해성평가를 위해 수집한 자료가 다음과 같을 때 위해지수(HI)로 옳은 것은?

- 무영향관찰용량(NOAEL): 100 mg/kg · day
- 불확실성계수(UF): 1,000
- 일일노출량(ADI): 0.005 mg/kg · day

① 2.00 ② 0.50
③ 0.20 ④ 0.05

해설
$$\text{위해지수(HI)} = \frac{\text{일일노출량(ADI)}}{\text{RfD}}$$

$$= \frac{0.005\,(\text{mg/kgcdotday})}{\dfrac{100\,(\text{mg/kg} \cdot \text{day})}{1{,}000}} = \frac{0.005\,(\text{mg/kg} \cdot \text{day})}{0.1\,(\text{mg/kg} \cdot \text{day})}$$
$$= 0.05$$

8. 신축 어린이집의 실내공기에서 A물질이 아래와 같이 검출되었을 때 어린이의 노출안전역(MOE)으로 옳은 것은?

- A물질의 검출 농도 : 0.08 mg/m^3
- 어린이의 호흡량 : 5 m^3/day
- 어린이의 평균 체중 : 16 kg
- 기준용량 하한값(BMDL) : 1.2 mg/kg · day

① 48 ② 4.8
③ 0.2 ④ 0.02

해설 $$일일노출량(ADI) = \frac{C_{medium}(mg/m^3) \times IR(m^3/day)}{BW(kg)}$$

$$= \frac{0.08(mg/m^3) \times 5(m^3/day)}{16\,kg} = 0.025\,mg/kg \cdot day$$

$$노출안전역(MOE) = \frac{기준용량하한값(BMDL)}{일일노출량(ADI)}$$

$$= \frac{1.2(mg/kg \cdot day)}{0.025(mg/kg \cdot day)} = 48$$

9. 권고치(guidance value)에 해당하는 용어로 옳지 않은 것은?

① human biomonitoring-I ② human biomonitoring-II
③ biomonitoring equivalents ④ reference value

해설 참고치(reference value)는 기준 인구(reference population)에서 생체시료 내 유해물질의 농도를 측정하고, 정상범위의 상위 한계(농도 분포의 90% 또는 95%)를 통계적인 방법으로 추정한 값을 의미한다.

10. 생리학 기반 약물동태 모형(PBPK model)을 이용하여 biomonitoring equivalents를 도출할 수 있는 자료로 옳지 않은 것은?

① 독성참고치(reference dose)
② 내용일일섭취량(tolerable daily intake)
③ 일일섭취허용량(acceptable daily intake)
④ 생물학적으로 영향이 있는 용량(biologically effective dose)

해설 미국의 BE는 인체노출안전기준(예 : RfD, ADI, TDI 등)을 생체지표(=생체시료에서의 유해물질이나 대사체의 농도) 값으로 환산한 값이다. 생물학적으로 영향이 있는 용량(biologically effective dose)은 전달 용량의 일부를 차지하는 용량으로, 세포나 표적 장기에 실제 도달하는 화학물질의 양을 의미한다.

정답 1. ④ 2. ③ 3. ② 4. ③ 5. ④ 6. ④ 7. ④ 8. ① 9. ④ 10. ④

참고문헌

- 국립환경과학원 고시 제2014-48호. 화학물질 위해성평가의 구체적 방법 등에 관한 규정.
- 국립환경과학원. 2005. 환경 시험・검사 QA/QC 핸드북.
- 국립환경과학원. 2010a. 어린이용품 함유 환경유해인자 프탈레이트류 노출실태조사(I). NEIR No. 2010-87-1262.
- 국립환경과학원. 2010b. 어린이용품의 노출평가 시험방법정립연구(II) - 중금속류, VOCs -. NEIR No. 2010-86-1261.
- 국립환경과학원. 2011. 제1기('09~'11) 국민환경보건기초조사 조사자료 통합분석 및 국가통계 산출 방안 마련. (사)한국환경보건학회.
- 국립환경과학원. 2016a. 위해성평가 적용을 위한 국내 성인 노출계수 개선 연구(I). 대구가톨릭대학교. NIER-SP2016-218.
- 국립환경과학원. 2016b. 어린이 노출계수 핸드북.
- 국립환경과학원. 2016c. 화평법 이행을 위한 작업자 및 소비자 노출 예측모형(ECETOC TRA) 매뉴얼. NIER-GP2016-047.
- 국립환경과학원. 2016d. 화평법 이행을 위한 소비자 노출 예측모형(ConsExpo) 매뉴얼. NIER-GP2016-048.
- 국립환경과학원. 2018a. 위해성평가 적용을 위한 국내 성인 노출계수 개선 연구(III). 대구가톨릭대학교. NIER-SP2018-138.
- 국립환경과학원. 2018b. 어린이용품 함유 환경유해인자의 위해성관리 개선을 위한 연구(I). 한국자원경제연구소(주), EH R&C. NIER-SP2018-163.
- 국립환경과학원. 2019. 국가 환경보건 모니터링 항목 확대를 위한 시범조사. 서울대학교.
- 안전보건공단. 2015. 발암성물질의 위험성평가 기법 연구.
- 식품의약품안전청. 2010a. 유해물질 바이오모니터링을 위한 기반 연구. 식품의약품안전평가원 위해영향연구팀.
- 식품의약품안전청. 2010b. 유해물질 인체모니터링 연구-아크릴아마이드 등 5종. 경기대학교 산학협력단.
- 식품의약품안전청. 2010c. 유해물질 인체모니터링을 위한 인체시료수집 및 자료분석. (사)한국환경보건학회.
- 식품의약품안전청. 2011. 유전독성 발암물질 위해평가 가이드. 식품의약품안전평가원 식품위해평가부.
- 식품의약품안전처. 2013. 생체시료 분석법 밸리데이션 가이드라인.

- 식품의약품안전처. 2019. 인체적용제품 위해성평가 공통지침서.
- 질병관리본부. 2010. 국민건강영양조사 제5기 1차년도(2010) 중금속 수준 모니터링 결과.
- 한국직업능력개발원. 2015a. 위해성관리 NCS 학습모듈 5장. '인체 노출평가'.
- 환경부. 2001. 노출계수 핸드북. G7 프로젝트 보고서.
- 환경부. 2007. 노출계수 핸드북.
- 한국환경보건학회. 2019. 환경위해관리. 신광출판사.

- Allaby, M. 1983. A dictionary of the environment. 2nd ed. New York, NY: New York University Press, p. 195.
- Astralian Exposure Factor Guide. 2012. Available at: https://www1.health.gov.au/internet/main/publishing.nsf/Content/health-pubhlth-publicat-environ.htm
- Aylward, L.L., Morgan, M.K., Arbuckle, T.E., Barr, D.B., Burns, C.J., Alexander, B.H., Hays, S.M. 2010. Biomonitoring data for 2,4-dichlorophenoxyacetic acid in the United States and Canada: interpretation in a public health risk assessment context using biomonitoring equivalents. Environmental Health Perspectives. 118(2), 177-181.
- Calafat, A.M., McKee, R.H. 2006. Integrating biomonitoring exposure data into the risk assessment process: phthalates (diethyl phthalate and di(2-ethylhexyl) phthalate) as a case study. Environmental Health Perspectives. 114(11), 1783-1789.
- Caldwell, J.C., Evans, M.V., Krishnan, K. 2012. Cutting edge PBPK models and analyses: providing the basis for future modeling efforts and bridges to emerging toxicology paradigms. Journal of Toxicology. 2012, 852384.
- Canadian Health Measures Survey. 2019. Available at: https://www.statcan.gc.ca/eng/survey/household/5071
- CDC. 2009. Fourth National Report on Human Exposure to Environmental Chemicals.
- Cook, W.A. 1969. Problems of setting occupational exposure standards – background. Arch. Environ. Health 19, 272-276.
- David. 2000. Exposure to phthalate esters. Environmental Health Perspectives. 108, A440.
- Duan, X., Zhao, X., Wang, B., Chen, Y., Cao, S. 2015. Highlights of the Chinese Exposure Factors Handbook (Adults). Academic Press. London, UK.
- Durham, W.F. Wolfe, H.R. 1962. Measurement of the exposure of workers to pesticides. Bulletin of the World Health Organization. 26, 75-91.
- ECHA. 2010a. REACH Technical Guidance on Information Requirements and Chemical Safety Assessment. Chapter R14: Occupational Exposure Estimation. European Chemicals Agency. Helsinki, Finland.
- ECHA. 2010b. Guidance on Information Requirements and Chemical Safety Assessment. Chapter R15: Consumer Exposure Estimation (Version 2, April 2010). European Chemicals Agency. Helsinki, Finland. Addendum to TR114: Technical Basis for the TRA V3.1 (June 2014).
- ECHA. 2012. Guidance on Information Requirements and Chemical Safety Assessment. Chapter R.8 : Characterisation of Dose [Concentration]-Response for Human Health. ECHA, Helsinki, Finland.

- Environ Corporation. 1988. Elements of toxicology and chemical risk assessment. Rev. ed. Washington, DC: Environ Corporation, p. 67.
- European Food Safety Authonity. 2009. Use of the berchmark dose approach in risk assessment. Guidance of the Scientific Committee. Question No EFSA-Q-2005-232. The EFSA Journal. 1150 1-72.
- Estes, T.J. 2005. PAH and PCB distribution in sediment fractions and sorptive phase. Louisiana State University (LSU) Doctoral Dissertations. 927.
- Exop Facts. 2019. Available at : https://ec.europa.eu/jrc/en/expofacts
- Federal Insecticide, Fungicide, and Rodenticide Act Scientific Advisory Panel. 2007. A set of scientific issues being considered by the EPA regarding: Review of worker exposure assessment methods. Arlington, Virginia: FIFRA Scientific Advisory Panel Meeting.
- Fenske, R.A., Horstman, S.W., Bentley, R.K. 1987. Assessment of dermal exposure to chlorophenols in timber mills. Applied Industrial Hygiene. 2, 143-147.
- Fenske, R.A. 1990. Nonuniform dermal deposition patterns during occupational exposure to pesticides. Archives of Environmental Contamination and Toxicology 19, 332-337.
- Fleishaker, J.C., Smith, R.B. 1987. Compartmental model analysis in pharmacokinetics. The Journal of Clinical Pharmacology 27, 922.
- Fromme, H., Gruber, L, Schlummer, M., Wolz, G., Böhmer, S., Angerer, J., Mayer, R., Liebl, B., Bolte, G. 2007. Intake of phthalates and di(2-ethylhexyl)adipate: results of the integrated exposure assessment survey based on duplicate diet samples and biomonitoring data. Environment International. 33, 1012-1020.
- German Environmental Specimen Bank. 2019. Available at: https://www.umweltprobenbank.de/en
- German Environmental Survey. 2019. Available at: https://www.umweltbundesamt.de/en/topics/health/assessing-environmentally-related-health-risks/german-environmental-survey-geres
- Hays, S., Becker, R, Leung, H., Aylward, L., Pyatt, D. 2007. Biomonitoring equivalents: a screening approach for interpreting biomonitoring results from a public health risk perspective. Regulatory Toxicology and Pharmacology 47, 96-109.
- Health Canada. 2014. General Exposure Factor Inputs for Dietary, Occupational, and Residential Exposure Assessment. Available at: https://www.canada.ca/content/dam/hc-sc/migration/hc-sc/cps-spc/alt_formats/pdf/pubs/pest/pol-guide/spn2014-01/spn2014-01-eng.pdf
- Hodgson, E., Mailman, R.B., Chambers, J.E. 1988. Dictionary of toxicology. New York, NY: Van Nostrand Reinhold Co., p. 154.
- Imm, P., Knobeloch, L., Buelow, C., Anderson, H.A. 2009. Household exposures to polybrominated diphenyl ethers (PBDEs) in a Wisconsin cohort. Environmental Health Perspectives. 117, 1890-1895.
- Jang, D.G., Kang, S., Kim, J., Kim, C. 2015. An analysis of exposure dose on hands of radiation workers using a Monte Carlo simulation in nuclear medicine. Journal of Radiological Science and Technology. 38(4), 477-482.
- Ji, K., Kho, Y.L., Park, Y., Choi, K. 2010. Influence of a five-day vegetarian diet on urinary levels of antibiotics and phthalate metabolites: a pilot study with "Temple Stay" participants. Environmental Research. 110, 375-382.
- Japanese Exposure Factors Handbook. 2019. Available at: https://unit.aist.go.jp/riss/crm/ex-

posurefactors/english_summary.html

- Ji, K., Kim, J., Lee, M., Park, S., Kwon, H.J., Cheong, H.K., Jang, J.Y., Kim, D.S., Yu, S., Kim, Y.W., Lee, K.Y., Yang, S.O., Jhung, I.J., Yang, W.H., Paek, D.H., Hong, Y.C., Choi, K. 2013. Assessment of exposure to heavy metals and health risks among residents near abandoned metal mines in Goseong, Korea. Environmental Pollution. 178, 322-328.
- Kang, W.H., Seo, G.H., Lee, B.H., Kim, B., Lee, S.K., Oh, D.J., Huh, W., Kim Y.G., Kim, D.J., Oh, H.Y. 1998. Estimation of creatinine clearance with serum creatinine in Korean patients. Korean Journal of Nephrology. 17, 866-871.
- Klimisch, H.J., Andreae, M., Tillmann, U. 1997. A systematic approach for evaluating the quality of experimental toxicological and ecotoxicological data. Regulatory Toxicology and Pharmacology. 25, 1-5.
- Koch, H.M., Drexler, H., Angerer, J. 2003. An estimation of the daily intake of di(2-ethylhexyl) phthalate (DEHP) and other phthalates in the general population. International Journal of Hygiene and Environmental Health. 206, 77-83.
- Kohn, M.C., Parham, F., Masten, S.A., Portier, C.J., Shelby, M.D., Brock, J.W., Needham, L.L. 2000. Human exposure estimates for phthalates. Environmental Health Perspectives. 108, A440-A442.
- Lubin, A.N., Williams, M.H., Lin, J.C. 1995. Statistical techniques applied to sediment sampling (STATSS). U.S. EPA Region 5, Draft 03, November 27, 1995.
- Mage, D.T., Allen, R.H., Gondy, G., Smith, W., Barr, D.B., Needham, L.L. 2004. Estimating pesticide dose from urinary pesticide concentration data by creatinine correction in the third National Health and Nutrition Examination Survey (NHANES-III). Journal of Exposure Analysis Environmental Epidemiology. 14, 457-465.
- Mage, D.T., Allen, R.H., Kodali, A. 2008. Creatinine corrections for estimating children's and adult's pesticide intake doses in equilibrium with urinary pesticide and creatinine concentrations. Journal of Exposure Analysis Environmental Epidemiology. 18, 360-368.
- Maroni, M., Fait, A., Colosio, C. 1999. Risk assessment and management of occupational exposure to pesticides. Toxicology Letters. 107, 145-153.
- Mehvar, R. 2004. The relationship among pharmacokinetic parameters: effects of altered kinetics on the drug plasma concentration-time profiles. Journal of Pharmaceutical Sciences. 68, 1-9.
- National Children's Study. 2019. Available at: https://dash.nichd.nih.gov/
- Natural Resources Conservation Service. 2003. National Water Quality Handbook: Water, Life's Most Essential Element.
- Olin-Estes, T.J., Palermo, M.R. 2000. Determining recovery potential of dredged material for beneficial use-site characterization: prescriptive approach. DOER Technical Notes Collection (ERDC TN-DOER-C14). U.S. Army Engineer Research and Development Center, Vicksburg, MS.
- Park, S., Hong, Y., Lee, J., Kho, Y., Ji, K. 2019. Chronic effects of bisphenol S and bispherol SIP on freshwater and ecological risk assessment. Ecotoxicology and Envirnmental Safety. 185, 109694.
- Paustenbach, D.J. 1985. Occupational exposure limits, pharmacokinetics, and usual work

schedules. In: Cralley, L.J.; Cralley, L.V., eds. Patty's industrial hygiene and toxicology. Volume 3a: The work environment. 2nd ed. New York, NY: Wiley-Interscience, pp. 111-277.

- Schwab, B.W., Hayes, E.P., Fiori, J.M., Mastrocco, F.J., Roden, N.M., Cragin, D., Meyerhoff, R.D., D'aco, V.J., Anderson, P.D. 2005. Human pharmaceuticals in US surface waters: a human health risk assessment. Regulatory Toxicology and Pharmacology. 42, 296-312.
- Sister Study. 2019. Available at: https://sisterstudy.niehs.nih.gov/English/about.htm
- Soutar, A., Semple, S., Aitken, R. J., Robertson, A. 2000. Use of patches and whole body sampling for the assessment of dermal exposure. Annals of Occupational Hugiene. 44, 511-518.
- Stockley, L. 1985. Changes in habitual food intake during weighed inventory surveys and duplication diet collections. A short review. Ecol. Food Nutr. 17, 263-269.
- Thibodeaus, L.J. 1996. Environmental Chemodynamics (2 ed.). New York: John Wiley & Sons.
- Upton, AC. 1988. Evolving perspectives on the concept of dose in radiobiology and radiation protection. Health Physics. 55(4), 605-614.
- US EPA. 1986. Guidelines for Estimating Exposures. Federal Register 51, 34042-34054.
- US EPA. 1992. Guidelines for Exposure Assessment. U.S. Environmental Protection Agency, Washington, DC, EPA/600/Z-92/001.
- US EPA. 2006. Approaches for the Application of Physiologically Based Pharmacokinetic (PBPK) Models and Supporting Data in Risk Assessment (Final Report). U.S. Environmental Protection Agency, Washington, DC, EPA/600/R-05/043F.
- US EPA. 2008. Child-Specific Exposure Factors Handbook (2008, Final Report). U.S. Environmental Protection Agency, Washington, DC, EPA/600/R-06/096F.
- US EPA. 2011. Exposure Factors Handbook: 2011 Edition. U.S. Environmental Protection Agency, Washington, DC, EPA/600/R-09/052F.
- US EPA. 2019. ExpoBox. Available at: https://www.epa.gov/expobox/exposure-assessment-tools-approaches-indirect-estimation-scenario-evaluation
- World Health Organization. 1983. Guidelines on studies in environmental epidemiology. Geneva, Switzerland: WHO, Environmental Health Criteria 27.
- World Health Organization. 2008. Children are not little adults. Children's Health and the Environment.

찾아보기

다

마

바

사

아

자

저 자 : **지 경 희**

- 서울대학교 보건학석사(환경보건학 전공)
- 서울대학교 보건학박사(보건학 전공)
- (현) 용인대학교 산업환경보건학과 조교수

환경위해관리를 위한 노출평가 정가 15,000원

발 행 2020년 3월 10일 초판 1쇄
저 자 지경희
발행인 정우용
발행처 도서출판 동화기술
경기도 파주시 광인사길 201(문발동, 파주출판도시)
Tel (031)955-4211~6 donghwapub@nate.com
Fax (031)955-4217 www.donghwapub.co.kr
(등록) 1977년 12월 19일/9-16호

Printed in Korea

ISBN 978-89-425-9279-1